"十四五"时期国家重点出版物出版专项规划项目

密码理论与技术丛书

分组密码迭代结构的设计与分析

孙 兵 李 超 刘国强 著

科学出版社

北 京

内 容 简 介

本书详细介绍了迭代密码结构的科学内涵, 以及研究其性质的基本方法. 主要内容包括密码结构的解析定义, 典型密码结构、典型密码算法以及典型密码分析方法的介绍, 特征矩阵分析法的原理及应用, SPN 结构的设计与可证明安全研究, 以及 Feistel 类结构的设计与可证明安全等.

本书可作为密码学专业和信息安全专业高年级本科生以及研究生的教学用书, 也可作为从事密码理论与方法研究的科技人员的参考书.

图书在版编目(CIP)数据

分组密码迭代结构的设计与分析 / 孙兵, 李超, 刘国强著. -- 北京: 科学出版社, 2025.6. --ISBN 978-7-03-082611-4

I. TN918.1

中国国家版本馆 CIP 数据核字第 202503YV09 号

责任编辑: 李静科　李　萍 / 责任校对: 彭珍珍
责任印制: 赵　博 / 封面设计: 无极书装

科学出版社 出版

北京东黄城根北街 16 号
邮政编码: 100717
http://www.sciencep.com

涿州市殷润文化传播有限公司印刷
科学出版社发行　各地新华书店经销

*

2025 年 6 月第　一　版　开本: 720×1000　1/16
2025 年 10 月第二次印刷　印张: 13 1/2
字数: 265 000

定价: 98.00 元
(如有印装质量问题, 我社负责调换)

"密码理论与技术丛书" 序

随着全球进入信息化时代, 信息技术的飞速发展与广泛应用, 物理世界和信息世界越来越紧密地交织在一起, 不断引发新的网络与信息安全问题, 这些安全问题直接关乎国家安全、经济发展、社会稳定和个人隐私. 密码技术寻找到了前所未有的用武之地, 成为解决网络与信息安全问题最成熟、最可靠、最有效的核心技术手段, 可提供机密性、完整性、不可否认性、可用性和可控性等一系列重要安全服务, 实现数据加密、身份鉴别、访问控制、授权管理和责任认定等一系列重要安全机制.

与此同时, 随着数字经济、信息化的深入推进, 网络空间对抗日趋激烈, 新兴信息技术的快速发展和应用也促进了密码技术的不断创新. 一方面, 量子计算等新型计算技术的快速发展给传统密码技术带来了严重的安全挑战, 促进了抗量子密码技术等前沿密码技术的创新发展. 另一方面, 大数据、云计算、移动通信、区块链、物联网、人工智能等新应用层出不穷、方兴未艾, 提出了更多更新的密码应用需求, 催生了大量的新型密码技术.

为了进一步推动我国密码理论与技术创新发展和进步, 促进密码理论与技术高水平创新人才培养, 展现密码理论与技术最新创新研究成果, 科学出版社推出了 "密码理论与技术丛书", 本丛书覆盖密码学科基础、密码理论、密码技术和密码应用等四个层面的内容.

"密码理论与技术丛书" 坚持 "成熟一本, 出版一本" 的基本原则, 希望每一本都能成为经典范本. 近五年拟出版的内容既包括同态密码、属性密码、格密码、区块链密码、可搜索密码等前沿密码技术, 也包括密钥管理、安全认证、侧信道攻击与防御等实用密码技术, 同时还包括安全多方计算、密码函数、非线性序列等经典密码理论. 本丛书既注重密码基础理论研究, 又强调密码前沿技术应用; 既对已有密码理论与技术进行系统论述, 又紧密跟踪世界前沿密码理论与技术, 并科学设想未来发展前景.

"密码理论与技术丛书" 以学术著作为主, 具有体系完备、论证科学、特色鲜明、学术价值高等特点, 可作为从事网络空间安全、信息安全、密码学、计算机、通信以及数学等专业的科技人员、博士研究生和硕士研究生的参考书, 也可供高等院校相关专业的师生参考.

冯登国

2022 年 11 月 8 日于北京

序

密码是国之重器, 直接关系国家政治安全、经济安全、国防安全和信息安全. 尤其在当前人工智能、量子计算等新兴前沿技术发展对现代密码安全带来严峻冲击挑战的时代背景下, 密码技术已成为大国博弈的重要战略资源, 是维护国家战略威慑能力的重要保证, 是保卫国家网络空间安全和数字经济发展的重要手段.

对称密码是现代密码学的重要分支, 分组密码又是对称密码应用最广泛的技术体制之一, 是各国政府、工业、金融等重要领域重点部门保护核心敏感信息的主要技术体制. 分组密码的功能应用非常灵活, 既可以直接用于加解密, 也能够用于设计流密码、散列函数、消息认证码、伪随机数发生器和认证加密方案等密码原语; 同时因具有安全、高效、易于标准化等优势特点, 分组密码已经成为诸多保密系统固定核心要素和保障信息机密性、完整性的重要手段. 可以说, 分组密码在现代密码学中的地位举足轻重.

密码结构是构建密码算法的重要组成部分, 是分组密码算法的重要特征. 在安全约束、资源约束条件下, 不同密码结构对密码算法轮函数的设计、迭代轮数设计以及软硬件实现性能都有很大的影响. 但是, 长期以来, 密码结构的设计大多依靠设计者经验, 缺乏相应的理论基础. 诸如什么是密码结构, 如何证明密码结构的安全性等基础性的问题都还没有形成一致答案.

国防科技大学孙兵老师及其科研团队长期从事对称密码相关基础理论和前沿技术研究, 取得了一系列具有国际前沿水平的高质量学术成果, 发表于美密会、欧密会、《IEEE 信息论汇刊》等密码学国际顶级学术会议和期刊上. 这些成果系统地解决了分组密码迭代结构设计与分析相关重要理论问题, 是分组密码设计与分析领域的重要突破.

该书从分组密码的现有结构和分组密码的安全评估方法出发, 给出了密码结构的科学内涵, 系统阐述了迭代密码结构的设计理论, 针对不可能差分、零相关线性和中间相遇等已知攻击的可证明安全理论, 在此基础上给出了新型迭代结构实例. 该书中绝大部分学术成果来自作者发表在密码学顶级国际学术会议和学术期刊上的高水平论文, 部分内容属首次公开发表.

 我相信, 该书的出版对于推动现代密码学特别是分组密码未来技术发展, 形成分组密码设计新范式, 具有十分重要的指导和参考价值.

中国工程院院士

2024 年 11 月 1 日

前　言

密码学是以计算机、通信和数学三者为基础的交叉学科，是网络空间安全学科的基础与核心. 密码技术是维护信息保密性、完整性和可靠性的重要手段，它包括保护信息免受非法修改、破坏和泄露的所有措施. 密码技术主要包括密码算法的设计和分析、身份认证和数字签名、密钥管理等多个方面. 设计实用有效的数据加密算法、数据认证算法、数字签名算法和密钥管理算法对于网络与信息安全具有极为重要的意义.

对称密码是信息安全和网络空间安全的核心要素，是保障信息机密性和完整性的关键技术. 对称密码主要包括分组密码、序列密码和 Hash 函数等. 经历了几十年的积累，对称密码在世纪之交步入了一个高速发展的时期，美国的 AES 计划、SHA-3 计划和 CAESAR 计划以及欧洲的 NESSIE 计划和 ECRYPT 计划等旨在推出安全强度高、实现效率快的新型分组密码、序列密码、Hash 函数和认证加密方案等. 这些计划从推出起就吸引了大批密码学家的关注，国际上涌现了大量的新的设计思想和方法，以及新的攻击理论和技术. 近年来，我国也陆续公布了分组密码算法 SM4、序列密码算法 ZUC(又称祖冲之算法)、Hash 函数算法 SM3，展示了我国在对称密码领域的最新成果.

分组密码在对称密码中具有基础性地位. 安全高效的分组密码不但可以直接用于加解密，还能结合使用模式等来构造流密码、Hash 函数等其他密码方案. 分组密码的设计主要包含两个方面的研究内容：一是分组密码的迭代结构设计；二是分组密码的组件设计. 长期以来，分组密码的迭代设计大都建立在设计者的经验之上. 因此，本书的一个主要目的就是从理论层面研究分组密码的迭代结构的分析与设计.

本书给出了密码结构以及研究其性质的基本方法，详细介绍了对偶结构理论，以及密码结构针对特定攻击的可证明安全理论. 本书共 8 章. 第 1 章介绍分组密码的基本概念；第 2 章给出密码结构的定义以及分类；第 3 章介绍典型分组密码算法；第 4 章介绍典型密码分析方法；第 5 章介绍特征矩阵分析法及其在密码设计与分析中的应用；第 6 章介绍 SPN 结构的设计与分析；第 7 章介绍 Feistel 类密码结构的设计与分析；第 8 章介绍轮函数是 SPN 型的 Feistel 类结构（Feistel-SPN型密码结构）的设计与分析.

本书凝结了作者及其科研团队的相关成果，在此对作者指导的所有研究生一并表示感谢！中国人民解放军网络空间部队信息工程大学崔霆教授和湖北大学向泽军副教授对本书的撰写提供了大力支持, 在此表示衷心的感谢！本书的撰写还得到了国防科技大学理学院密码团队全体师生的积极配合, 特别是于博博士、殷宇航博士、代政一博士、熊黎依硕士、杨怡嘉硕士、苏新鹏硕士、任桂延硕士等花费了大量时间校稿, 在此对他们一并表示衷心的感谢！

　　　本书中的成果得到了国家自然科学基金（No. 61772545, 62272470, U2336209）资助, 在此一并表示感谢！

　　　限于作者水平, 书中难免存在不妥之处, 恳请读者批评指正.

作　者
2024 年 9 月 16 日

目　　录

第 1 章　分组密码概述

1.1　分组密码的发展历程

随着科学技术的不断进步, 计算机和通信等已经得到了广泛的应用和发展, 人们正享受着网络带来的巨大利益. 然而, 也同样是因为科学技术的不断进步, 人们对信息的安全存储、安全处理和安全传输的需要越来越迫切. 特别在互联网和物联网的应用中, 个人通信、办公自动化、电子自动转账支付系统和自动零售业务网的建立与实现等很多方面, 信息的安全保护问题已经显得十分突出. 当前, 信息安全问题对国家安全、社会安全、经济安全和军事安全都已经构成很大的威胁, 人们正面临着信息安全的巨大挑战.

密码技术作为一项基本技术是通信安全的基石, 也是各类信息安全技术的基础. 它由各种各样的密码算法来具体实施, 以尽量小的代价提供尽量大的安全保护. 密码技术应用于保护军事和外交通信的历史可以追溯到数千年前, 我国著名兵书《六韬》中就有姜太公将钓鱼竿折成不同长度表示不同信息的记载. 另外, 在公元前 1 世纪, 据说凯撒大帝就曾用过极简单的代换式密码, 在这种密码中, 每个字母都由其后的第三个字母 (按字母顺序) 所代替. 比如对 "block cipher" 加密得到的密文就是 "eorfn flskhu". 这个简单的代换密码系统就是著名的凯撒密码. 尽管密码技术有着悠久的历史, 但是密码真正成为一门科学的时间并不长. 1949 年, 信息论之父 Shannon 发表的论文 "Communication Theory of Secrecy Systems" [34] 为密码学建立了数学基础, 而微电子学的发展又为实现当时的密码学思想提供了实际手段, 从此, 密码学成为一门科学. 为解决通信网络中的信息安全问题, Diffie 与 Hellman 在 1976 年发表了 "New Directions in Cryptography" [13], 该论文提出的非对称 (公钥) 密码思想直接引发了密码学史上的一场革命, 为密码学提供了新的理论和技术基础. 1977 年, 随着美国 DES 算法 (Data Encryption Standard) 的颁布, 人们开始公开研究各种密码算法的安全性. 自此, 现代密码学理论研究和工程应用都进入了疾驰的快道, 密码理论得到了长足的发展, 序列密码、分组密码、公钥密码和量子密码[12-14, 19] 等现代密码新理论与新方法不断涌现, 密码学进入了一个崭新的时代.

分组密码是对称密码学中的一个重要分支, 在信息安全领域发挥着极其重要的作用. 分组密码的主要研究内容包括算法设计和算法分析这两个既相互对立,又相互统一的方面. 一方面, 针对已有的密码分析手段, 密码设计者总希望设计出可以抵抗所有已知攻击的密码算法; 另一方面, 对于一个密码算法, 密码分析者总希望可以找到算法的安全缺陷并试图破译这些算法. 这两个方面共同促进了分组密码相关领域的发展.

分组密码的设计理念主要来源于 Shannon 的经典论文 "Communication Theory of Secrecy Systems" [34], 对分组密码的公开研究则始于 20 世纪 70 年代末数据加密标准 DES 算法的颁布, 分组密码理论及应用的发展则得益于 20 世纪 90 年代末美国的高级加密标准 (Advanced Encryption Standard, AES)[3] 计划和 21 世纪初欧洲的 NESSIE (New European Schemes for Signatures, Integnity and Encryption) 计划[29].

1949 年, Shannon 从抵抗统计攻击的角度出发, 提出了设计对称密码算法的 "混淆" 与 "扩散" 准则[34], 这一准则至今仍是设计分组密码所要遵循的重要原则之一. 除此之外, 他还创造性地从信息论的角度构建数学模型来研究密码, 提出了 "完善保密性""唯一解距离" 和 "随机密码" 等诸多概念, 从而将密码学提升到了科学的范畴. 尽管如此, 但是在 20 世纪 70 年代以前, 民间对分组密码的研究很少, 分组密码的研究文献微乎其微, 其理论研究相对滞后.

1977 年, 美国国家标准局 (National Bureau of Standards, NBS) 公布了著名的数据加密标准 DES 算法. 尽管 DES 算法正逐步退出历史舞台, 但它对分组密码理论的发展起到了举足轻重的作用: 首先, DES 算法的公布促使了民间对分组密码理论的研究, 揭开了分组密码设计与分析神秘的面纱, 从此分组密码的发展步入了快车道; 其次, 通过对 DES 算法安全性的研究, 分组密码的安全评估理论日渐成熟, 最突出的成果包括差分密码分析和线性密码分析两个方面的成果.

1990 年在国际密码学会议 (CRYPTO, 简称 "美密会") 上, Biham 等发表了对 DES 算法差分分析的论文[6]. 这篇文章发表后, 密码学界用差分密码分析的方法对几乎所有已知的密码算法进行了安全性分析; 1993 年在欧洲密码学会议 (EUROCRYPT, 简称 "欧密会") 上, Matsui 公布了对 DES 算法线性密码分析的结果[27]. 随后利用各种技巧, 人们改进了对 DES 算法的差分和线性密码分析的结果, 指出完整的 16 轮 DES 算法对差分和线性密码分析都是不免疫的.

计算机技术的发展是促使密码学不断进步的又一重要因素. 计算机技术, 特别是并行计算和分布式计算的发展使得穷举搜索 DES 算法的 56 比特密钥成为可能, 加上差分密码分析和线性密码分析技术的出现, DES 算法逐渐不能满足人们的安全需求. 1997 年, 美国国家标准与技术研究院 (National Institute of Standards and Technology, NIST) 发起了一场用于保护敏感联邦信息的对称密码算法的征集活动, 即 AES 计划[3]. 1998 年, NIST 宣布接受来自全球不同国家和地区的十五个候选分组密码算法并邀请全球密码界协助评估这些候选算法. NIST

考察了这些初步的研究结果, 选定 MARS[5], RC6[33], Rijndael[12], Serpent[4] 和 Twofish[23] 五个算法进入决赛. 经过公众对决赛算法的进一步分析和评论, 2000 年, NIST 决定推荐 Rijndael 作为高级加密标准.

欧洲于 2000 年启动了 NESSIE 计划以适应 21 世纪信息安全发展的全面需求. 该计划为期三年, 总投资 264 万欧元, 主要目的就是通过公开征集和进行公开透明的测试与评估, 提出一套高效的密码标准, 以保持欧洲工业界在密码学研究领域的领先地位. 2003 年, NESSIE 工作组公布了包括分组密码、公钥密码、认证码、Hash 函数和数字签名等在内的十七个标准算法, 其中 MISTY1, Camellia, SHACAL-2 三个分组密码算法连同 AES 算法一起作为欧洲新世纪的分组密码标准算法.

在 AES 计划和 NESSIE 计划中, 密码学界对分组密码的设计与分析理论都进行了广泛而深刻的研究, 分组密码理论日趋完善, 人们对设计出安全高效的分组密码算法较有信心. 正因如此, 在 SHA-3 计划[30] 中, 超过半数的 Hash 函数都采用了分组密码的设计理念, 甚至直接采用分组密码的组件. 随着 SHA-3 计划的实施, 分组密码的设计与分析理论得到了更进一步的发展.

近年来, 随着物联网技术的发展, 很多特殊场合要求密码算法具有低面积、低功耗和低延迟等性质, 因此轻量级密码算法的设计是近年来的研究热点问题. 另外, 在安全多方计算、零知识计算等场景下, 基于二元域设计的密码算法可能并非最佳选择, 因此在奇特征域上设计安全分组密码算法也是近年的研究热点[15].

1.2 分组密码的设计模型

记 $\mathbb{F}_2$ 为二元有限域, $\mathbb{F}_2^m$ 和 $\mathbb{F}_2^\kappa$ 分别为 $\mathbb{F}_2$ 上的 m 和 κ 维向量空间, 则一个以 $\mathbb{F}_2^m$ 为明文和密文空间、$\mathbb{F}_2^\kappa$ 为密钥空间的分组密码可以表示为如下两个映射:

$$E : \mathbb{F}_2^m \times \mathbb{F}_2^\kappa \to \mathbb{F}_2^m, \quad D : \mathbb{F}_2^m \times \mathbb{F}_2^\kappa \to \mathbb{F}_2^m.$$

上述两个映射满足对任意 $k \in \mathbb{F}_2^\kappa$, $E(\cdot, k)$ 和 $D(\cdot, k)$ 均为 $\mathbb{F}_2^m$ 上的置换, 且这两个置换互逆. 此时, $E(\cdot, k)$ 和 $D(\cdot, k)$ 分别被称为密钥 k 控制的加密算法和解密算法, 有时也被记作 $E_k(\cdot)$ 和 $D_k(\cdot)$.

1.2.1 分组密码的设计原则

分组密码的设计通常兼顾安全性原则和实现原则.

安全性原则主要包含混淆原则、扩散原则和抗已知攻击原则. 混淆原则是指所设计密码的明文、密文和密钥三者之间的依赖关系非常复杂以至于攻击者无法理出相互之间的关系, 从而这种依赖性对密码分析者来说是无法利用的; 扩散原则是指所设计密码应该使得明文和密钥的每一位比特影响到每一位密文比特, 从而便于隐蔽明文的统计特性, 该准则强调的是输入比特的微小改变将导致输出比特的多比特变化; 抗已知攻击原则是指所设计密码应该抵抗已有的各种攻击方法.

实现原则是指算法具体实现时, 应该在不同的软硬件平台上均要有良好的性能表现. 因此为使密码算法在软件平台具备较好的实现性能, 应尽可能使用块运算和简单的运算, 比如采用 8, 16 和 32 位的字进行模加运算、循环移位运算和异或运算等; 为了使密码算法在各类硬件平台具备较好的实现性能, 则会采用拉线实现等等.

1.2.2 什么是一个好的密码

分组密码的设计就是找到一种算法, 能在密钥控制下从一个足够大且足够好的置换子集中简单且迅速地选出一个置换, 用来对当前的明文进行加密变换. 如前文所述, 一个好的分组密码应该是既难破译又容易软硬件实现. 即是说, 给定明文 x 或密文 y, 以及密钥 k 时, 加密算法 $E(x,k)$ 和解密算法 $D(y,k)$ 容易计算. 密码算法难破译主要是指在特定条件下, 难以获取密码算法的密钥或者伪造密文. 比如在已知 (x,y) 的情况下, 根据 $y=E(x,k)$ 和 $x=D(y,k)$ 求解 k 计算不可行; 或者在已知若干明密文对 (x_i,y_i) 的前提下, 无法以明显概率优势预测出某个明文 x 对应的正确密文 y.

粗略地讲, 若算法 E 能够将具有特定规律的字符串变换为 “看似” 随机的字符串, 则称该算法为一个好的密码算法. 比如我们知道, 在英文中, 字母 e 的出现频率相比较于其他字母要明显高出很多. 如前文所述, 当我们用凯撒密码加密时, 由于加密仅为字母的一一对应, 因此从统计的角度看, 必然有另一个字母出现的频率明显高于其他字母, 从而可以猜测出凯撒密码中的字母对应关系. 故从现代密码学的角度看, 凯撒密码并不是一个好的密码算法, 因为该算法保留了 “某个字母频率明显高于其他字母” 的统计特征.

设 E_k 是由 k 控制的分组密码. 若对任意具有某种统计规律 P 的集合 $V \subseteq \mathbb{F}_2^m$, $W_{E_k} = \{E_k(x)|x \in V\}$ 不存在与 k 无关的统计规律, 则称 E_k 是一个好的分组密码.

反之, 设 $\mathcal{R}$ 是任意随机置换, $V \subseteq \mathbb{F}_2^m$ 是一个具有统计规律 P 的集合. 若对任意 $k \in \mathbb{F}_2^\kappa$, $W_{E_k} = \{E_k(x)|x \in V\}$ 与 $W_{\mathcal{R}} = \{\mathcal{R}(x)|x \in V\}$ 针对与密钥 k 无关的性质 $\mathcal{Q}$ 统计可区分, 则 E 不是一个好的分组密码, 称 $(V,P,\mathcal{Q})$ 为算法 E 的一个区分器.

通俗地讲, 密码分析的一个主要任务就是研究 E_k 的性质, 构造具有某种统计规律 P 的集合 V, 使得集合 $W_{E_k} = \{E_k(x)|x \in V\}$ 存在与密钥 k 无关且与随机置换可区分的某种统计规律 $\mathcal{Q}$.

例 1.1 假设明文 $p_0, p_1, \cdots, p_{2t-2}, p_{2t-1} \in \mathbb{F}_2^m$，其统计规律为

$$p_{2i} \oplus p_{2i+1} = \delta_0, \quad 0 \leqslant i \leqslant t-1,$$

其中 $\delta_0 \in \mathbb{F}_2^m$ 为固定非零常数. 令对应的密文分别为 $c_0, c_1, \cdots, c_{2t-2}, c_{2t-1} \in \mathbb{F}_2^m$. 对于随机置换 $\mathcal{R}$ 而言，满足 $c_{2i} \oplus c_{2i+1} = \delta_1$ 的概率为 $\dfrac{1}{2^m - 1} \approx \dfrac{1}{2^m}$，其中 $\delta_1 \in \mathbb{F}_2^m$ 为固定的非零常数. 若对任意密钥 $k \in \mathbb{F}_2^\kappa$，加密算法 E_k 均满足 $\Pr(c_{2i} \oplus c_{2i+1} = \delta_1)$ 为显著大于 2^{-m} 的常数，则 E 和 $\mathcal{R}$ 可区分.

例 1.1 所示即为差分密码分析的基本思路：寻找 $\delta_0, \delta_1 \in \mathbb{F}_2^m$，使得当明文满足 $p_0 \oplus p_1 = \delta_0$ 时，密文满足 $c_0 \oplus c_1 = \delta_1$ 的概率为常数且与 $\dfrac{1}{2^m - 1} \approx \dfrac{1}{2^m}$ 具有较大的差异. $\Pr(c_{2i} \oplus c_{2i+1} = \delta_1) > \dfrac{1}{2^m}$ 的情形对应于经典差分密码分析；差分分析的另一个极端，即 $\Pr(c_{2i} \oplus c_{2i+1} = \delta_1) = 0$，对应于不可能差分密码分析. 我们将在第 4 章进一步讨论经典差分密码攻击和不可能差分攻击的相关原理和技术.

例 1.2 假设明文 $p \in \mathbb{F}_2^m$ 的统计规律为第 3, 24 比特的和为 0，即

$$p^{(3)} \oplus p^{(24)} = 0.$$

对于随机变换 $\mathcal{R}$，相应密文 c 的若干比特，不妨设第 1 比特、第 4 比特和第 9 比特之和为 0 的概率为 $\dfrac{1}{2}$. 若对任意密钥 $k \in \mathbb{F}_2^\kappa$，加密算法 E_k 满足 $\Pr(c^{(1)} \oplus c^{(4)} \oplus c^{(9)} = 0)$ 为不等于 $\dfrac{1}{2}$ 的常数，则当

$$\left| \Pr\left(c^{(1)} \oplus c^{(4)} \oplus c^{(9)} = 0 \right) - \frac{1}{2} \right|$$

足够大时，E 和 $\mathcal{R}$ 可区分.

设 $\lambda_1 \in \mathbb{F}_2^m$ 为非零向量，对于随机置换 $\mathcal{R}$ 的输出 c 而言，$\lambda_1^\mathrm{T} c$ 等于 0 或 1 的概率是相等的，均为 $\dfrac{1}{2}$. 例 1.2 即对应于经典线性密码分析：寻找非零向量 $\lambda_0, \lambda_1 \in \mathbb{F}_2^m$，使得 $\left| \Pr(\lambda_0^\mathrm{T} p \oplus \lambda_1^\mathrm{T} c = 0) - \dfrac{1}{2} \right|$ 足够大. 另一方面，若对任意密钥 $k \in \mathbb{F}_2^\kappa$，$E_k$ 均满足如下性质：

$$\Pr(\lambda_0^\mathrm{T} p \oplus \lambda_1^\mathrm{T} c = 0) - \frac{1}{2} = 0,$$

则 E 和 $\mathcal{R}$ 也是可区分的，其理由如下：

无论是随机置换还是密码算法, $\Pr(\lambda_0^{\mathrm{T}} p \oplus \lambda_1^{\mathrm{T}} c = 0) = \dfrac{1}{2}$ 都是期望值, 即对于某个具体算法而言, 这个概率可以比 $\dfrac{1}{2}$ 大, 也可以比 $\dfrac{1}{2}$ 小. 分组密码算法是一簇算法, 每个实例 E_k 均满足 $\Pr(\lambda_0^{\mathrm{T}} p \oplus \lambda_1^{\mathrm{T}} c = 0) = \dfrac{1}{2}$, 这个事件的概率是很低的. 即是说, 对任一随机置换 $\mathcal{R}$ 而言, $\Pr(\lambda_0^{\mathrm{T}} p \oplus \lambda_1^{\mathrm{T}} c = 0) = \dfrac{1}{2}$ 是统计值, 未必对每个算法实例均成立. 故若对分组算法的每个实例 E_k 而言, $\Pr(\lambda_0^{\mathrm{T}} p \oplus \lambda_1^{\mathrm{T}} c = 0) = \dfrac{1}{2}$ 均成立, 则这条性质能够区分随机置换和密码算法. 此即零相关线性密码分析的基本原理, 后续章节我们将进一步研究相关内容.

例 1.3　假设明文集合 $V = \{p_0, p_1, \cdots, p_{t-1}\}$ 为 $\mathbb{F}_2^m$ 的线性子空间. 则对于随机变换 $\mathcal{R}$ 而言, 相应的密文之和 $c_0 \oplus c_1 \oplus \cdots \oplus c_{t-1} = 0$ 的概率为 $\dfrac{1}{2^m}$. 若对任意 $k \in \mathbb{F}_2^\kappa$, 加密算法 E_k 均满足

$$\Pr(c_0 \oplus c_1 \oplus \cdots \oplus c_{t-1} = 0) = 1,$$

则 E 和 $\mathcal{R}$ 可区分.

例 1.3 展示的即为积分攻击的基本模型: 寻找 $\mathbb{F}_2^m$ 的子集合 V(一般为线性子空间), 使得 $\sum_{p \in V} E_k(p)$ 与 k 无关且可预测 (一般是 0). 我们将在后续章节详细讨论积分攻击的相关细节.

例 1.4　对于随机置换 $\mathcal{R}$, 改变明文 p 的某 1 比特, $c = \mathcal{R}(p)$ 的某一给定比特发生改变的概率为 $\dfrac{1}{2}$. 若对任意密钥 k 对应的加密算法 E_k, 改变明文 p 的某个比特, 密文的某个特定比特均不发生改变, 则 E 和 $\mathcal{R}$ 可区分.

根据例 1.4, 一个安全的密码必须满足全扩散性: 密文的每个比特应与明文的每个比特均相关. 反之, 若密文第 2 比特与明文第 1 比特不相关, 则改变明文第 1 比特的值, 密文第 2 比特不会发生变化. 这显然不是一个好的分组密码算法.

例 1.5　对于任何算法实例 E_k, 令 $c = E_k(p)$, 其中 $p, c \in \mathbb{F}_2^m$, $k \in \mathbb{F}_2^\kappa$, c 的每一比特一定可以写成 p 的布尔函数, 其系数为 k 的布尔函数, 比如:

$$c_i = \bigoplus_{I \subseteq \mathbb{F}_2^n} g_I(k) p^I.$$

对于随机置换 $\mathcal{R}$, 某给定项系数为 0 的概率为 $\dfrac{1}{2}$; 若对任意算法 E_k, 我们能够确定某个 $I \subseteq \mathbb{F}_2^n$ 使得 $g_I(k) = 0$ 恒成立, 则 E 和 $\mathcal{R}$ 可区分.

例 1.5 同时说明, 我们直接显性定义一个分组密码是很困难的, 在实现上也是不可行的. 这是因为对于一个 m 比特的分组密码, 密文的表达式含有 2^m 项, 且

每一项系数均为密钥 k 的函数. 通常 m 取 64, 128 等, 尽管此时密文的显性表达式一定存在, 但由于项数太多以至于我们无法将其显性写出来. 同样, 在实现加密芯片时, 根据明密文之间的显性表达式实现加解密电路也很难做到.

当 m 规模比较小的时候, 比如 4 比特或 8 比特, 设计出一个性质与随机置换比较接近或者密码学性质可控的置换是可行的. 因此, 在设计密码算法时, 我们可以首先设计出一些规模相对较小的置换, 然后通过特定的方式生成规模较大且与随机置换不可区分的密码算法. 这实际就是密码学中的 "混淆-扩散" 准则. 该准则基本思想是将规模较大的明文分组分成若干子块, 比如可将分组长度为 128 比特的明文分割成 16 个 8 比特字节; 对每个子块进行非线性变换 (混淆), 这些非线性变换通常称为 S 盒; 然后将不同位置 S 盒的输出进行特定的组合, 一般用的是线性组合 (扩散), 通常称为 P 置换.

下面我们定义一个玩具密码来展现密码设计与分析中的几个基本问题.

例 1.6 (玩具密码) 如图 1.1 所示. 算法分组长度为 32 比特, 我们首先将 32 比特明文 X 分为 4 个 8 比特块 $(x_0, x_1, x_2, x_3) \in (\mathbb{F}_2^8)^4$, 然后构造出由密钥控制的 8 比特置换 S. 定义混淆层 $\mathcal{S}(X) = (S(x_0), S(x_1), S(x_2), S(x_3))$.[①]

首先, 若直接用 $\mathcal{S}$ 来加密, $\mathcal{S}$ 并不是一个好的分组密码算法:

根据例 1.1 所述, 仅改变 x_0 的最低比特, $\mathcal{S}(X)$ 的后三个字节不会发生改变, 比如当输入差分为 $(01, 00, 00, 00)$ 时, 输出差分不可能是 $(01, 01, 01, 01)$; 根据例 1.2 所述, 我们要求 x_0 的所有比特求和为 0, 即 $\lambda_0 = (\mathtt{ff}, 00, 00, 00)$, 由于 $\mathcal{S}(X)$ 的四个字节互不相关, 故若令 $\lambda_1 = (00, 01, 01, 01)$, 则 $\lambda_0^{\mathrm{T}} X \oplus \lambda_1^{\mathrm{T}} \mathcal{S}(X) = 0$ 成立的概率为 $\dfrac{1}{2}$.

我们进一步通过如下矩阵 P 来定义扩散层:

$$P = \begin{bmatrix} 0 & 1 & 1 & 1 \\ 0 & 0 & 1 & 1 \\ 0 & 0 & 0 & 1 \\ 1 & 1 & 1 & 1 \end{bmatrix},$$

并将密码算法定义为

$$(y_0, y_1, y_2, y_3) = P \circ \mathcal{S}(X).$$

同样, $P \circ \mathcal{S}$ 并不是一个好的密码算法: 改变 x_0, x_1, x_2 的值, y_2 的值并不会发生改变. 但从直观上看, 在 $\mathcal{S}$ 后加一个线性变换 P 要 "优于" 不加线性变换, 比如没有 P 时, y_0 只与 x_0 相关, 但加了 P 之后, y_0 与 x_1, x_2, x_3 相关.

---

① 本书中的向量如无特殊说明, 均指列向量. 为方便起见, 我们用圆括号 "$(\cdots)$" 表示一个列向量, 如 $\alpha = (a_0, a_1, \cdots, a_{n-1})$ 表示的是一个 n 维列向量.

以此类推, 我们可以进一步定义 $S \circ P \circ S$, $P \circ S \circ P \circ S$ 和 $P \circ S \circ \cdots \circ P \circ S$ 等. 读者可以自行验证, 当迭代次数较低时, 部分分析方法依然奏效; 但当迭代次数较多后, 利用上述方法则无法区分我们定义的密码算法与随机置换. 从而当迭代次数足够多后, 可以认为所得到的算法是安全的.

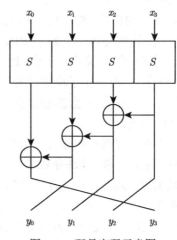

图 1.1   玩具密码示意图

例 1.6 不仅展示了密码设计中的混淆和扩散, 还展示了密码结构的概念: 利用小规模置换生成大规模置换的逻辑之和, 即密码结构体现了密码算法的 "扩散". 我们将在第 2 章进一步讨论密码结构的概念.

如该例所示, 直接显性构造大规模分组密码一般较难, 故通常采用迭代的方法设计分组算法, 被反复迭代的变换通常称为轮函数. 设计轮函数有两种策略: 若轮函数密码学性质较强, 则迭代轮数相对较低; 若轮函数密码学性质较弱, 则需多次迭代以达到安全性要求, 实际设计时需综合考虑.

1.3   分组密码的分析模型

衡量一个密码算法的安全性有两种基本方法: 一是实际安全性; 二是理论安全性, 又称无条件安全性. 实际安全性是根据破译密码系统所需的计算量来评价其安全性, 如 RSA 系统的安全性就是基于大整数分解的困难性. 但是必须注意到, 随着计算机技术的发展, 现在固若金汤的 RSA 系统在不久的将来也可能不堪一击. 比如随着 Shor 算法[35] 的提出, 在量子计算机上分解大整数就有了多项式时间算法, 从而 RSA 算法在量子计算环境下将变得不再安全. 理论安全性则与对手的计算能力或时间无关, 破译一个密码算法所做的任何努力都不会优于随机选择即碰运气.

1.3.1 Kerckhoffs 假设

研究密码算法的理论安全性通常基于 Kerckhoffs 假设:

Kerckhoffs 假设[22]　　在密码分析中, 除了密钥以外, 密码分析者知道密码算法的每一个设计细节.

根据 Kerckhoffs 假设可知, 密码算法的安全性应依赖密钥的保密, 而不是算法本身的保密.

密码分析者的一个主要任务就是获取适量的明文和相应的密文, 通过分析这些明文和密文得到密钥信息. 根据攻击条件的不同, 密码攻击可以分为如下四种类型:

唯密文攻击　　密码分析者拥有一个或更多的用同一个密钥加密的密文, 通过对这些截获的密文进行分析得出明文或密钥;

已知明文攻击　　密码分析者同时拥有一些明文和用同一个密钥加密这些明文的密文, 通过对这些已知明文和相应密文的分析来恢复密钥;

选择明文攻击　　密码分析者可以随意选择自己想要的明文并加密, 根据选择的明文和相应的密文来恢复密钥;

选择密文攻击　　密码分析者可以随意选择自己想要的密文并解密, 根据选择的密文和相应的明文来恢复密钥.

任意一个分组密码都存在穷尽密钥搜索、字典攻击、查表攻击、时间–空间权衡攻击四种强力攻击. 除了上述四种通用的强力攻击方法, 在对一个具体的密码算法进行安全性分析时, 根据算法的特点, 往往会有其他不同的攻击方法. 而比较不同攻击算法的优劣, 最主要的指标是计算复杂度. 如果一个攻击方法, 当其相应的计算复杂度比强力攻击对应的指标低时, 就称该方法从理论上破译了这个算法, 当然这离现实破译可能还有很大的差距.

对密码算法的安全性分析主要包括以下三个方面: 一是基于数学方法研究算法的安全性; 二是结合物理实现研究算法的安全性; 三是研究算法在不同使用模式下的安全性.

1.3.2 基于数学方法研究算法的安全性

分组密码分析的难点在于密码算法中间状态的不可知性, 即分析者只能得到密码算法的输入和输出. 举例而言, 若一个密码分析者在给定一个明文前提下, 能够得到 10 轮 AES 算法第 9 轮的输出值, 则破解 AES 算法易如反掌. 确定密码算法中间状态或中间状态特征的过程即为构造密码算法区分器的过程.

基于数学方法研究算法的安全性一般包括如下两个方面内容.

一是研究如何将缩减轮数密码算法与随机置换区分开. 对于同一个指标, 首先计算其在随机置换下的值, 然后计算在缩减轮数密码算法中对应的值. 如果这两个值具有明显的差别 (统计可区分), 则该指标可以将密码算法与随机置换区分开. 在密码分析中, 确定特定形式明文对应密文遵循某种特殊规律的过程, 即为构造算法区分器的过程. 构造区分器的过程实际也就是确定密码算法中间状态的过程. 一般而言, 密码分析者并不知道密码算法的密钥. 因此, 区分器应与算法密钥无关, 或者说, 区分器的性质对任意密钥都是成立的; 若某条性质只对部分密钥成立, 则称这些密钥为弱密钥.

二是研究如何获得密码算法的密钥信息. 攻击者在获得密码算法中间状态信息基础上, 通过猜测区分器之外的部分轮密钥来验证区分器的正确性. 若某个密钥猜测值使得解密后所得的值不满足区分器要求, 则该猜测值是错误密钥; 反之则有可能是正确密钥. 恢复密钥通常有三种方法: 第一种是统计方法, 针对每一个猜测的密钥值, 该方法按照一定的规则 (一般与区分器有关) 对收集到的明密文进行统计分析, 最后具有明显统计优势的值可能就是正确的密钥, 比如差分密码分析和线性密码分析均采用了统计方法; 第二种是淘汰法, 针对每个猜测的密钥值, 计算特定的统计指标, 若不满足该统计指标, 则该密钥一定是错误的, 比如积分攻击和不可能差分攻击均采用了这种方法; 第三种是代数方法求解, 该方法将加解密所对应的变换利用方程组进行表示, 通过对方程组进行代数求解而获得密钥信息, 这实际上就是代数攻击的基本思想. 这里需要注意的是, 对某个密码算法, 即便采用同一个区分器, 不同的攻击者也可能有不同的恢复密钥方法, 而这些方法所对应的攻击复杂度也有可能不同.

传统密码分析基于密码分析者手工推导, 工作量大, 工作繁琐, 近几年密码学界利用混合整数线性规划 (Mixed-Integer Linear Programming, MILP) 和布尔可满足性 (Boolean Satisfiability, 简称 SAT) 等求解工具, 对密码分析方法进行建模, 将构造密码算法区分器、密钥恢复等归结为某个 MILP 或 SAT 求解问题, 通过模型求解后实现密码算法的安全性分析自动化. 感兴趣的读者可参考相关文献 [36].

1.3.3　结合物理实现研究算法的安全性

基于数学方法研究算法的安全性, 一般将算法的加密或解密流程视为一个带秘密参数的变换, 仅仅通过获得变换的输入和输出来推测密钥信息. 20 世纪末, 密码界出现了一种新的攻击方法, 这种攻击方法除了基于传统的数学方法外, 还结合了算法具体实现时所处的物理环境. 攻击者通过探测算法在加解密过程中泄露的某些物理参量 (如时间、能量、电磁、温度和声音等) 所表征的信息差异来获取密码算法计算过程中的中间状态, 进而推断密钥的信息. 这种结合物理实现的攻击方法一般被称为侧信道攻击.

侧信道攻击对密码系统所形成的威胁是一个综合性的问题, 涉及算法设计、软硬件实现等诸多方面. 由于这种方法能够得到密码算法的中间状态信息, 故相比较于基于数学的密码分析方法, 基于物理的密码分析方法在破解密钥这个问题上往往更加有效. 目前比较常见的侧信道攻击方法主要包括计时攻击[24]、能量分析[21]、故障攻击[7]、电磁攻击[16] 和缓存攻击[31] 等.

1.3.4 分组密码的使用模式

分组密码的输入和输出一般为固定长度, 但实际消息长度可能不是分组长度的倍数. 因此, 如何利用固定长度的分组密码对长度不定的消息进行安全加密, 即分组密码的使用模式设计, 是密码学研究的重要问题.

分组密码使用模式的研究始终伴随着分组密码理论的发展. 比如 AES 推出之后, 学术界对分组密码使用模式做了大量研究, 取得了很多研究成果. 分组密码的使用模式主要包括加密模式、认证模式和认证加密模式三种. 它们以分组密码算法为基本工具, 设计满足现实需求的密码方案. 分组密码的加密模式可以保护数据的机密性, 认证模式可以保护数据的完整性, 而认证加密模式既提供机密性保护, 又提供完整性保护. 如今使用模式也已不局限于传统意义上的加密模式、认证模式和认证加密模式, 还有可变长度的分组密码以及如何用分组密码实现杂凑技术等. 比如 SHA-3 计划[30] 候选算法中, 很多 Hash 函数都可以看作在特定使用模式下的分组密码.

常见的分组密码使用模式主要包括电子密码本 (Electronic Code Book, ECB) 模式、密码分组链接 (Cipher Block Chaining, CBC) 模式、密文反馈 (Cipher Feedback, CFB) 模式、输出反馈 (Output Feedback, OFB) 模式和计数器 (Counter, CTR) 模式等. 关于分组密码使用模式的更多内容参见 Rogaway 个人主页上的手稿[32].

认证加密模式的设计与分析是近年来该领域研究的重点和热点问题. 2013 年, 在美国 NIST 专门资助下, 国际密码协会发起了遴选认证加密算法的 CAESAR(Competition for Authenticated Encryption: Security, Applicability, and Robustness) 竞赛[9], 旨在面向全球征集认证加密方案, 选拔安全高效的认证加密算法, 推动认证加密算法的设计与分析的发展. 竞赛要求候选认证加密算法应满足两个条件: 一是具有广泛的兼容性; 二是优于 AES-GCM[26]. CAESAR 认证加密算法的征集活动, 使得认证加密算法的安全性分析成为密码学界的研究热点, 极大地促进了认证加密算法的发展, 涌现了众多优秀的认证加密方案. 2014 年初, 竞赛征集了 57 个提交算法, 其中包括我国密码团队提交的 5 个算法: 中国科学院软件研究所团队提交的采用轻量级分组密码 LBlock 的 LAC 算法[44], 基于序列密码的 Sablier[45] 和采用传统分组密码的 iFeed 算法[43]; 信息安全国家重点实验室团队提交的两个采用分组密码设计思想的 PAES 算法[41] 和 PANDA 算法[42]. 经过第一轮的淘汰后, 有 50 个算法进入第二轮的竞赛, 在这 50 个算法中有 33 个是直接设计的算法, 17 个是设计的使用模式. 经过第二轮的淘汰后, 剩下 29 个算法, 其中 20 个是直接设计的算法, 9 个是设计的使用模式. 最终该竞赛在 2018 年 3 月宣布 7 个候选算法进入到决赛, 其中 ASCON 算法[11]、ACORN 算法[37]、AEGIS-128 算法[38]、OCB 算法[20]、Deoxys-II 算法[18]、COLM 算法[2] 等 6 个算法在 2019 年 2 月获选最终算法[10].

有关分组密码的设计与分析的更多知识, 可以参考 [8, 25, 39, 40].

参 考 文 献

[1] Aoki K, Ichikawa T, Kanda M, et al. Camellia: A 128-bit block cipher suitable for multiple platforms - design and analysis[C]. SAC 2000. LNCS, 2012, Springer, 2000: 39-56.

[2] Andreeva E, Bogdanov A, Datta N, et al. COLM v1 [EB/OL]. (2016)[2025-05-15]. https://competitions.cr.yp.to/round3/acornv3.pdf.

[3] Advanced encryption standard proposal [EB/OL]. (1997)[2025-05-15]. https://csrc. nist.gov/encryption/aes.

[4] Biham E, Anderson R, Knudsen L. Serpent: A new block cipher proposal[C]. FSE 1998. LNCS, 1372, Springer, 1998: 222-238.

[5] Burwick C, Coppersmith D, D'Avignon E, et al. MARS - a candidate cipher for AES[C]. The First AES Candidate Conference. National Institute of Standards and Technology, 1998.

[6] Biham E, Shamir A. Differential cryptanalysis of DES-like cryptosystems[C]. CRYPTO 1990. LNCS, 537, Springer, 1990: 2-21.

[7] Biham E, Shamir A. Differential fault analysis of secret key cryptosystems[C]. CRYPTO 1997. LNCS, 1294, Springer, 1997: 513-525.

[8] 陈少真, 王磊. 密码学教程 [M]. 2 版. 北京: 科学出版社, 2022.

[9] Competition for authenticated encryption: Security, applicability, and robustness [EB/OL]. (2014)[2025-05-15]. https://competitions.cr.yp.to/caesar.html.

[10] CAESAR: Competition for authenticated encryption: security, applicability, and robustness [EB/OL]. (2019)[2025-05-15]. https://competitions.cr.yp.to/caesar-submissions.html.

[11] Dobroug C, Eichlseder M, Mendel F, et al. ASCON v1.2: Submission to the CAESAR competition [EB/OL]. (2014)[2025-05-15]. https://competitions.cr.yp.to/round3/asconv12.pdf.

[12] Daemen J, Rijmen V. The Design of Rijndael - The Advanced Encryption Standard (AES)[M]. 2nd ed. Berlin, Heidelberg: Springer, 2020.

[13] Diffie W, Hellman M. New directions in cryptography[J]. IEEE Transactions on Information Theory, 1976, 22(6): 644-654.

[14] Ekdahl P, Johansson T, Maximov A, et al. A new SNOW stream cipher called SNOW-V[J]. IACR Transactions on Symmetric Cryptology, 2019(3): 1-42.

[15] Grassi L, Masure L, Méaux P, et al. Generalized Feistel ciphers for efficient prime field masking[C]. EUROCRYPT 2024. LNCS, 14653, Springer, 2024: 188-220.

[16] Gandolfi K, Mourtel C, Olivier F. Electromagnetic analysis: Concrete results[C]. CHES 2001. LNCS, 2162, Springer, 2001: 251-261.

[17] Handschuh H, Naccache D. SHACAL: A family of block ciphers[EB/OL]. Submission to the NESSIE project, 2002.

[18] Jean J, Nikolić I, Peyrin T, et al. Deoxys v1.41 [EB/OL]. (2016)[2025-05-15]. https://competitions.cr.yp.to/round3/deoxysv141.pdf.

[19] Jordan S, Liu Y. Quantum cryptanalysis: Shor, grover, and beyond[J]. IEEE Security and Privacy, 2018, 16(5): 14-21.

[20] Krovetz T, Rogaway P. OCB (v1.1) [EB/OL]. (2014)[2025-05-15]. https://competitions.cr.yp.to/round3/ocbv11.pdf.

[21] Kocher P, Jaffe J, Jun B. Differential power analysis[C]. CRYPTO 1999. LNCS, 1666, Springer, 1999: 388-397.

[22] Kerckhoffs A. La cryptographie militaire [EB/OL]. (2022)[2025-05-15]. https://www.petitcolas.net/kerc:hoffs/crypto militaire 1.pdf.

[23] Kelsey B, Whiting D, Wagner D, et al. Twofish: A 128-Bit block cipher [EB/OL]. (1998)[2025-05-15]. https://www.schneier.com/wp-content/uploads/2016/02/paper-twofish-paper.pdf.

[24] Kocher P. Timing attacks on implementations of Diffie-Hellman, RSA, DSS, and other systems[C]. CRYPTO 1996. LNCS, 1109, Springer, 1996: 104-113.

[25] 李超, 孙兵, 李瑞林. 分组密码的攻击方法与实例分析 [M]. 北京: 科学出版社, 2010.

[26] McGrew D, Viega J. The security and performance of the galois/counter mode (GCM) of operation[C]. INDOCRYPT 2004. LNCS, Springer, 2004, 3348: 343-355.

[27] Matsui M. Linear cryptanalysis method for DES cipher[C]. EUROCRYPT 1993. LNCS, 765, Springer, 1993: 386-397.

[28] Matsui M. New block encryption algorithm MISTY[C]. FSE 1997. LNCS, 1267, Springer, 1997: 54-68.

[29] NESSIE-Project. New European schemes for signatures, integrity and encryption [EB/OL]. (2025)[2025-05-15]. https://www.cryptoscam.info/old-projects/nessie/.

[30] NIST. Announcing request for candidate algorithm nominations for a new cryptographic Hash algorithm (SHA-3) [EB/OL]. (2015)[2025-05-15]. https://csrc.nist.gov/projects/hash-functions/%20sha-3-project.

[31] Page D. Theoretical use of cache memory as a cryptanalytic side-channel [EB/OL]. IACR Cryptol. ePrint Arch., 2002: 169. [2025-05-15]. http://eprint.iacr.org/2002/169.

[32] Rogaway P. Evaluation of some blockcipher modes of operation [EB/OL]. (2025)[2025-05-15]. https://www.cs.ucdavis.edu/~rogaway/papers/modes.pdf.

[33] Rivest R, Robshaw M, Sidney R, et al. The RC6 block cipher[C]. The First AES Candidate Conference. National Institute of Standards and Technology, 1998.

[34] Shannon C. Communication theory of secrecy systems[J]. The Bell System Technical Journal, 1949, 28(4): 656-715.

[35] Shor P. Polynominal time algorithms for discrete logarithms and factoring on a quantum computer[C]. ANTS 1994. LNCS, 877, Springer, 1994: 289.

[36] Sun S, Hu L, Wang P, et al. Automatic security evaluation and (Related-key) differential characteristic search: Application to SIMON, PRESENT, LBlock, DES(L) and other Bit-Oriented block ciphers[C]. ASIACRYPT 2014. LNCS, 8873, Springer, 2014: 158-178.

[37] Wu H. ACORN: A lightweight authenticated cipher (v3) [EB/OL]. (2014)[2025-05-15]. https://competitions.cr.yp.to/round3/acornv3.pdf.

[38] Wu H, Preneel B. AEGIS: A fast authenticated encryption algorithm (v1.1) [EB/OL]. (2014)[2025-05-15]. https://eprint.iacr.org/2013/695.pdf.

[39] 王美琴. 密码分析学 [M]. 北京: 科学出版社, 2023.

[40] 吴文玲, 冯登国, 张文涛. 分组密码的设计与分析 [M]. 2 版. 北京: 清华大学出版社, 2009.

[41] Ye D, Wang P, Hu L, et al. PAES v1 [EB/OL]. (2014)[2025-05-15].https://competitions.cr.yp.to/round1/paesv1.pdf.

[42] Ye D, Wang P, Hu L, et al. PANDA v1 [EB/OL]. (2014)[2025-05-15]. http://competitions.cr.yp.to/round1/pandav1.pdf.

[43] Zhang L, Wu W, Sui H. iFeed [AES] v1 [EB/OL]. (2014)[2025-05-15]. http://competitions.cr.yp.to/round1/ifeedaesv1.pdf.

[44] Zhang L, Wu W, Wang Y, et al. LAC: A lightweight authenticated encryption cipher [EB/OL]. (2014)[2025-05-15]. https://competitions.cr.yp.to/round1/lacv1.pdf.

[45] Zhang B, Shi Z, Xu C, et al. Sablier v1 [EB/OL]. (2014)[2025-05-15]. http://competitions.cr.yp.to/round1/sablierv1.pdf.

第 2 章 密 码 结 构

我们在各类文献中都会看到密码结构这个术语, 但密码结构到底如何定义? 我们可以看着 Feistel 结构的示意图说这是 Feistel 结构, 但到底该如何定义 Feistel 结构呢? 本章将尝试给出密码结构的定义, 在此基础上对密码结构的密码学性质开展研究. 这里需要特别说明, 密码结构也许会有其他定义, 我们给出的定义也可能有不完善的地方. 希望通过我们的尝试能促进学术界对密码结构的研究.

2.1 密码结构的概念

在第 1 章中, 例 1.6 不仅展示了密码设计中的混淆和扩散, 还展示了密码结构的概念. 同时我们还提到: 不能直接构造大规模密码学性质良好的置换. 这句话有两层含义: 一是可以直接构造小规模密码学性质良好的置换; 二是可以直接构造大规模置换, 但其密码学性质不完美, 比如我们针对大规模输入, 可以构造代数次数为 2 的置换. 两层含义中的第一层含义可以隐含在第二层含义中, 如例 1.6 所示, 四个并置的 8 比特 S 盒可以看作一个 32 比特密码学性质并不完美的置换. 因此, 密码结构的作用就是用密码学性质较弱的置换来生成密码学性质良好的置换. 尽管利用大规模弱置换构造大规模强置换的方式也有, 但是下面的定义涵盖了主流密码结构, 同时也是本书的主要研究对象:

定义 2.1 (密码结构和迭代密码结构) 所谓密码结构, 就是利用小规模置换来构造大规模置换的一整套运算逻辑组合 $\mathcal{E}$; 当逻辑组合 $\mathcal{E}$ 可由逻辑组合 $\mathcal{F}$ 复合生成, 即 $\mathcal{E} = \mathcal{F}^r$ 时, 则称 $\mathcal{E}$ 和 $\mathcal{F}$ 为迭代密码结构, 有时也称 $\mathcal{F}$ 为迭代密码结构.

关于密码结构的定义, 我们有以下三点说明.

(1) 在上述定义中, 小规模置换有时候也可以是小规模变换, 即未必是置换. 如无特殊说明, 考虑到很多实际情形, 本书主要研究由小规模置换构造大规模置换的结构.

(2) 从结构的定义看, 若算法结构中用到多个小规模置换, 这些小规模置换的规模可以不等. 但从实现的角度看, 规模相等的小规模变换可以从一定程度上提升算法实现性能. 故本书讨论的结构, 均假设小规模置换具有同等规模.

(3) 密码结构是将小规模置换扩展成大规模置换的逻辑之和, 因此, 结构与小规模置换的选取是无关的.

定义 2.2 (密码结构的粒度)   密码结构 $\mathcal{E}$ 中小规模置换的规模称为密码结构 $\mathcal{E}$ 的粒度.

由于密码结构的作用是用小规模变换构造大规模变换, 因此其定义与分割粒度紧密相关. 在设计具体结构时, 我们可以通过粒度为 t_1 的密码结构生成规模为 t_2 比特的置换, 其中 $t_2 > t_1$, 再用粒度为 t_2 的结构生成规模为 t_3 比特的置换, 其中 $t_3 > t_2$. 比如针对后面的图 2.4 所示的 Feistel 结构, 其 "小规模变换 f" 的规模为 m 比特, 由其构造的 "大规模变换" 的规模则为 $2m$ 比特. 在设计算法时, 我们仍然有可能用比 m 比特粒度更小的 SPN 结构 (如后面的图 2.3 所示) 变换来构造 f: 如 Camellia 算法[2](见本书 3.2.2 节) 整体采用了粒度为 64 比特的 Feistel 结构, 轮函数采用了粒度为 8 比特的 SPN 结构来构造 64 比特置换; FOX 算法[13](见本书 3.3 节) 整体采用了粒度为 64 比特的 Lai-Massey 结构, 轮函数采用了粒度为 8 比特的 SPS 结构来构造 64 比特置换; SM4 算法[25](见本书 3.2.3 节) 整体采用了粒度为 32 比特的 SM4 结构, 轮函数同样采用了粒度为 8 比特的 SPN 结构. 总之, 一个算法采用何种结构以及其轮函数采用何种结构主要取决于算法的性能要求、子模块的构造以及整体结构的安全性等多个因素. 这部分内容我们将在第 7 章中进一步讨论.

设计密码算法可以看作如下过程: 首先设计由小规模置换构造大规模置换的逻辑即密码结构, 再从所有小规模置换中选取一个安全实例. 即从设计角度看时, 密码结构可以看成一簇密码算法集合, 但这些算法未必都是安全的. 设计密码算法的过程即是从密码结构中挑选安全实例的过程. 一般而言, 小规模置换的性质决定了密码算法的局部性质, 密码结构的性质决定了算法的整体性质. 密码分析的一个难点就在于如何利用密码结构将局部性质扩展为密码算法的整体性质.

定义 2.3 (密码结构的可逆性)   设 $\mathcal{E}$ 是一个密码结构. 若任意密码算法实例 $E \in \mathcal{E}$ 均为可逆变换, 则称 $\mathcal{E}$ 为可逆密码结构.

上述定义说明, 可逆结构中的任意实例均为可逆变换; 反之, 若存在某个实例不可逆, 则称该结构不可逆.

例 2.1 (密码结构示例)   设 $(x_0, x_1, x_2, x_3), (y_0, y_1, y_2, y_3) \in (\mathbb{F}_2^n)^4$, 令 $\mathbb{B}(n)$ 表示所有 n 比特置换的集合, 则对任意 $f \in \mathbb{B}(n)$, 定义 $F_f : (\mathbb{F}_2^n)^4 \to (\mathbb{F}_2^n)^4$ 如下:

$$
\begin{cases}
y_0 = x_1 \oplus f(x_0), \\
y_1 = x_2 \boxplus f(x_0), \\
y_2 = x_3 \oplus f(x_0), \\
y_3 = x_0.
\end{cases}
$$

上式中的 "⊞" 表示模 2^n 加法运算, 参见图 2.1 .

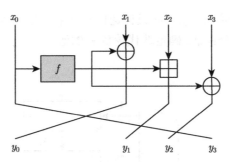

图 2.1　密码结构示例

我们进一步可以验证:

$$\begin{cases} x_0 = y_3, \\ x_1 = y_0 \oplus f(y_3), \\ x_2 = y_1 \boxminus f(y_3), \\ x_3 = y_2 \oplus f(y_3), \end{cases}$$

其中"$\boxminus$"表示模 2^n 减法运算. 故 F_f 可逆. 另外, 我们还可以发现, 虽然正向计算 F_f 时, 我们用到了 f, 但逆向计算并不需要 f 逆, 故该计算过程的可逆性与 f 的可逆性无关.

由于密码结构的定义并未限制小规模置换 f, 故上述逻辑可表示成如下形式:

$$\mathcal{F} = \{F_f | f \in \mathbb{B}(n)\}.$$

$\mathcal{F}$ 即表示上述结构. 将该结构迭代 r 次即可得

$$\mathcal{F}^{(r)} = \{F_{f_r} \circ \cdots \circ F_{f_2} \circ F_{f_1} | f_1, f_2, \cdots, f_r \in \mathbb{B}(n)\}.$$

尽管上例说明, 密码结构的可逆性与小规模变换的可逆性之间并无直接关系, 但是也有部分密码结构的可逆性必须建立在小规模变换是可逆的基础上, 比如例 1.6 中的密码结构. 但在实际设计密码算法时, 我们大都会选择可逆的组件. 因此, 如前文所说, 本书的大部分讨论都假设小规模变换可逆, 但部分结果可以推广至不可逆情形.

在设计迭代密码算法时, 将小规模变换实例化后的迭代密码结构称为轮函数. 由于轮函数一般由密钥 k 控制, 轮函数涉及的密钥通常称为轮密钥. 从安全性考虑同时也为减少实现代价, 密钥通常与当前输入状态进行异或运算, 这一步也称为密钥白化运算. 设计轮函数时, 通常由主密钥 k 出发, 生成若干轮密钥 $k_1, k_2, \cdots$, 并参与到轮函数中. 图 2.2 展示了一般迭代型分组密码的设计流程: 通过密钥扩展算法将主密钥扩展成 $k_1, k_2, \cdots$; 设计迭代密码结构并将其实例化得到轮函数 f; 对所设计算法进行充分评估, 确定迭代轮数 r 的值.

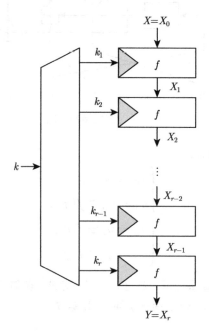

图 2.2 一般迭代型分组密码设计流程

2.2 典型分组密码的结构

为了用小规模变换构造出好的密码算法, 必须用好的密码结构来实现. 好的密码结构不仅有助于更好地实现加密和解密, 也有助于我们对密码算法的安全性进行充分评估. 密码学界一般认为, 如果一个算法设计很复杂, 设计者自己都无法给出令人信服的安全性说明, 这个算法一般不会被采用. 目前通用的分组密码算法都采用了迭代结构, 根据密码结构是否需要计算小规模置换的逆, 典型密码结构可分为 SPN 结构和 Feistel 类结构, 其中 SPN 结构需要计算小规模置换的逆, 而 Feistel 类结构则不用计算.

2.2.1 SPN 结构

SPN 结构[8] 每轮一般由一个轮密钥控制的可逆非线性函数 $\mathcal{S}$ 和一个可逆线性变换 P 组成. SPN 结构是利用小规模 S 盒置换构造大规模置换的密码结构, 详细来说, 是利用 n 个 b 比特 S 盒构造 nb 比特置换. SPN 结构非常清晰, $\mathcal{S}$ 变换层起混淆作用, 主要由若干个并置 S 盒复合构成; P 层起扩散作用, 一般由线性变换构成. 与 Feistel 结构相比, SPN 结构数据扩散更快, 并且当给出 S 层和 P 层的某些安全性指标后, 设计者可以给出算法抵抗已知攻击特别是差分攻击和线性攻击的可证明安全. 但必须注意到, SPN 结构密码的加解密通常不具有一致性, 在实现时通常需要更多的资源.

对于分组长度为 nb 的 r 轮 SPN 结构密码 (图 2.3), 其加密流程如下.

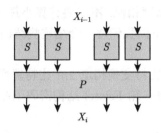

图 2.3   SPN 结构

对于给定的 nb 比特明文 p, 首先将其按 b 比特分为 n 个块. 令 $X_0 = p$, 然后根据如下规则, 进行 r 轮迭代:

$$\begin{cases} Y = \mathcal{S}(X_{i-1}, K_i), \\ X_i = P(Y), \end{cases}$$

其中 $X_{i-1} = (x_{i-1,0}, x_{i-1,1}, \cdots, x_{i-1,n-1}) \in (\mathbb{F}_2^b)^n$, $K_i = (k_0, k_1, \cdots, k_{n-1}) \in (\mathbb{F}_2^b)^n$ 为轮密钥,

$$\mathcal{S}(X_{i-1}, K_i) = (S_{k_0}(x_{i-1,0}), S_{k_1}(x_{i-1,1}), \cdots, S_{k_{n-1}}(x_{i-1,n-1})).$$

根据加密流程可知, 只有当 P 和 $\mathcal{S}$ 均可逆时, 上述流程才能解密, 且一轮 SPN 结构 $P \circ \mathcal{S}$ 的逆为 $\mathcal{S}^{-1} \circ P^{-1}$. 尽管不能确保加解密一致性, 为尽可能让加解密算法类似, 第 r 轮的 P 变换通常会省略. 此时, r 轮加密和解密流程分别为

$$\mathcal{E} = \mathcal{S} \circ P \circ \mathcal{S} \circ P \circ \cdots \circ P \circ \mathcal{S},$$

$$\mathcal{E}^{-1} = \mathcal{S}^{-1} \circ P^{-1} \circ \mathcal{S}^{-1} \circ P^{-1} \circ \cdots \circ P^{-1} \circ \mathcal{S}^{-1}.$$

SPN 结构中的 P 置换设计通常有以下方法: ① 基于有限域上的矩阵设计[10,12,23]; ② 基于二元矩阵设计[14,15]; ③ 基于比特拉线设计[7]; ④ 基于字节的移位和循环移位实现[16,25].

需要指出的是, 我们经常习惯于说某算法采用了 SPN 结构, 比如 AES 算法和 ARIA 算法都采用了 SPN 结构. 在本章的理论框架下, 由于 AES 算法和 ARIA 算法的线性扩散层不一样, 因此尽管都是 SPN 结构, 但从 8 比特 S 盒扩展成 128 比特置换的逻辑不一样, 因此这是两个不同的 SPN 结构.

2.2.2 Feistel 类结构

Feistel 结构[9] 是 20 世纪 60 年代末 IBM 公司的工程师 Feistel 在设计 Lucifer 分组密码时提出的, 后因 DES 算法的广泛使用而流行. 经过多年的研究与发展, 密码学界对 Feistel 结构提出了很多扩展, 我们统称为 Feistel 类结构. Feistel 类结构主要包括: Feistel 结构[9]、SM4 结构[25]、Mars 结构[4]、广义 Feistel 结构[24]. 其主要特点是解密与加密高度相似, 不需要计算小规模变换的逆. 具有该特点的还有 Lai-Massey 结构[17]. 下面我们逐一介绍这些结构.

Feistel 结构

Feistel 结构是利用 m 比特变换构造 $2m$ 比特置换的密码结构.

对于分组长度为 $2m$ 的 r 轮 Feistel 结构密码 (图 2.4), 其加密流程如下.

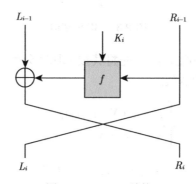

图 2.4　Feistel 结构

首先将 $2m$ 比特明文 p 分为左右两个 m 比特部分, 不妨记 L_0 为 p 的左边 m 比特, R_0 为 p 的右边 m 比特, 即 $p = (L_0, R_0)$. 令

$$F(L_i, R_i) = (L_{i-1} \oplus f(R_{i-1}, K_i), R_{i-1}),$$

这里 $f: \mathbb{F}_2^m \times \mathbb{F}_2^\kappa \to \mathbb{F}_2^m$ 称作轮函数, $K_1, K_2, \cdots, K_r$ 是由主密钥根据密钥扩展方案得到的轮密钥. 令 σ 表示交换左右两支的操作, 即若 $(x, y) \in (\mathbb{F}_2^m)^2$, 则

$$\sigma(x, y) = (y, x).$$

然后进行如下 r 轮迭代:

$$(\sigma \circ F)^r (L_0, R_0).$$

定义 2.4 (对合变换)　设 T 为 $\mathbb{F}_2^b$ 上的变换, 若 T^2 为单位变换, 即 T 可逆且满足 $T^{-1} = T$, 则称 T 为对合变换.

可以验证, 上述 F^2 和 σ^2 均为单位变换, 从而 F 和 σ 均为对合变换. 因此上述流程可逆. 加密的最后一轮不需要做 "左右交换" σ, 即密文为 $c = (R_r, L_r)$, 其目的是使算法的加解密流程类似. 此时, r 轮加密和解密的流程均为

$$F \circ \sigma \circ F \circ \sigma \circ \cdots \circ \sigma \circ F.$$

在密码设计中, 加解密一致的算法在实现时往往可以节省资源. 但同时必须注意到, Feistel 结构密码算法的扩散能力相对 SPN 结构较慢, 因为算法至少需要迭代两轮才有可能达到全扩散.

SM4 结构

如图 2.5 所示, SM4 结构是利用 m 比特变换构造 $4m$ 比特置换的密码结构, 该结构由吕述望等[25] 在设计 SMS4 算法 (后更名为 SM4 算法) 时提出. SM4 结构是一种 4 分支的压缩型分组密码迭代结构, 对于分组长度为 $4m$ 比特的 SM4 结构密码, 设其输入和输出分别为 (x_0, x_1, x_2, x_3) 和 (y_0, y_1, y_2, y_3), 则其加密流程如下:

$$\begin{cases} y_0 = x_1, \\ y_1 = x_2, \\ y_2 = x_3, \\ y_3 = x_0 \oplus f(x_1 \oplus x_2 \oplus x_3). \end{cases}$$

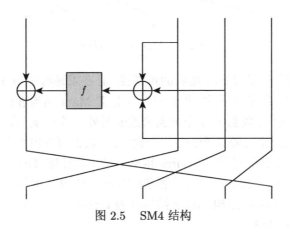

图 2.5　SM4 结构

可以验证, SM4 结构可逆, 且在求逆时与 Feistel 结构类似, 不需要求 f 的逆. 在第 8 章中, 我们将对 4 分支 SM4 结构进行推广.

Mars 结构

如图 2.6 所示, Mars 结构是利用 m 比特变换构造 $4m$ 比特置换的密码结构, 该结构是 IBM 公司设计的 Mars 算法[4,19] 所采用的迭代结构的简化版. Mars 结构有 4 个分支, 故分组长度为 $4m$ 比特, 设其输入和输出分别为 (x_0, x_1, x_2, x_3) 和 (y_0, y_1, y_2, y_3), 则其加密流程如下:

$$\begin{cases} y_0 = x_1 \oplus f(x_0), \\ y_1 = x_2 \oplus f(x_0), \\ y_2 = x_3 \oplus f(x_0), \\ y_3 = x_0. \end{cases}$$

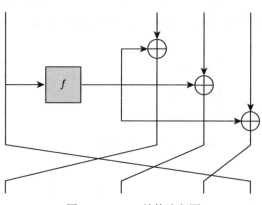

图 2.6   Mars 结构流程图

读者可以自行验证 Mars 结构的可逆性, 且在求逆时也与 Feistel 结构类似, 不需要求 f 的逆. 在第 8 章中, 我们将对 4 分支 Mars 结构进行推广.

在 SM4 结构中, 我们用 3 个分支去改变另外 1 个分支; 在 Mars 结构中, 我们用 1 个分支去改变另外 3 个分支. 一般而言, 我们可以用 t 个分支去改变 s 个分支, 若 $t > s$, 则称该结构为 source-heavy 型 (压缩型) Feistel 结构; 若 $t < s$, 则称该结构为 target-heavy 型 (扩展型) Feistel 结构. 按此定义, SM4 结构为 source-heavy 型 Feistel 结构, Mars 结构则为 target-heavy 型 Feistel 结构.

广义 Feistel 结构

在 CRYPTO 1989 上, Zheng 等[24] 从可证明安全的角度出发, 提出了三种新型分组密码迭代结构, 即 Type-I/II/III 型结构, 后被统称为广义 Feistel 结构. 这些结构是利用 m 比特变换构造 dm 比特置换的密码结构.

Type-I 型广义 Feistel 结构输入为 d 支, 每支宽度为 m 比特, 设其输入和输

出分别为 $(x_0, x_1, \cdots, x_{d-2}, x_{d-1})$ 和 $(y_0, y_1, \cdots, y_{d-2}, y_{d-1})$, 则其加密流程如下 (图 2.7):

$$
\begin{cases}
y_0 = x_1 \oplus f(x_0), \\
y_1 = x_2, \\
\quad \vdots \\
y_{d-2} = x_{d-1}, \\
y_{d-1} = x_0.
\end{cases}
$$

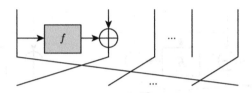

图 2.7　Type-I 型广义 Feistel 结构

设 $(x_0, x_1, \cdots, x_{2d-2}, x_{2d-1})$ 和 $(y_0, y_1, \cdots, y_{2d-2}, y_{2d-1})$ 分别为 $2d$ 分支 Type-II 型广义 Feistel 结构的输入和输出, 参见图 2.8, 则其加密流程如下:

$$
\begin{cases}
y_0 = x_1 \oplus f_1(x_0), \\
y_1 = x_2, \\
\quad \vdots \\
y_{2d-3} = x_{2d-2}, \\
y_{2d-2} = x_{2d-1} \oplus f_d(x_{2d-2}), \\
y_{2d-1} = x_0.
\end{cases}
$$

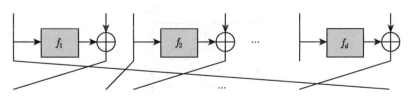

图 2.8　Type-II 型广义 Feistel 结构

设 $(x_0, x_1, \cdots, x_{d-1})$ 和 $(y_0, y_1, \cdots, y_{d-1})$ 分别为 d 分支 Type-III 型广义

Feistel 结构的输入和输出, 参见图 2.9, 则其加密流程如下:

$$\begin{cases} y_0 = x_1 \oplus f_1(x_0), \\ \quad\vdots \\ y_i = x_{i+1} \oplus f_{i+1}(x_i), \\ \quad\vdots \\ y_{d-2} = x_{d-1} \oplus f_{d-1}(x_{d-2}), \\ y_{d-1} = x_0. \end{cases}$$

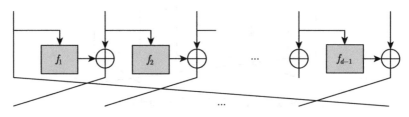

图 2.9　Type-III 型广义 Feistel 结构

采用 Type-I 型广义 Feistel 结构的分组密码有 CAST-256 算法[3], 采用 Type-II 型广义 Feistel 结构的算法有 RC6 算法[20] 和 CLEFIA 算法[21]. Type-III 型广义 Feistel 结构可以看作连续 $d-1$ 轮 Type-I 型广义 Feistel 结构的复合, 故一般并不单独研究这个类型的广义 Feistel 结构.

Lai-Massey 结构

在 Lai 和 Massey 设计的 IDEA 算法[17] 基础上, Junod 和 Vaudenay 进一步抽象出了 Lai-Massey 结构, 并基于该结构设计了 FOX 算法[13]. Lai-Massey 结构也具有加解密一致的优点.

Lai-Massey 结构是利用 m 比特变换构造 $2m$ 比特置换的密码结构, 其加密流程见图 2.10.

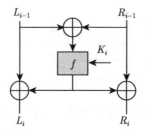

图 2.10　不带 σ 的 Lai-Massey 结构

对于给定的 $2m$ 比特明文 p, 首先将其分为左右两个 m 比特, 不妨记 L_0 为 p 的左边 m 比特, R_0 为 p 的右边 m 比特, 即 $p = (L_0, R_0)$, 然后根据如下规则, 进行 r 轮迭代:

$$\begin{cases} T = f(L_{i-1} \oplus R_{i-1}, K_i), \\ L_i = L_{i-1} \oplus T, \\ R_i = R_{i-1} \oplus T. \end{cases}$$

必须指出, 我们这里只是列出了 Lai-Massey 结构的一部分, 直接利用这个结构是不能设计算法的, 因为可以构造如下区分器:

令 $L_0 \oplus R_0 = a$ 为任意常数, 则第 1 轮输出满足 $L_1 \oplus R_1 = a$, 且任意第 i 轮输出也满足 $L_i \oplus R_i = a$, 即我们能够构造任意轮的区分器. 故这个结构是不安全的.

为了克服这个问题, 实际使用中的 Lai-Massey 结构如图 2.11 所示, 即在 L_i 输出之前增加了一个正型置换 σ.

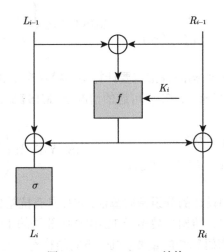

图 2.11　Lai-Massey 结构

定义 2.5　设 $\sigma : \mathbb{F}_2^m \to \mathbb{F}_2^m$ 为置换, 若 $\sigma(x) \oplus x$ 也是置换, 则称 σ 为正型置换.

除了上述 SPN 结构和 Feistel 类结构, 人们还在这两类结构的基础上提出了一些混合结构, 比较典型的例子有 MISTY 结构等.

2.2.3　混合结构——MISTY 结构

在 1997 年快速软件加密 (Fast Software Encryption, FSE) 会议上, Matsui 对 Feistel 结构进行扩展, 提出 MISTY 结构, 在此基础上设计的 MISTY1 算法[18]

是 ISO/IEC 的分组密码标准之一. MISTY 结构进一步可以分为如图 2.12 所示
的 MISTY-L 和 MISTY-R 结构[11].

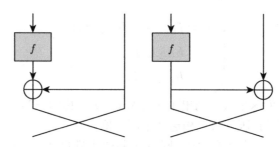

图 2.12　　MISTY-L 结构 (左) 和 MISTY-R 结构 (右)

对于分组长度为 $2m$ 的 MISTY 结构密码, 假设 (x_0, x_1) 和 (y_0, y_1) 分别为其
输入和输出, 则其加密流程分别如下:

$$\text{MISTY-L:} \begin{cases} y_0 = x_1, \\ y_1 = x_1 \oplus f(x_0), \end{cases} \qquad \text{MISTY-R:} \begin{cases} y_0 = x_1 \oplus f(x_0), \\ y_1 = f(x_0). \end{cases}$$

可以看出, MISTY 结构的解密需要计算小规模置换 f 的逆, 但是其全局扩散
的结果和 Feistel 结构很相似. 在 f 可逆的情况下, MISTY 结构的逆为

$$\text{MISTY-L}^{-1}: \begin{cases} x_1 = y_0, \\ x_0 = f^{-1}(y_0 \oplus y_1), \end{cases} \qquad \text{MISTY-R}^{-1}: \begin{cases} x_1 = y_0 \oplus y_1, \\ x_0 = f^{-1}(y_1). \end{cases}$$

基于 MISTY 结构设计的分组密码算法, 同样具有抗差分/线性攻击可证明安
全的优点. 此外, MISTY 结构也被用于 KASUMI 算法的 FO 函数[22] 的设计.

整体结构是分组密码算法的重要特征, 不同结构对轮函数的选取以及各种平
台上的性能都有很大的影响, 在实际设计分组密码算法时, 应根据各种实际需求
选择出合适的密码结构.

2.3　密码使用模式与密码结构的异同

第 1 章我们指出, 分组密码的使用模式就是利用固定长度的分组密码对不定
长度的消息加密, 在大多情况下, 不定消息的长度会比分组长度大. 因此, 使用模
式也可以看作由小规模置换构造大规模置换的逻辑集合. 那么, 密码的迭代结构
与密码的使用模式之间到底有何联系呢?

尽管两者都可以看作由小规模置换构造大规模置换的逻辑集合, 但两者有如下本质不同:

密码结构的定义中"小规模"比使用模式中的"小规模"要小得多. 密码结构中的小规模置换比如 S 盒一般不能看作随机函数, 但在研究使用模式的安全性时, 作为小规模置换的分组密码一般可以看作随机函数.

简言之, 在设计分组密码算法时, 我们从结构中选取一个安全的实例; 但在使用模式研究中, 我们总是将"小规模置换"看作随机置换, 并不用考虑其不安全实例. 研究两者的安全性理论与方法具有较大的差异.

参 考 文 献

[1] Advanced encryption standard proposal [EB/OL]. (1997)[2025-05-15]. https://csrc.nist.gov/encryption/aes.

[2] Aoki K, Ichikawa T, Kanda M, et al. Camellia: A 128-bit block cipher suitable for multiple platforms - design and analysis[C]. SAC 2000. LNCS, 2012, Springer, 2000: 39-56.

[3] Adams C, Gilchrist J. The CAST-256 encryption algorithm[J]. RFC, 1999, 2612: 1-19.

[4] Burwick C, Coppersmith D, D'Avignon E, et al. MARS - a candidate cipher for AES[C]. The First AES candidate conference. National Institute of Standards and Technology, 1998.

[5] Biham E, Shamir A. Differential cryptanalysis of DES-like cryptosystems[C]. CRYPTO 1990. LNCS, 537, Springer, 1990: 2-21.

[6] Biham E, Shamir A. Differential fault analysis of secret key cryptosystems[C]. CRYPTO 1997. LNCS, 1294, Springer, 1997: 513-525.

[7] Bogdanov A, Knudsen L, Leander G, et al. PRESENT: An ultra-lightweight block cipher[C]. CHES 2007. LNCS, 4727, Springer, 2007: 450-466.

[8] Daemen J, Knudsen L, Rijmen V. The block cipher square[C]. FSE 1997. LNCS, 1267, Springer, 1997: 149-165.

[9] Feistel H. Cryptography and computer privacy[J]. Scientific American, 1973, 228(5): 15-23.

[10] Daemen J, Rijmen V. The Design of Rijndael: The Advanced Encryption Standard (AES) [M]. 2nd ed. Berlin, Heidelberg: Springer, 2020.

[11] Gilbert H, Minier M. New results on the pseudorandomness of some block cipher constructions[C]. FSE 2001. LNCS, 2355, Springer, 2001: 248-266.

[12] Guo J, Peyrin T, Poschmann A, et al. The LED block cipher[C]. CHES 2011. LNCS, 6917, Springer, 2011: 326-341.

[13] Junod P, Vaudenay S. FOX: A new family of block ciphers[C]. SAC 2004. LNCS, 3357, Springer, 2004: 114-129.

[14] Koo B, Jang H, Song J. Constructing and cryptanalysis of a 16×16 binary matrix as a diffusion layer[C]. WISA 2003. LNCS, 2908, Springer, 2003: 489-503.

[15] Koo B, Jang H, Song J. On constructing of a 32×32 binary matrix as a diffusion layer for a 256-bit block cipher[C]. ICISC 2006. LNCS, 4296, Springer, 2006: 51-64.

[16] Liu M, Sim S. Lightweight MDS generalized circulant matrices[C]. FSE 2016. LNCS, 9783, Springer, 2016: 101-120.

[17] Lai X, Massey J. A proposal for a new block encryption standard[C]. EUROCRYPT 1990. LNCS, 473, Springer, 1990: 389-404.

[18] Matsui M. New block encryption algorithm MISTY[C]. FSE 1997. LNCS, 1267, Springer, 1997: 54-68.

[19] Moriai S, Vaudenay S. On the pseudorandomness of top-level schemes of block ciphers[C]. ASIACRYPT 2000. LNCS, 1976, Springer, 2000: 289-302.

[20] Rivest R, Robshaw M, Sidney R, et al. The RC6 block cipher[C]. The First AES candidate conference. National Institute of Standards and Technology, 1998.

[21] Shirai T, Shibutani K, Akishita T, et al. The 128-bit blockcipher CLEFIA (extended abstract)[C]. FSE 2007. LNCS, 4593, Springer, 2007: 181-195.

[22] Walln J. Design principles of the KASUMI block cipher[EB/OL]. (2001)[2025-05-15]. https://www.researchgate.net/publication/2926501_Design_Principles_of_the_ KASUMI_Block_Cipher.

[23] Williams F, Sloane N. The Theory of Error-Correcting Codes[M]. Amsterdam: North-Holland, 1977.

[24] Zheng Y, Matsumoto T, Imai H. On the construction of block ciphers provably secure and not relying on any unproved hypotheses[C]. CRYPTO 1989. LNCS, 435, Springer, 1989: 461-480.

[25] 国家标准化管理委员会. GB/T 32907-2016 信息安全技术 SM4 分组密码算法 [S]. 北京: 中国质检出版社, 2016.

第 3 章　典型分组密码算法

第 2 章介绍了密码结构的概念以及典型密码结构, 本章我们进一步介绍基于典型密码结构的典型密码算法.

3.1　SPN 型密码算法

3.1.1　AES 算法

1997 年 1 月, NIST 面向全球发布了高级加密标准 AES 的征集计划, 目的是确定一个公开、技术细节明确且可以免费使用的分组密码算法, 以取代 DES 算法成为新的加密标准. 经过三年多的评估, 由比利时密码专家 Daemen 和 Rijmen 提交的分组长度为 128 比特的 Rijndael 算法[3] 凭借高安全性和优秀的部署效率最终获胜, 成为新的加密标准[6].

AES 算法使用了 SPN 结构, 并采用"宽轨迹策略"的设计思想[5], 即选择具有良好密码学性质的组件, 设计者在此基础上可以给出 AES 算法针对差分分析和线性分析的可证明安全. AES 算法的分组长度为 128 比特, 算法中小置换的规模为 8 比特. 算法支持 128, 192 和 256 比特的密钥长度, 分别记为 AES-128, AES-192, AES-256, 相应的迭代轮数分别为 10 轮、12 轮和 14 轮. 下面介绍 AES 的加密、解密流程和密钥扩展方案.

加密流程

AES 算法基于 8 比特字节设计, 即所有的运算均在有限域 $\mathbb{F}_{2^8}$ 上进行. 取 $\mathbb{F}_2[x]$ 中的 8 次不可约多项式 $m(x) = x^8 + x^4 + x^3 + x + 1$, 则 $\mathbb{F}_2[x]/(m(x)) \cong \mathbb{F}_{2^8}$. 设字节 $b = b_7 b_6 b_5 b_4 b_3 b_2 b_1 b_0$, 则可将字节 b 与 $\mathbb{F}_2[x]/(m(x))$ 中的多项式

$$f_b(x) = b_7 x^7 + b_6 x^6 + b_5 x^5 + b_4 x^4 + b_3 x^3 + b_2 x^2 + b_1 x + b_0$$

建立一一对应关系, 从而字节 b 与有限域 $\mathbb{F}_{2^8}$ 中的元素一一对应.

AES 加密算法的明文、中间值、密文以及轮密钥均可表示为 $\mathbb{F}_{2^8}$ 上的 4×4 二维字节组, 称为状态矩阵. 给定明文字节流 $p_0 p_1 \cdots p_{15}$, 按如下顺序映射为 4×4 的明文状态矩阵:

$$P = \begin{bmatrix} p_0 & p_4 & p_8 & p_{12} \\ p_1 & p_5 & p_9 & p_{13} \\ p_2 & p_6 & p_{10} & p_{14} \\ p_3 & p_7 & p_{11} & p_{15} \end{bmatrix}.$$

在加密操作结束时, 密文状态矩阵按同样的映射顺序转化为密文字节流 $c_0 c_1 \cdots c_{15}$.

将 4 个 8 比特字节称为一个 32 比特字. 假设 AES 算法的分组长度为 Nb 个字, 密钥长度为 Nk 个字, 迭代轮数为 Nr. 则 AES-128, AES-192 和 AES-256 对应的 Nk, Nr 和 Nb 之间的关系见表 3.1.

表 3.1　AES 算法分组长度、密钥长度、迭代轮数之间的关系

算法	分组长度 (Nb)	密钥长度 (Nk)	迭代轮数 (Nr)
AES-128	4	4	10
AES-192	4	6	12
AES-256	4	8	14

令状态矩阵 P, K_i, C 分别表示 AES 算法的明文、第 i 轮的轮密钥和密文. 则 AES 算法的加密流程如下:

(1) 初始白化过程, 将密钥 K_0 与明文 P 按字节做异或运算,

$$X_0 = P \oplus K_0.$$

(2) 对 $1 \leqslant i \leqslant Nr - 1$, 进行如下 $Nr - 1$ 轮迭代变换, 每轮变换包括如下四个变换: 字节替换 (SubBytes)、行移位 (ShiftRows)、列混合 (MixColumns) 和密钥加 (AddRoundKey),

$$X_i = \mathrm{AddRoundKey}_{K_i} \circ \mathrm{MixColumns} \circ \mathrm{ShiftRows} \circ \mathrm{SubBytes}(X_{i-1}).$$

(3) 将第 $Nr - 1$ 轮的输出结果通过第 Nr 轮变换, 获得密文

$$C = \mathrm{AddRoundKey}_{K_{Nr}} \circ \mathrm{ShiftRows} \circ \mathrm{SubBytes}(X_{Nr-1}),$$

其中, 第 Nr 轮与前 $Nr - 1$ 轮相比, 没有列混合变换.

下面依次给出轮变换中字节替换、行移位、列混合、密钥加的定义.

字节替换

字节替换是 AES 算法中唯一的非线性变换. 该变换按照一定的规则将状态的每个字节 a 映射成某一特定的字节 $b = S(a)$. 首先定义 $\mathbb{F}_{2^8}$ 上的逆函数:

$$a^{-1} = \begin{cases} a^{-1}, & a \neq 0, \\ 0, & a = 0. \end{cases}$$

字节替换定义为 $\mathbb{F}_{2^8}$ 上的逆函数复合一个仿射变换, 定义如下:

$$S: \quad \mathbb{F}_{2^8} \to \mathbb{F}_{2^8},$$
$$a \mapsto A \cdot a^{-1} \oplus c,$$

其中,

$$A = \begin{bmatrix} 1 & 1 & 1 & 1 & 1 & 0 & 0 & 0 \\ 0 & 1 & 1 & 1 & 1 & 1 & 0 & 0 \\ 0 & 0 & 1 & 1 & 1 & 1 & 1 & 0 \\ 0 & 0 & 0 & 1 & 1 & 1 & 1 & 1 \\ 1 & 0 & 0 & 0 & 1 & 1 & 1 & 1 \\ 1 & 1 & 0 & 0 & 0 & 1 & 1 & 1 \\ 1 & 1 & 1 & 0 & 0 & 0 & 1 & 1 \\ 1 & 1 & 1 & 1 & 0 & 0 & 0 & 1 \end{bmatrix}, \quad c = \begin{bmatrix} 0 \\ 1 \\ 1 \\ 0 \\ 0 \\ 0 \\ 1 \\ 1 \end{bmatrix}.$$

通常在实现 AES 算法时, 总是先将上述 S 变换以数组方式存储下来, 当给定输入时, 只需通过查表即可给出输出. 表 3.2 列出了 S 变换的查表实现方式, 其中所有的元素均以 16 进制表示, 例如: $S(27) = \text{cc}$, $S(\text{ce}) = \text{8b}$.

表 3.2 AES 算法加密 S 盒

	.0	.1	.2	.3	.4	.5	.6	.7	.8	.9	.a	.b	.c	.d	.e	.f
0.	63	7c	77	7b	f2	6b	6f	c5	30	01	67	2b	fe	d7	ab	76
1.	ca	82	c9	7d	fa	59	47	f0	ad	d4	a2	af	9c	a4	72	c0
2.	b7	fd	93	26	36	3f	f7	cc	34	a5	e5	f1	71	d8	31	15
3.	04	c7	23	c3	18	96	05	9a	07	12	80	e2	eb	27	b2	75
4.	09	83	2c	1a	1b	6e	5a	a0	52	3b	d6	b3	29	e3	2f	84
5.	53	d1	00	ed	20	fc	b1	5b	6a	cb	be	39	4a	4c	58	cf
6.	d0	ef	aa	fb	43	4d	33	85	45	f9	02	7f	50	3c	9f	a8
7.	51	a3	40	8f	92	9d	38	f5	bc	b6	da	21	10	ff	f3	d2
8.	cd	0c	13	ec	5f	97	44	17	c4	a7	7e	3d	64	5d	19	73
9.	60	81	4f	dc	22	2a	90	88	46	ee	b8	14	de	5e	0b	db
a.	e0	32	3a	0a	49	06	24	5c	c2	d3	ac	62	91	95	e4	79
b.	e7	c8	37	6d	8d	d5	4e	a9	6c	56	f4	ea	65	7a	ae	08
c.	ba	78	25	2e	1c	a6	b4	c6	e8	dd	74	1f	4b	bd	8b	8a
d.	70	3e	b5	66	48	03	f6	0e	61	35	57	b9	86	c1	1d	9e
e.	e1	f8	98	11	69	d9	8e	94	9b	1e	87	e9	ce	55	28	df
f.	8c	a1	89	0d	bf	e6	42	68	41	99	2d	0f	b0	54	bb	16

行移位

行移位将状态矩阵的第 i 行循环左移 i 个字节, 其中 $i = 0, 1, 2, 3$.

$$\begin{bmatrix} a_{00} & a_{01} & a_{02} & a_{03} \\ a_{10} & a_{11} & a_{12} & a_{13} \\ a_{20} & a_{21} & a_{22} & a_{23} \\ a_{30} & a_{31} & a_{32} & a_{33} \end{bmatrix} \xrightarrow{\text{ShiftRows}} \begin{bmatrix} a_{00} & a_{01} & a_{02} & a_{03} \\ a_{11} & a_{12} & a_{13} & a_{10} \\ a_{22} & a_{23} & a_{20} & a_{21} \\ a_{33} & a_{30} & a_{31} & a_{32} \end{bmatrix}.$$

列混合

列混合用 $\mathbb{F}_{2^8}^{4 \times 4}$ 中的矩阵左乘状态矩阵的每列, 元素之间的乘法运算定义在有限域 $\mathbb{F}_{2^8}$ 上. 其目的是将状态矩阵的每一列的元素进行混合, 列混合定义如下:

$$\begin{bmatrix} a_{00} & a_{01} & a_{02} & a_{03} \\ a_{10} & a_{11} & a_{12} & a_{13} \\ a_{20} & a_{21} & a_{22} & a_{23} \\ a_{30} & a_{31} & a_{32} & a_{33} \end{bmatrix} \xrightarrow{\text{MixColumns}} \begin{bmatrix} b_{00} & b_{01} & b_{02} & b_{03} \\ b_{10} & b_{11} & b_{12} & b_{13} \\ b_{20} & b_{21} & b_{22} & b_{23} \\ b_{30} & b_{31} & b_{32} & b_{33} \end{bmatrix},$$

其中,

$$\begin{bmatrix} b_{0,j} \\ b_{1,j} \\ b_{2,j} \\ b_{3,j} \end{bmatrix} = \begin{bmatrix} 02 & 03 & 01 & 01 \\ 01 & 02 & 03 & 01 \\ 01 & 01 & 02 & 03 \\ 03 & 01 & 01 & 02 \end{bmatrix} \times \begin{bmatrix} a_{0,j} \\ a_{1,j} \\ a_{2,j} \\ a_{3,j} \end{bmatrix}.$$

AES 算法中的行移位与列混合两个操作共同构成了 AES 算法的扩散层.

密钥加

密钥加将轮密钥与中间状态进行异或, $\text{AddRoundKey}_{K_i}(A) = A \oplus K_i$, 即

$$[a_{ij}] \xrightarrow{\text{AddRoundKey}} [a_{ij} \oplus k_{ij}].$$

解密流程

由于 AES 加密算法采用了 SPN 结构, 且轮函数不对合, 故解密时, 需要利用加密流程中各变换的逆变换:

InvSubBytes 变换是 SubBytes 的逆变换, 该变换将状态矩阵中的每个元素 b 变换成 $S^{-1}(b)$, 具体取值参见表 3.3.

表 3.3　AES 算法解密 S 盒

	.0	.1	.2	.3	.4	.5	.6	.7	.8	.9	.a	.b	.c	.d	.e	.f
0.	52	09	6a	d5	30	36	a5	38	bf	40	a3	9e	81	f3	d7	fb
1.	7c	e3	39	82	9b	2f	ff	87	34	8e	43	44	c4	de	e9	cb
2.	54	7b	94	32	a6	c2	23	3d	ee	4c	95	0b	42	fa	c3	4e
3.	08	2e	a1	66	28	d9	24	b2	76	5b	a2	49	6d	8b	d1	25
4.	72	f8	f6	64	86	68	98	16	d4	a4	5c	cc	5d	65	b6	92
5.	6c	70	48	50	fd	ed	b9	da	5e	15	46	57	a7	8d	9d	84
6.	90	d8	ab	00	8c	bc	d3	0a	f7	e4	58	05	b8	b3	45	06
7.	d0	2c	1e	8f	ca	3f	0f	02	c1	af	bd	03	01	13	8a	6b
8.	3a	91	11	41	4f	67	dc	ea	97	f2	cf	ce	f0	b4	e6	73
9.	96	ac	74	22	e7	ad	35	85	e2	f9	37	e8	1c	75	df	6e
a.	47	f1	1a	71	1d	29	c5	89	6f	b7	62	0e	aa	18	be	1b
b.	fc	56	3e	4b	c6	d2	79	20	9a	db	c0	fe	78	cd	5a	f4
c.	1f	dd	a8	33	88	07	c7	31	b1	12	10	59	27	80	ec	5f
d.	60	51	7f	a9	19	b5	4a	0d	2d	e5	7a	9f	93	c9	9c	ef
e.	a0	e0	3b	4d	ae	2a	f5	b0	c8	eb	bb	3c	83	53	99	61
f.	17	2b	04	7e	ba	77	d6	26	e1	69	14	63	55	21	0c	7d

InvShiftRows 变换是 ShiftRows 的逆变换, 将状态矩阵的第 i 行循环右移 i 位.

InvMixColumns 变换是 MixColumns 的逆变换, 相应的列混合矩阵定义为

$$
\begin{bmatrix}
02 & 03 & 01 & 01 \\
01 & 02 & 03 & 01 \\
01 & 01 & 02 & 03 \\
03 & 01 & 01 & 02
\end{bmatrix}^{-1}
=
\begin{bmatrix}
0e & 0b & 0d & 09 \\
09 & 0e & 0b & 0d \\
0d & 09 & 0e & 0b \\
0b & 0d & 09 & 0e
\end{bmatrix}.
$$

AddRoundKey 逆变换就是 AddRoundKey 本身.

假设加密轮密钥为 $(K_0, K_1, \cdots, K_{N_r})$, 利用解密轮密钥 $(K_{N_r}, \cdots, K_1, K_0)$, 将加密变换中每一步的逆变换进行组合, 就可以获得 AES 的解密流程.

(1) 第 1 轮变换:

$$X_{Nr-1} = \text{InvSubBytes} \circ \text{InvShiftRows} \circ \text{AddRoundKey}_{K_{N_r}}(C).$$

(2) 对 $1 \leqslant i \leqslant Nr - 1$, 将上述结果进行如下的 $Nr - 1$ 轮迭代变换:

$$X_{i-1} = \text{InvSubBytes} \circ \text{InvShiftRows} \circ \text{InvMixColumns} \circ \text{AddRoundKey}_{K_i}(X_i).$$

(3) 将 Nr 轮变换后的结果进行最后的白化, 可得到明文

$$P = X_0 \oplus K_0.$$

利用如下两条性质可将 AES 算法的加密流程和解密流程形式上统一起来:

(i) InvShiftRows 变换和 InvSubBytes 变换可以交换, 即

$$\text{InvSubBytes} \circ \text{InvShiftRows}(\cdot) = \text{InvShiftRows} \circ \text{InvSubBytes}(\cdot).$$

(ii) InvMixColumns 变换和 AddRoundKey 变换满足如下的性质:

$$\text{InvMixColumns} \circ \text{AddRoundKey}_K(X)$$

$$= \text{InvMixColumns}(X \oplus K)$$

$$= \text{InvMixColumns}(X) \oplus \text{InvMixColumns}(K)$$

$$= \text{AddRoundKey}_{\text{InvMixColumns}(K)} \circ \text{InvMixColumns}(X).$$

据此, 若定义如下的等价轮密钥,

$$(K_{Nr}^*, K_{Nr-1}^*, \cdots, K_1^*, K_0^*)$$

$$= (K_{Nr}, \text{InvMixColumns}(K_{Nr-1}), \cdots, \text{InvMixColumns}(K_1), K_0),$$

则 AES 解密流程可以描述如下:

(1) 用 K_{Nr}^* 对密文 C 进行白化,

$$Y_0 = C \oplus K_{Nr}^*.$$

(2) 对 $1 \leqslant i \leqslant Nr - 1$, 进行如下 $Nr - 1$ 轮迭代变换:

$$Y_i = \text{AddRoundKey}_{K_{Nr-i}^*} \circ \text{InvMixColumns} \circ \text{InvShiftRows} \circ \text{InvSubBytes}(Y_{i-1}).$$

(3) 对上述结果进行第 Nr 轮变换, 得到明文 P,

$$P = \text{AddRoundKey}_{K_0^*} \circ \text{InvShiftRows} \circ \text{InvSubBytes}(Y_{Nr-1}).$$

密钥扩展方案

假设 128/192/256 比特的种子密钥为 Key, 则迭代轮数为 Nr 的 AES 密钥扩展方案将 Key 扩展为 $Nr + 1$ 个轮密钥 ExpandKey[i], $0 \leqslant i \leqslant Nr$. 这主要由两个阶段构成: 第 1 阶段, 将种子密钥 Key 扩展生成 4 行 $4 \times (Nr + 1)$ 列的扩展密钥字, 每列包括 4 个字节, 共 32 比特, 用 $W[4 \times (Nr + 1)]$ 表示; 第 2 阶段, 轮密钥的获取阶段. 此时, 第 i 轮的轮密钥 ExpandKey[i] 由 W 中的第 $4 \times i$ 列到第 $4 \times (i + 1) - 1$ 列给出. 结合如下伪代码, 接下来介绍扩展密钥字 W 的生成.

首先, 种子密钥 Key 按照如下顺序映射为 $4 \times Nk$ 的矩阵:

$$\begin{bmatrix} \text{Key}_0 & \text{Key}_4 & \text{Key}_8 & \text{Key}_{12} & \cdots & \text{Key}_{4 \times Nk-4} \\ \text{Key}_1 & \text{Key}_5 & \text{Key}_9 & \text{Key}_{13} & \cdots & \text{Key}_{4 \times Nk-3} \\ \text{Key}_2 & \text{Key}_6 & \text{Key}_{10} & \text{Key}_{14} & \cdots & \text{Key}_{4 \times Nk-2} \\ \text{Key}_3 & \text{Key}_7 & \text{Key}_{11} & \text{Key}_{15} & \cdots & \text{Key}_{4 \times Nk-1} \end{bmatrix}.$$

扩展密钥字 W 的前 Nk 列对应相应的种子密钥, 后面的各列密钥字由先前的列按照如下的递归方式生成: 对 $Nk = 4$ 或 6, 如果 i 是 Nk 的倍数, 则第 i 列是第 $i - Nk$ 列与第 $i - 1$ 列的一个非线性函数的逐位异或, 该非线性函数由字内的字节循环移位 $\text{RotWord}(\cdot)$ 和字内的字节替换 $\text{SubWord}(\cdot)$ 以及轮常数构成, 否则第 i 列是第 $i - Nk$ 列与第 $i - 1$ 列的逐位异或, 即 $W[i] = W[i-1] \oplus W[i-Nk]$; 对 $Nk = 8$, 除了上述迭代规则之外, 当 $i - 4$ 是 Nk 的倍数时, 在进行逐位异或之前, 先对 $W[i - 1]$ 进行字替换 $\text{SubWord}(\cdot)$.

其中

$$\text{RotWord}\left((a_0, a_1, a_2, a_3)\right) = (a_1, a_2, a_3, a_0),$$

$\text{SubWord}\left((a_0, a_1, a_2, a_3)\right)$ 即为按字节进行 SubBytes 操作:

$$\text{SubWord}\left((a_0, a_1, a_2, a_3)\right)$$
$$= (\text{SubBytes}(a_0), \text{SubBytes}(a_1), \text{SubBytes}(a_2), \text{SubBytes}(a_3)).$$

轮常量 $\text{Rcon}[i] = (\text{RC}[i], 0, 0, 0)$, 其中, $\text{RC}[i]$ 是 $\mathbb{F}_{2^8}$ 中值为 x^{i-1} 的元素, 具体定义为

$$\begin{cases} \text{RC}[1] = 1(01), \\ \text{RC}[2] = x(02), \\ \text{RC}[i] = x \cdot \text{RC}[i-1] = x^{i-1}, \quad i \geqslant 3. \end{cases}$$

AES 算法的密钥扩展算法伪代码如下:

```
KeyExpansion (byte Key[4*Nk], word W[Nb*(Nr+1)], Nk)
begin
word temp;
i = 0;
    while (i < Nk)
        W[i]=word(Key[4*i],Key[4*i+1],Key[4*i+2],Key[4*i+3]);
        i = i+1;
```

```
      end while
i = Nk;
    while (i < Nb * (Nr+1))
        temp = W[i-1]
        if (i mod Nk == 0)
            temp = SubWord(RotWord(temp)) xor Rcon[i/Nk];
        else if (Nk>6 and i mod Nk ==4)
            temp = SubWord(temp);
        end if
        W[i] = W[i-Nk] xor temp;
        i = i+1;
    end while
end
```

AES 算法的密钥扩展算法设计遵循了一定的实现原则和安全原则, 但遗憾的是部分安全性原则并没能完全达到, 我们将在下一章研究这个问题.

3.1.2 ARIA 算法

ARIA 算法[8] 由韩国研究人员设计, 于 2003 年提出, 并于 2004 年由韩国技术标准局 (Korean Agency for Technology and Standards, KATS) 选定为韩国标准加密算法.

ARIA 算法采用了 SPN 结构, 结构的粒度为 8 比特. 算法分组长度为 128 比特, 密钥支持 128, 192 和 256 比特等三种长度, 迭代轮数分别为 12, 14 和 16 轮, 三种密钥长度的 ARIA 算法分别记为 ARIA-128, ARIA-192 和 ARIA-256. 算法的混淆层采用了两类变换: 第 1 类替代变换和第 2 类替代变换, 两者互逆. 扩散层则采用了对合变换. ARIA 算法将上述几类变换通过适当的组合使得加解密保持一致. 下面分别介绍 ARIA 算法的加密、解密流程和密钥扩展方案.

加密流程

跟 AES 算法类似, 称 ARIA 算法的明文、加密中间值、密文为状态, 这些 128 比特的状态取值均为 16 个字节. 令 P, ek_i 和 C 分别表示 ARIA 加密算法的明文、第 i 轮轮密钥和密文, 参考图 3.1, r 轮 ARIA 加密算法流程可以描述如下:

(1) 初始白化过程, 将白化密钥 ek_0 与明文 P 按字节做异或运算,

$$X_0 = P \oplus ek_0.$$

(2) 对 $1 \leqslant i \leqslant r - 1$, 进行如下 $r - 1$ 轮迭代变换, 每轮变换包括混淆层替换

SL、扩散层变换 DL 和密钥加 RKA,

$$X_i = \text{RKA}_{ek_i} \circ \text{DL} \circ \text{SL}(X_{i-1}).$$

(3) 将第 $r-1$ 轮的输出结果通过第 r 轮变换, 获得密文

$$C = \text{RKA}_{ek_r} \circ \text{SL}(X_{r-1}),$$

其中, 第 r 轮与前 $r-1$ 轮相比, 没有扩散层变换 DL.

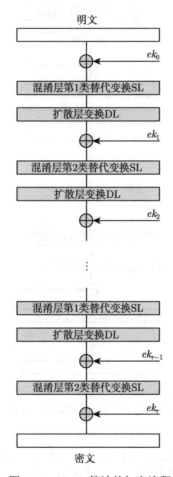

图 3.1 ARIA 算法的加密流程

下面依次给出混淆层变换 SL、扩散层变换 DL 和密钥加变换 RKA 的定义.

混淆层变换 SL

混淆层变换 SL 为非线性变换, 它按照一定的规则将状态的每个字节映射成某一特定的字节. ARIA 算法包括两类混淆层变换, 即第 1 类替代变换和第 2 类

替代变换, 可参考图 3.3 和图 3.4. 两类替代变换共采用 4 个 S 盒: S_1, S_2, 及 S_1^{-1}, S_2^{-1}, S 盒具体定义见表 3.4—表 3.7. 混淆层第 1 类替代变换在奇数轮变换中使用, 混淆层第 2 类替代变换在偶数轮中使用, 且两类变换互逆.

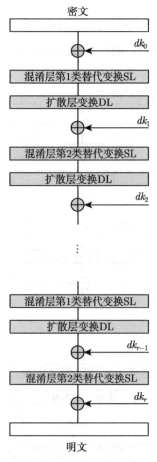

图 3.2　ARIA 算法的解密流程

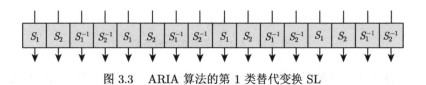

图 3.3　ARIA 算法的第 1 类替代变换 SL

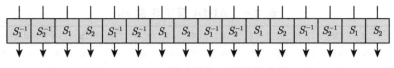

图 3.4 ARIA 算法的第 2 类替代变换 SL

表 3.4 ARIA 算法 S 盒 S_1

	.0	.1	.2	.3	.4	.5	.6	.7	.8	.9	.a	.b	.c	.d	.e	.f
0.	63	7c	77	7b	f2	6b	6f	c5	30	01	67	2b	fe	d7	ab	76
1.	ca	82	c9	7d	fa	59	47	f0	ad	d4	a2	af	9c	a4	72	c0
2.	b7	fd	93	26	36	3f	f7	cc	34	a5	e5	f1	71	d8	31	15
3.	04	c7	23	c3	18	96	05	9a	07	12	80	e2	eb	27	b2	75
4.	09	83	2c	1a	1b	6e	5a	a0	52	3b	d6	b3	29	e3	2f	84
5.	53	d1	00	ed	20	fc	b1	5b	6a	cb	be	39	4a	4c	58	cf
6.	d0	ef	aa	fb	43	4d	33	85	45	f9	02	7f	50	3c	9f	a8
7.	51	a3	40	8f	92	9d	38	f5	bc	b6	da	21	10	ff	f3	d2
8.	cd	0c	13	ec	5f	97	44	17	c4	a7	7e	3d	64	5d	19	73
9.	60	81	4f	dc	22	2a	90	88	46	ee	b8	14	de	5e	0b	db
a.	e0	32	3a	0a	49	06	24	5c	c2	d3	ac	62	91	95	e4	79
b.	e7	c8	37	6d	8d	d5	4e	a9	6c	56	f4	ea	65	7a	ae	08
c.	ba	78	25	2e	1c	a6	b4	c6	e8	dd	74	1f	4b	bd	8b	8a
d.	70	3e	b5	66	48	03	f6	0e	61	35	57	b9	86	c1	1d	9e
e.	e1	f8	98	11	69	d9	8e	94	9b	1e	87	e9	ce	55	28	df
f.	8c	a1	89	0d	bf	e6	42	68	41	99	2d	0f	b0	54	bb	16

表 3.5 ARIA 算法 S 盒 S_1^{-1}

	.0	.1	.2	.3	.4	.5	.6	.7	.8	.9	.a	.b	.c	.d	.e	.f
0.	52	09	6a	d5	30	36	a5	38	bf	40	a3	9e	81	f3	d7	fb
1.	7c	e3	39	82	9b	2f	ff	87	34	8e	43	44	c4	de	e9	cb
2.	54	7b	94	32	a6	c2	23	3d	ee	4c	95	0b	42	fa	c3	4e
3.	08	2e	a1	66	28	d9	24	b2	76	5b	a2	49	6d	8b	d1	25
4.	72	f8	f6	64	86	68	98	16	d4	a4	5c	cc	5d	65	b6	92
5.	6c	70	48	50	fd	ed	b9	da	5e	15	46	57	a7	8d	9d	84
6.	90	d8	ab	00	8c	bc	d3	0a	f7	e4	58	05	b8	b3	45	06
7.	d0	2c	1e	8f	ca	3f	0f	02	c1	af	bd	03	01	13	8a	6b
8.	3a	91	11	41	4f	67	dc	ea	97	f2	cf	ce	f0	b4	e6	73
9.	96	ac	74	22	e7	ad	35	85	e2	f9	37	e8	1c	75	df	6e
a.	47	f1	1a	71	1d	29	c5	89	6f	b7	62	0e	aa	18	be	1b
b.	fc	56	3e	4b	c6	d2	79	20	9a	db	c0	fe	78	cd	5a	f4
c.	1f	dd	a8	33	88	07	c7	31	b1	12	10	59	27	80	ec	5f
d.	60	51	7f	a9	19	b5	4a	0d	2d	e5	7a	9f	93	c9	9c	ef
e.	a0	e0	3b	4d	ae	2a	f5	b0	c8	eb	bb	3c	83	53	99	61
f.	17	2b	04	7e	ba	77	d6	26	e1	69	14	63	55	21	0c	7d

表 3.6　ARIA 算法 S 盒 S_2

	.0	.1	.2	.3	.4	.5	.6	.7	.8	.9	.a	.b	.c	.d	.e	.f
0.	e2	4e	54	fc	94	c2	4a	cc	62	0d	6a	46	3c	4d	8b	d1
1.	5e	fa	64	cb	b4	97	be	2b	bc	77	2e	03	d3	19	59	c1
2.	1d	06	41	6b	55	f0	99	69	ea	9c	18	ae	63	df	e7	bb
3.	00	73	66	fb	96	4c	85	e4	3a	09	45	aa	0f	ee	10	eb
4.	2d	7f	f4	29	ac	cf	ad	91	8d	78	c8	95	f9	2f	ce	cd
5.	08	7a	88	38	5c	83	2a	28	47	db	b8	c7	93	a4	12	53
6.	ff	87	0e	31	36	21	58	48	01	8e	37	74	32	ca	e9	b1
7.	b7	ab	0c	d7	c4	56	42	26	07	98	60	d9	b6	b9	11	40
8.	ec	20	8c	bd	a0	c9	84	04	49	23	f1	4f	50	1f	13	dc
9.	d8	c0	9e	57	e3	c3	7b	65	3b	02	8f	3e	e8	25	92	e5
a.	15	dd	fd	17	a9	bf	d4	9a	7e	c5	39	67	fe	76	9d	43
b.	a7	e1	d0	f5	68	f2	1b	34	70	05	a3	8a	d5	79	86	a8
c.	30	c6	51	4b	1e	a6	27	f6	35	d2	6e	24	16	82	5f	da
d.	e6	75	a2	ef	2c	b2	1c	9f	5d	6f	80	0a	72	44	9b	6c
e.	90	0b	5b	33	7d	5a	52	f3	61	a1	f7	b0	d6	3f	7c	6d
f.	ed	14	e0	a5	3d	22	b3	f8	89	de	71	1a	af	ba	b5	81

表 3.7　ARIA 算法 S 盒 S_2^{-1}

	.0	.1	.2	.3	.4	.5	.6	.7	.8	.9	.a	.b	.c	.d	.e	.f
0.	30	68	99	1b	87	b9	21	78	50	39	db	e1	72	09	62	3c
1.	3e	7e	5e	8e	f1	a0	cc	a3	2a	1d	fb	b6	d6	20	c4	8d
2.	81	65	f5	89	cb	9d	77	c6	57	43	56	17	d4	40	1a	4d
3.	c0	63	6c	e3	b7	c8	64	6a	53	aa	38	98	0c	f4	9b	ed
4.	7f	22	76	af	dd	3a	0b	58	67	88	06	c3	35	0d	01	8b
5.	8c	c2	e6	5f	02	24	75	93	66	1e	e5	e2	54	d8	10	ce
6.	7a	e8	08	2c	12	97	32	ab	b4	27	0a	23	df	ef	ca	d9
7.	b8	fa	dc	31	6b	d1	ad	19	49	bd	51	96	ee	e4	a8	41
8.	da	ff	cd	55	86	36	be	61	52	f8	bb	0e	82	48	69	9a
9.	e0	47	9e	5c	04	4b	34	15	79	26	a7	de	29	ae	92	d7
a.	84	e9	d2	ba	5d	f3	c5	b0	bf	a4	3b	71	44	46	2b	fc
b.	eb	6f	d5	f6	14	fe	7c	70	5a	7d	fd	2f	18	83	16	a5
c.	91	1f	05	95	74	a9	c1	5b	4a	85	6d	13	07	4f	4e	45
d.	b2	0f	c9	1c	a6	bc	ec	73	90	7b	cf	59	8f	a1	f9	2d
e.	f2	b1	00	94	37	9f	d0	2e	9c	6e	28	3f	80	f0	3d	d3
f.	25	8a	b5	e7	42	b3	c7	ea	f7	4c	11	33	03	a2	ac	60

扩散层变换 DL

扩散层变换 DL 为线性变换, 它将 16 个字节的状态 $(x_0, x_1, \cdots, x_{15})$ 映射为 16 个字节 $(y_0, y_1, \cdots, y_{15})$, 具体定义如下:

$$\text{DL}: \quad \mathbb{F}_{2^8}^{16} \to \mathbb{F}_{2^8}^{16},$$
$$(x_0, x_1, \cdots, x_{15}) \mapsto (y_0, y_1, \cdots, y_{15}).$$

$$y_0 = x_3 \oplus x_4 \oplus x_6 \oplus x_8 \oplus x_9 \oplus x_{13} \oplus x_{14},$$

$$y_1 = x_2 \oplus x_5 \oplus x_7 \oplus x_8 \oplus x_9 \oplus x_{12} \oplus x_{15},$$

$$y_2 = x_1 \oplus x_4 \oplus x_6 \oplus x_{10} \oplus x_{11} \oplus x_{12} \oplus x_{15},$$

$$y_3 = x_0 \oplus x_5 \oplus x_7 \oplus x_{10} \oplus x_{11} \oplus x_{13} \oplus x_{14},$$

$$y_4 = x_0 \oplus x_2 \oplus x_5 \oplus x_8 \oplus x_{11} \oplus x_{14} \oplus x_{15},$$

$$y_5 = x_1 \oplus x_3 \oplus x_4 \oplus x_9 \oplus x_{10} \oplus x_{14} \oplus x_{15},$$

$$y_6 = x_0 \oplus x_2 \oplus x_7 \oplus x_9 \oplus x_{10} \oplus x_{12} \oplus x_{13},$$

$$y_7 = x_1 \oplus x_3 \oplus x_6 \oplus x_8 \oplus x_{11} \oplus x_{12} \oplus x_{13},$$

$$y_8 = x_0 \oplus x_1 \oplus x_4 \oplus x_7 \oplus x_{10} \oplus x_{13} \oplus x_{15},$$

$$y_9 = x_0 \oplus x_1 \oplus x_5 \oplus x_6 \oplus x_{11} \oplus x_{12} \oplus x_{14},$$

$$y_{10} = x_2 \oplus x_3 \oplus x_5 \oplus x_6 \oplus x_8 \oplus x_{13} \oplus x_{15},$$

$$y_{11} = x_2 \oplus x_3 \oplus x_4 \oplus x_7 \oplus x_9 \oplus x_{12} \oplus x_{14},$$

$$y_{12} = x_1 \oplus x_2 \oplus x_6 \oplus x_7 \oplus x_9 \oplus x_{11} \oplus x_{12},$$

$$y_{13} = x_0 \oplus x_3 \oplus x_6 \oplus x_7 \oplus x_8 \oplus x_{10} \oplus x_{13},$$

$$y_{14} = x_0 \oplus x_3 \oplus x_4 \oplus x_5 \oplus x_9 \oplus x_{11} \oplus x_{14},$$

$$y_{15} = x_1 \oplus x_2 \oplus x_4 \oplus x_5 \oplus x_8 \oplus x_{10} \oplus x_{15}.$$

上述变换 DL 亦可用如下矩阵形式表示, 系数矩阵记为 A:

$$
\begin{bmatrix} y_0 \\ y_1 \\ y_2 \\ y_3 \\ y_4 \\ y_5 \\ y_6 \\ y_7 \\ y_8 \\ y_9 \\ y_{10} \\ y_{11} \\ y_{12} \\ y_{13} \\ y_{14} \\ y_{15} \end{bmatrix}
=
\begin{bmatrix}
0&0&0&1&1&0&1&0&1&1&0&0&0&1&1&0 \\
0&0&1&0&0&1&0&1&1&1&0&0&1&0&0&1 \\
0&1&0&0&1&0&1&0&0&0&1&1&1&0&0&1 \\
1&0&0&0&0&1&0&1&0&0&1&1&0&1&1&0 \\
1&0&1&0&0&1&0&0&1&0&0&1&0&0&1&1 \\
0&1&0&1&1&0&0&0&0&1&1&0&0&0&1&1 \\
1&0&1&0&0&0&0&1&0&1&1&0&1&1&0&0 \\
0&1&0&1&0&0&1&0&1&0&0&1&1&1&0&0 \\
1&1&0&0&1&0&0&1&0&0&1&0&0&1&0&1 \\
1&1&0&0&0&1&1&0&0&0&0&1&1&0&1&0 \\
0&0&1&1&0&1&1&0&1&0&0&0&0&1&0&1 \\
0&0&1&1&1&0&0&1&0&1&0&0&1&0&1&0 \\
0&1&1&0&0&0&1&1&0&1&0&1&1&0&0&0 \\
1&0&0&1&0&0&1&1&1&0&1&0&0&1&0&0 \\
1&0&0&1&1&1&0&0&0&1&0&1&0&0&1&0 \\
0&1&1&0&1&1&0&0&1&0&1&0&0&0&0&1
\end{bmatrix}
\cdot
\begin{bmatrix} x_0 \\ x_1 \\ x_2 \\ x_3 \\ x_4 \\ x_5 \\ x_6 \\ x_7 \\ x_8 \\ x_9 \\ x_{10} \\ x_{11} \\ x_{12} \\ x_{13} \\ x_{14} \\ x_{15} \end{bmatrix}
$$

密钥加变换 RKA

该变换将轮密钥 ek_i 与中间状态 X_{i-1} 进行逐字节异或, 记为

$$
\mathrm{RKA}_{ek_i}(X_{i-1}) = X_{i-1} \oplus ek_i.
$$

解密流程

ARIA 加密算法中奇数轮采用的混淆层替代变换和偶数轮采用的混淆层替代变换互逆, 且扩散层的线性变换对合. 进一步, 算法迭代的轮数次数为偶数, 当解密轮密钥 $(dk_0, dk_1, \cdots, dk_{r-1}, dk_r)$ 满足如下关系式时:

$$
dk_0 = ek_r, dk_1 = A(ek_{r-1}), \cdots, dk_{r-1} = A(ek_1), dk_r = ek_0,
$$

解密算法与加密算法流程完全一致, 见图 3.2.

密钥扩展方案

ARIA 算法的密钥扩展方案包括两个部分: 密钥字的生成和轮密钥的选取.

(1) 密钥字的生成.

ARIA 密钥扩展算法首先由种子密钥 MK 生成 2 个 128 比特变量 KL 和 KR:

$$
KL \| KR = MK \| 0 \cdots 0,
$$

即若种子密钥 MK 长度为 128 比特, 则取 $KL = MK, KR = 0$; 若种子密钥长度为 192 比特, 则取 KL 为 MK 的左边 128 比特, KR 为 MK 剩下的 64 比特和 64 个全 0 比特的串联; 若种子密钥 MK 长度为 256 比特, 则取 $KL \| KR = MK$.

上述初始变量 $KL \| KR$ 经过图 3.5 所示的 256 比特的 3 轮 Feistel 变换, 生成如下的 4 个 128 比特的密钥字 W_0, W_1, W_2, W_3:

$$W_0 = KL, \qquad\qquad W_2 = F_e(W_1, CK_2) \oplus W_0,$$
$$W_1 = F_o(W_0, CK_1) \oplus KR, \quad W_3 = F_o(W_2, CK_3) \oplus W_1,$$

其中, F_o 和 F_e 分别为 ARIA 加密算法中奇数轮和偶数轮所采用的轮函数, 128 比特的常数 CK_1, CK_2, CK_3 为该 3 轮 Feistel 变换中的 "轮密钥", 按照如下方式生成.

首先将 π^{-1} 小数表示的前 128×3 个比特分为 3 个常数 C_i:

$$C_1 = \text{0x517cc1b727220a94fe12abe8fa9a6ee0},$$

$$C_2 = \text{0x6db14acc9321c820ff28b1d5ef5de2b0},$$

$$C_3 = \text{0xdb92371d2126e9700324977504e8c90e}.$$

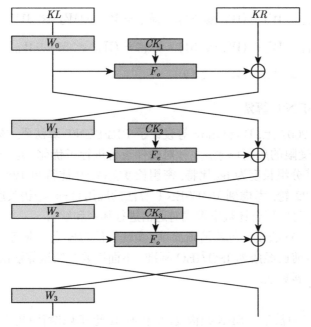

图 3.5　ARIA 密钥扩展算法中密钥字的生成

然后, 根据种子密钥的长度, 常数 CK_i 按照表 3.8 所示方式生成常数 CK_i.

表 3.8 轮常数 CK_i 的生成方式

种子密钥长度	CK_1	CK_2	CK_3
128	C_1	C_2	C_3
192	C_2	C_3	C_1
256	C_3	C_1	C_2

(2) 轮密钥的选取.

通过对密钥字 W_0, W_1, W_2, W_3 进行移位变换和异或运算, 获得加密变换所需的轮密钥 ek_i, 具体选取方式如下:

$$ek_0 = W_0 \oplus (W_1 \ggg 19), \quad ek_1 = W_1 \oplus (W_2 \ggg 19),$$

$$ek_2 = W_2 \oplus (W_3 \ggg 19), \quad ek_3 = (W_0 \ggg 19) \oplus W_3,$$

$$ek_4 = W_0 \oplus (W_1 \ggg 31), \quad ek_5 = W_1 \oplus (W_2 \ggg 31),$$

$$ek_6 = W_2 \oplus (W_3 \ggg 31), \quad ek_7 = (W_0 \ggg 31) \oplus W_3,$$

$$ek_8 = W_0 \oplus (W_1 \lll 61), \quad ek_9 = W_1 \oplus (W_2 \lll 61),$$

$$ek_{10} = W_2 \oplus (W_3 \lll 61), \quad ek_{11} = (W_0 \lll 61) \oplus W_3,$$

$$ek_{12} = W_0 \oplus (W_1 \lll 31), \quad ek_{13} = W_1 \oplus (W_2 \lll 31),$$

$$ek_{14} = W_2 \oplus (W_3 \lll 31), \quad ek_{15} = (W_0 \lll 31) \oplus W_3,$$

$$ek_{16} = W_0 \oplus (W_1 \lll 19).$$

3.1.3 PRESENT 算法

在 CHES 2007 上, Bogdanov 等设计了 PRESENT 算法[2]. 该算法主要面向智能卡等资源受限的应用场景, 并针对硬件设备进行了优化, 是一种轻量级的分组密码算法. 其分组长度为 64 比特, 密钥长度支持 80 比特和 128 比特两个版本, 迭代轮数均为 32 轮. 考虑到 PRESENT 算法的应用目标, 密钥长度为 80 比特的版本更为推荐, 可以配合计数器模式对通信进行加密和解密.

PRESENT 算法设计思路清晰简单, 实现性能与安全性兼备, 得到了广泛的研究和认可, 目前已经成为 ISO/IEC 标准. 下面简要介绍该算法的加密和解密流程, 以及密钥扩展算法.

加密流程

PRESENT 算法基于 SPN 结构设计. 在前 31 轮, 64 比特明文 $X_0 = b_{63}b_{62} \cdots b_0$ 依次通过密钥加 (addRoundKey)、混淆层 (sBoxLayer) 和置换层 (pLayer), 在第

32 轮经过白化密钥 K_{32} 进行异或运算后输出. 其加密函数的表达式如下:

$$\begin{cases} X_i = P(S(X_{i-1} \oplus K_i)), & 1 \leqslant i \leqslant 31, \\ X_{32} = X_{31} \oplus K_{32}. \end{cases}$$

PRESENT 算法的混淆层由 16 个并置的 4×4 的 S 盒构成 (见表 3.9), 64 比特状态分为 16 个 4 比特字通过对应位置的 S 盒, 将 x 映射到 $S(x)$.

表 3.9 PRESENT 算法 S 盒

x	0	1	2	3	4	5	6	7	8	9	a	b	c	d	e	f
$S(x)$	c	5	6	b	9	0	a	d	3	e	f	8	4	7	1	2

置换层通过如表 3.10 所示的置换, 对输入的 64 比特状态按比特进行处理, 将第 i 位映射到第 $P(i)$ 位. 混淆层和置换层的效果如图 3.6 所示.

表 3.10 PRESENT 算法的置换层

i	0	1	2	3	4	5	6	7	8	9	10	11	12	13	14	15
$P(i)$	0	16	32	48	1	17	33	49	2	18	34	50	3	19	35	51
i	16	17	18	19	20	21	22	23	24	25	26	27	28	29	30	31
$P(i)$	4	20	36	52	5	21	37	53	6	22	38	54	7	23	39	55
i	32	33	34	35	36	37	38	39	40	41	42	43	44	45	46	47
$P(i)$	8	24	40	56	9	25	41	57	10	26	42	58	11	27	43	59
i	48	49	50	51	52	53	54	55	56	57	58	59	60	61	62	63
$P(i)$	12	28	44	60	13	29	45	61	14	30	46	62	15	31	47	63

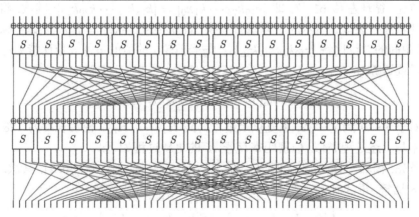

图 3.6 PRESENT 算法加密流程图

解密流程

PRESENT 算法的解密过程同加密过程, 仅需将混淆层和置换层对应地改为表 3.11 和表 3.12 所示的逆变换.

表 3.11   PRESENT 算法 S 盒的逆

x	0	1	2	3	4	5	6	7	8	9	a	b	c	d	e	f
$S(x)$	5	e	f	8	c	1	2	d	b	4	6	3	0	7	9	a

表 3.12   PRESENT 算法的逆置换层

i	0	1	2	3	4	5	6	7	8	9	10	11	12	13	14	15
$P^{-1}(i)$	0	4	8	12	16	20	24	28	32	36	40	44	48	52	56	60
i	16	17	18	19	20	21	22	23	24	25	26	27	28	29	30	31
$P^{-1}(i)$	1	5	9	13	17	21	25	29	33	37	41	45	49	53	57	67
i	32	33	34	35	36	37	38	39	40	41	42	43	44	45	46	47
$P^{-1}(i)$	2	6	10	14	18	22	26	30	34	38	42	46	50	54	58	62
i	48	49	50	51	52	53	54	55	56	57	58	59	60	61	62	63
$P^{-1}(i)$	3	7	11	15	19	23	27	31	35	39	43	47	51	55	59	63

密钥扩展算法

对于种子密钥长度为 80 比特的版本, 按照如下方式依次生成 32 个 64 比特的子密钥.

使用者提供 80 比特的种子密钥, 储存在密钥寄存器 $K = k_{79}k_{78} \cdots k_1 k_0$ 中. 对于第 i 轮的子密钥 $K_i = \kappa_{63}\kappa_{62} \cdots \kappa_0$, 首先提取 K 的高位 64 比特, 即

$$K_i = \kappa_{63}\kappa_{62} \cdots \kappa_0 = k_{79}k_{78} \cdots k_{16}.$$

然后, 种子密钥寄存器按如下方式进行更新:

首先, 循环左移 61 位, 即 $[k_{79}k_{78} \cdots k_1 k_0] = [k_{18}k_{17} \cdots k_{20}k_{19}]$; 其次, 将高位的 4 比特通过表 3.9 所示的 S 盒进行替换, 即 $[k_{79}k_{78}k_{77}k_{76}] = S[k_{79}k_{78}k_{77}k_{76}]$; 然后, 将中间的 5 位比特 $[k_{19}k_{18}k_{17}k_{16}k_{15}]$ 与当前轮 i 的值的最低 5 位比特 $i_4 i_3 i_2 i_1 i_0$ 进行异或运算:

$$[k_{19}k_{18}k_{17}k_{16}k_{15}] = [k_{19}k_{18}k_{17}k_{16}k_{15}] \oplus [i_4 i_3 i_2 i_1 i_0].$$

对于 $i = 0$ 到 $i = 32$, 重复以上过程得到 $K_1, \cdots, K_{32}$. 密钥长度为 128 比特的版本与上述过程类似, 但密钥寄存器 K 的更新过程如下:

首先, 循环左移 61 位, 即 $[k_{127}k_{126} \cdots k_1 k_0] = [k_{66}k_{65} \cdots k_{68}k_{67}]$; 其次, 将高位的 8 比特, 每 4 比特一组通过表 3.9 所示的 S 盒进行替换, 即

$$\begin{cases} [k_{127}k_{126}k_{125}k_{124}] = S[k_{127}k_{126}k_{125}k_{124}], \\ [k_{123}k_{122}k_{121}k_{120}] = S[k_{123}k_{122}k_{121}k_{120}]. \end{cases}$$

然后, 将中间的 5 比特 $[k_{66}k_{65}k_{64}k_{63}k_{62}]$ 与当前轮 i 的值的最低 5 比特 $i_4 i_3 i_2 i_1 i_0$ 进行异或运算: $[k_{66}k_{65}k_{64}k_{63}k_{62}] = [k_{66}k_{65}k_{64}k_{63}k_{62}] \oplus [i_4 i_3 i_2 i_1 i_0].$

3.2 Feistel 类密码算法

3.2.1 DES 算法

1972 年, 美国国家标准局 (NBS) 启动一项旨在保护计算机数据安全的发展规划, 并于次年征集计算机数据加密算法. 1977 年, NBS 颁布了联邦信息加密标准 DES 算法, 该算法由 IBM 公司研制, 其前身是 Lucifer 算法. 1978 年, DES 算法得到美国工业企业的认可; 1979 年, DES 算法得到美国银行协会的认可; 1980 年和 1984 年, DES 算法分别得到美国标准协会和国际标准化组织的认可.

从 1977 年开始, 美国国家安全局 (National Security Agency, NSA) 每隔 5 年组织一次对 DES 算法的评估, 以决定是否将其继续作为联邦加密标准. NSA 最后一次评估是在 1994 年, 由于计算机计算能力的提高以及密码分析技术的进步, 特别是差分密码分析和线性密码分析的出现, 以及 DES 算法的密钥量只有 56 比特, NBS 决定从 1998 年 12 月起不再使用 DES 算法.

1997 年 1 月, RSA 数据安全公司提出 "秘密密钥挑战" 竞赛, 并悬赏一万美元破译 DES 算法. 美国科罗拉多州的程序员 Verser 汇集因特网的闲散计算资源, 通过分布式计算程序, 在数万名志愿者的协同工作下, 耗时三个多月的时间, 成功地找到了 DES 算法的密钥. 1998 年, 破译 DES 算法的专用硬件设备也以每台 25 万美元被制造出来. 鉴于此, NIST 在全世界范围内公开征集高级加密标准 AES 以代替 DES 算法.

即便如此, DES 算法的出现, 仍是分组密码发展史上的一件大事, 它对推动现代分组密码的理论研究及分析技术起到了举足轻重的作用, 其设计思想至今仍然具有重要的参考价值.

DES 算法的分组长度是 64 比特, 密钥长度为 56 比特, 属于 Feistel 结构密码, 具有加解密一致的优点, 迭代轮数为 16 轮. DES 算法加密时, 64 比特的明文首先经过一个初始置换, 然后通过由轮密钥控制的 16 轮迭代变换, 最后再通过初始置换的逆变换进而得到密文. 下面分别介绍 DES 算法的加密、解密流程和密钥扩展方案.

加密流程

DES 算法的加密流程分为如下三个步骤:

(1) 64 比特的明文 $X = x_1 x_2 \cdots x_{64}$ 先经过初始置换 IP, 获得 IP(X).

(2) 令 IP$(X) = L_0 R_0$, 其中 L_0 为 IP(X) 的左半部分 32 比特, R_0 为 IP(X) 的右半部分 32 比特. 将 $L_0 R_0$ 按照如下方式迭代 16 轮, 得到 $L_{16} R_{16}$.

$$\begin{cases} L_i = R_{i-1}, \\ R_i = L_{i-1} \oplus F(R_{i-1}, K_i), \end{cases} \quad 1 \leqslant i \leqslant 16,$$

其中 F 表示轮函数, $K_i (1 \leqslant i \leqslant 16)$ 表示第 i 轮的轮密钥.

(3) 对 $R_{16}L_{16}$ 应用初始逆置换 IP^{-1}, 得到密文 $Y = \text{IP}^{-1}(R_{16}L_{16})$.

下面分别介绍初始置换 IP、初始逆置换 IP^{-1} 和轮函数 F.

初始置换 IP 的定义见表 3.13, 它将输入的第 58 比特置换为输出的第 1 比特, 将输入的第 50 比特置换为输出的第 2 比特, 依次类推, 最后将输入的第 7 比特置换为输出的第 64 比特. 初始逆置换 IP^{-1} 的定义见表 3.14.

表 3.13　初始置换 IP

58	50	42	34	26	18	10	2
60	52	44	36	28	20	12	4
62	54	46	38	30	22	14	6
64	56	48	40	32	24	16	8
57	49	41	33	25	17	9	1
59	51	43	35	27	19	11	3
61	53	45	37	29	21	13	5
63	55	47	39	31	23	15	7

表 3.14　初始逆置换 IP^{-1}

40	8	48	16	56	24	64	32
39	7	47	15	55	23	63	31
38	6	46	14	54	22	62	30
37	5	45	13	53	21	61	29
36	4	44	12	52	20	60	28
35	3	43	11	51	19	59	27
34	2	42	10	50	18	58	26
33	1	41	9	49	17	57	25

轮函数 F 的输入为 32 比特 R 和 48 比特 K, 输出为 32 比特 $F(R, K)$. 轮函数 F 由扩展函数 E、密钥加运算、替换函数 S 和置换函数 P 依次构成, 参考图 3.7, 具体计算流程如下:

(1) 32 比特变量 R 经过扩展变换 E 得到 48 比特变量 $E(R)$. 扩展变换参见表 3.15, 它将 $R = r_1 r_2 \cdots r_{32}$ 从左至右分为 8 组, 每组 4 个比特, 并将每组 $r_{4j+1} r_{4j+2} r_{4j+3} r_{4j+4}$ 变换为 $r_{4j} r_{4j+1} r_{4j+2} r_{4j+3} r_{4j+4} r_{4j+5}$, 其中 $j = 0, 1, \cdots, 7$, r_0 定义为 r_{32}, r_{33} 定义为 r_1.

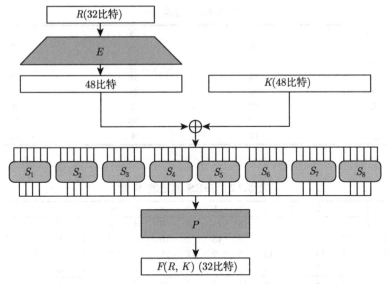

图 3.7　DES 算法的轮函数 F

(2) $E(R)$ 与 48 比特变量 K 逐位异或, 获得 $B = E(R) \oplus K$.

(3) 将 $B = b_1 b_2 \cdots b_{48}$ 从左至右分为 8 组, 每组 6 个比特, 记为

$$B_1 B_2 B_3 B_4 B_5 B_6 B_7 B_8,$$

其中 $B_i = b_{6i-5} b_{6i-4} \cdots b_{6i}$, $i = 1, 2, \cdots, 8$.

将 $B_1 B_2 B_3 B_4 B_5 B_6 B_7 B_8$ 并行地通过 8 个 6×4 的 S 盒: $S_1, S_2, \cdots, S_8$, 得到 32 比特变量 $C = C_1 C_2 C_3 C_4 C_5 C_6 C_7 C_8$, 其中 $C_i = S_i(B_i)$. S 盒的定义见表 3.17, 它们的输入为 6 比特, 输出为 4 比特. 以 S_1 为例, 输入为 $b_1 b_2 b_3 b_4 b_5 b_6$, 首先计算 $s = (b_1 b_6)_2 = 2b_1 + b_6$, $t = (b_2 b_3 b_4 b_5)_2 = 8b_2 + 4b_3 + 2b_4 + b_5$, 将 S_1 对应的表中第 s 行, 第 t 列对应的元素作为 S_1 的输出.

(4) 32 比特变量 C 通过置换 P, 将 $P(C)$ 作为 $F(R, K)$ 的输出. 置换 P 参见表 3.16, 它将输入的第 16 比特置换为输出的第 1 比特, 将输入的第 7 比特置换为输出的第 2 比特, 依次类推, 将输入的第 25 比特置换为输出的第 32 比特.

表 3.15　扩展置换 E

32	1	2	3	4	5
4	5	6	7	8	9
8	9	10	11	12	13
12	13	14	15	16	17
16	17	18	19	20	21
20	21	22	23	24	25
24	25	26	27	28	29
28	29	30	31	32	1

表 3.16 置换 P

16	7	20	21
29	12	28	17
1	15	23	26
5	18	31	10
2	8	24	14
32	27	3	9
19	13	30	6
22	11	4	25

表 3.17 DES 算法的 S 盒

		0	1	2	3	4	5	6	7	8	9	10	11	12	13	14	15
S_1	0	14	4	13	1	2	15	11	8	3	10	6	12	5	9	0	7
	1	0	15	7	4	14	2	13	1	10	6	12	11	9	5	3	8
	2	4	1	14	8	13	6	2	11	15	12	9	7	3	10	5	0
	3	15	12	8	2	4	9	1	7	5	11	3	14	10	0	6	13
S_2	0	15	1	8	14	6	11	3	4	9	7	2	13	12	0	5	10
	1	3	13	4	7	15	2	8	14	12	0	1	10	6	9	11	5
	2	0	14	7	11	10	4	13	1	5	8	12	6	9	3	2	15
	3	13	8	10	1	3	15	4	2	11	6	7	12	0	5	14	9
S_3	0	10	0	9	14	6	3	15	5	1	13	12	7	11	4	2	8
	1	13	7	0	9	3	4	6	10	2	8	5	14	12	11	15	1
	2	13	6	4	9	8	15	3	0	11	1	2	12	5	10	14	7
	3	1	10	13	0	6	9	8	7	4	15	14	3	11	5	2	12
S_4	0	7	13	14	3	0	6	9	10	1	2	8	5	11	12	4	15
	1	13	8	11	5	6	15	0	3	4	7	2	12	1	10	14	9
	2	10	6	9	0	12	11	7	13	15	1	3	14	5	2	8	4
	3	3	15	0	6	10	1	13	8	9	4	5	11	12	7	2	14
S_5	0	2	12	4	1	7	10	11	6	8	5	3	15	13	0	14	9
	1	14	11	2	12	4	7	13	1	5	0	15	10	3	9	8	6
	2	4	2	1	11	10	13	7	8	15	9	12	5	6	3	0	14
	3	11	8	12	7	1	14	2	13	6	15	0	9	10	4	5	3
S_6	0	12	1	10	15	9	2	6	8	0	13	3	4	14	7	5	11
	1	10	15	4	2	7	12	9	5	6	1	13	14	0	11	3	8
	2	9	14	15	5	2	8	12	3	7	0	4	10	1	13	11	6
	3	4	3	2	12	9	5	15	10	11	14	1	7	6	0	8	13
S_7	0	4	11	2	14	15	0	8	13	3	12	9	7	5	10	6	1
	1	13	0	11	7	4	9	1	10	14	3	5	12	2	15	8	6
	2	1	4	11	13	12	3	7	14	10	15	6	8	0	5	9	2
	3	6	11	13	8	1	4	10	7	9	5	0	15	14	2	3	12
S_8	0	13	2	8	4	6	15	11	1	10	9	3	14	5	0	12	7
	1	1	15	13	8	10	3	7	4	12	5	6	11	0	14	9	2
	2	7	11	4	1	9	12	14	2	0	6	10	13	15	3	5	8
	3	2	1	14	7	4	10	8	13	15	12	9	0	3	5	6	11

解密流程

假设 DES 算法的加密轮密钥为 $(K_1, K_2, \cdots, K_{16})$, 那么只需将解密轮密钥变为加密轮密钥的逆序, 即 $(K_{16}, K_{15}, \cdots, K_1)$, DES 算法的解密流程就可以采用与加密流程完全相同的结构和轮函数, 理由如下:

定义变换 $\sigma(L, R) = (R, L)$ 和 $\tau_K(L, R) = (L \oplus F(R, K), R)$, 其中 F 为 DES 加密算法的轮函数. 容易验证 $\sigma^{-1} = \sigma$ 和 $\tau_K^{-1} = \tau_K$, 即 σ 和 τ_K 为对合变换. DES 加密算法的第 i 轮变换 $(L_i, R_i) = (R_{i-1}, F(R_{i-1}, K_i) \oplus L_{i-1})$ 可表示为 $(L_i, R_i) = \sigma \circ \tau_{K_i}(L_{i-1}, R_{i-1})$, 从而完整的 16 轮加密过程可以表示如下:

$$Y = E_K(X) = \mathrm{IP}^{-1} \circ \tau_{K_{16}} \circ \sigma \circ \tau_{K_{15}} \circ \cdots \circ \sigma \circ \tau_{K_2} \circ \sigma \circ \tau_{K_1} \circ \mathrm{IP}(X),$$

故解密算法为

$$X = E_K^{-1}(Y)$$
$$= \left(\mathrm{IP}^{-1} \circ \tau_{K_{16}} \circ \sigma \circ \tau_{K_{15}} \circ \cdots \circ \sigma \circ \tau_{K_2} \circ \sigma \circ \tau_{K_1} \circ \mathrm{IP}\right)^{-1}(Y)$$
$$= \mathrm{IP}^{-1} \circ \tau_{K_1}^{-1} \circ \sigma^{-1} \circ \tau_{K_2}^{-1} \circ \cdots \circ \sigma^{-1} \circ \tau_{K_{15}}^{-1} \circ \sigma^{-1} \circ \tau_{K_{16}}^{-1} \circ \left(\mathrm{IP}^{-1}\right)^{-1}(Y)$$
$$= \mathrm{IP}^{-1} \circ \tau_{K_1} \circ \sigma \circ \tau_{K_2} \circ \cdots \circ \sigma \circ \tau_{K_{15}} \circ \sigma \circ \tau_{K_{16}} \circ \mathrm{IP}(Y).$$

可见, 一个 r 轮 Feistel 密码之所以能够保持加解密一致, 正是通过 "前 $r-1$ 轮交错迭代两个对合变换, 而第 r 轮只采用其中一个对合变换" 来实现.

密钥扩展方案

DES 算法的密钥扩展方案较为简单, 给定 56 比特的种子密钥 K, 每隔 7 比特添加 1 个校验位比特, 将包含校验位比特的密钥比特位置依次标记为 $1, 2, \cdots, 64$, 其中第 $8, 16, 24, 32, 40, 48, 56, 64$ 为 8 个校验位.

参考图 3.8, 密钥扩展算法 KS 描述如下:

(1) 用表 3.19 所示的选择函数PC-1置换表 3.18中左侧 56 比特密钥, 记

$$\mathrm{PC} - 1(K) = C_0 D_0,$$

C_0 与 D_0 分别为 PC-1(K) 左半部分 28 比特和右半部分 28 比特.

(2) 将 $C_0 D_0$ 按照如下方式迭代 16 轮, 得到轮密钥 K_i

$$\begin{cases} C_i = C_{i-1} \lll r_i, \\ D_i = D_{i-1} \lll r_i, \quad i = 1, 2, \cdots, 16 \\ K_i = \mathrm{PC}\text{-}2(C_i D_i), \end{cases}$$

其中 $\lll$ 表示循环左移, r_i 是跟轮数相关的循环移位常量, 取值为 1 或 2, 见表 3.21. PC-2表示从 56 比特中选取 48 比特, 见表 3.20.

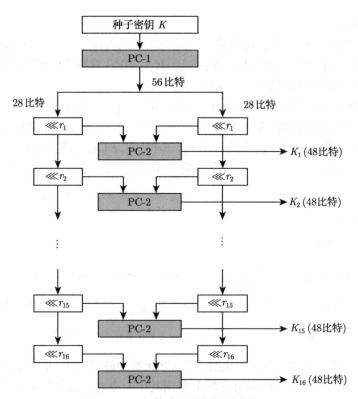

图 3.8   DES 算法的密钥扩展方案 KS

表 3.18   DES 种子密钥的比特位置标识

1	2	3	4	5	6	7	8
9	10	11	12	13	14	15	16
17	18	19	20	21	22	23	24
25	26	27	28	29	30	31	32
33	34	35	36	37	38	39	40
41	42	43	44	45	46	47	48
49	50	51	52	53	54	55	56
57	58	59	60	61	62	63	64

表 3.19   选择函数 PC-1

57	49	41	33	25	17	9
1	58	50	42	34	26	18
10	2	59	51	43	35	27
19	11	3	60	52	44	36
63	55	47	39	31	23	15
7	62	54	46	38	30	22
14	6	61	53	45	37	29
21	13	5	28	20	12	4

表 3.20 选择函数PC-2

14	17	11	24	1	5
3	28	15	6	21	10
23	19	12	4	26	8
16	7	27	20	13	2
41	52	31	37	47	55
30	40	51	45	33	48
44	49	39	56	34	53
46	42	50	36	29	32

表 3.21 DES 密钥扩展算法中第 i 轮的循环左移量

i	1	2	3	4	5	6	7	8	9	10	11	12	13	14	15	16
r_i	1	1	2	2	2	2	2	2	1	2	2	2	2	2	2	1

3.2.2 Camellia 算法

Camellia 算法由日本三菱公司和日本电信电话公司在 2000 年共同设计, 相关细节[1] 发表在 SAC 2000 (Selected Areas in Cryptography 2000) 上. Camellia 以其高安全性和在各种软件、硬件平台上的高效率等特点, 在 2003 年被欧洲 NESSIE 计划评选为获胜算法, 同年又被日本 CRYPTREC 计划选为推荐算法, 2004 年成为 IETF 标准算法, 2005 年成为 ISO/IEC 标准算法, 2006 年成为 PKCS#11 的认可密码, 2009 年 Camellia 算法的计数器使用模式和 CBC-MAC 使用模式成为 IETF 标准. Camellia 算法的源代码已经向 OpenSSL, Linux, Firefox 等社区开源使用.

Camellia 算法的分组长度为 128 比特, 密钥长度可以为 128, 192 和 256 比特, 分别记为 Camellia-128, Camellia-192 和 Camellia-256. 当密钥长度为 128 比特时, 迭代轮数为 18 轮; 当密钥长度为 192 比特或 256 比特时, 迭代轮数为 24 轮. Camellia 算法整体上采用了 Feistel 结构, 但加入了一些新的特性, 比如白化处理, 以及每隔 6 轮加入了密钥相关的 FL/FL^{-1} 变换等. 这些特性的引入并未改变 Feistel 密码加解密一致的本质, 但在一定程度上增加了算法抵抗未知攻击的能力. 下面分别介绍 Camellia 算法的加密、解密流程和密钥扩展方案.

加密流程

Camellia 算法的设计整体上采用 Feistel 结构, 在此基础上加入了白化处理以及每隔 6 轮的 FL/FL^{-1} 变换, 算法轮函数采用了 SPN 结构, S 盒是 8 比特置换. 图 3.9 显示了 Camellia-128 的加密流程. 即 Camellia 算法首先利用 SPN 结构将 8 比特置换扩展成 64 比特的置换, 然后利用 Feistel 结构将 64 比特置换扩展成 128 比特置换. 假设 Camellia 算法的轮数为 r, 则加密过程需要如下三类轮密钥: 输入和输出的 64 比特白化轮密钥 $kw_t(t = 1, 2, 3, 4)$; 64 比特的轮密钥 k_u $(u =$

$1, 2, \cdots, r)$ 以及 FL 变换、FL^{-1} 变换中所采用的 kl_v $(v = 1, 2, \cdots, r/3 - 2)$.

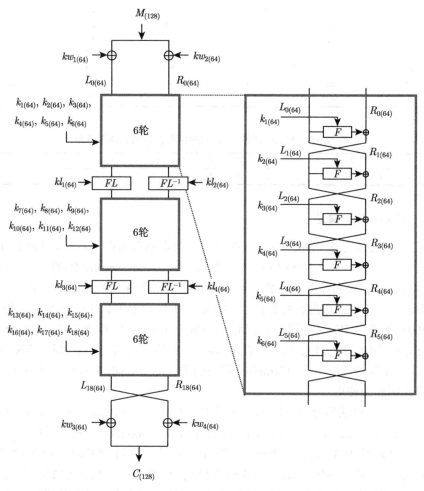

图 3.9　Camellia-128 算法的加密流程

Camellia-128 的加密流程如下:

(1) 128 比特明文 M 与白化密钥 $kw_1 \| kw_2$ 进行异或运算, 然后分为左半部分 64 比特 L_0 和右半部分 64 比特 R_0, 即 $M \oplus (kw_1 \| kw_2) = L_0 \| R_0$, 其中 $\|$ 表示比特串联.

(2) 对 $r = 1, 2, \cdots, 18, r \neq 6, r \neq 12$, 进行如下变换:

$$\begin{cases} L_r = R_{r-1} \oplus F(L_{r-1}, k_r), \\ R_r = L_{r-1}. \end{cases}$$

对 $r = 6, 12$, 进行如下变换:

$$\begin{cases} L'_r = R_{r-1} \oplus F(L_{r-1}, k_r), \\ R'_r = L_{r-1} \end{cases} \quad \text{和} \quad \begin{cases} L_r = FL(L'_r, kl_{r/3-1}), \\ R_r = FL^{-1}(R'_r, kl_{r/3}). \end{cases}$$

(3) $R_{18} \| L_{18}$ 与白化密钥 $kw_3 \| kw_4$ 进行异或运算, 获得密文 $C = (R_{18} \| L_{18}) \oplus (kw_3 \| kw_4)$.

Camellia-192 和 Camellia-256 的加密流程如下:

(1) 128 比特明文 M 与白化密钥 $kw_1 \| kw_2$ 进行异或运算后分为左半部分 64 比特 L_0 和右半部分 64 比特 R_0, 即 $M \oplus (kw_1 \| kw_2) = L_0 \| R_0$.

(2) 对 $r = 1, 2, \cdots, 24, r \neq 6, r \neq 12, r \neq 18$, 进行如下变换:

$$\begin{cases} L_r = R_{r-1} \oplus F(L_{r-1}, k_r), \\ R_r = L_{r-1}. \end{cases}$$

对 $r = 6, 12, 18$, 进行如下变换:

$$\begin{cases} L'_r = R_{r-1} \oplus F(L_{r-1}, k_r), \\ R'_r = L_{r-1}, \end{cases} \quad \begin{cases} L_r = FL(L'_r, kl_{r/3-1}), \\ R_r = FL^{-1}(R'_r, kl_{r/3}). \end{cases}$$

(3) $R_{24} \| L_{24}$ 与白化密钥 $kw_3 \| kw_4$ 进行异或运算, 获得密文 $C = (R_{24} \| L_{24}) \oplus (kw_3 \| kw_4)$.

下面依次介绍轮函数 F, FL 和 FL^{-1} 变换:

参考图 3.10, Camellia 算法的轮函数 F 采用了 SPN 结构, 其中, S-函数是一个非线性变换, 由 8 个并行的 S 盒构成, P-函数是一个线性变换, 图中 x_i, y_i, z_i, z'_i 均为 8 比特字符串 $(1 \leqslant i \leqslant 8)$, 即一个字节.

S-函数采用了 8 个 S 盒变换, 共使用了 4 个不同的 S 盒 s_1, s_2, s_3, s_4, 即

$$S = (s_1, s_2, s_3, s_4, s_2, s_3, s_4, s_1),$$

这 4 个 S 盒的具体取值可参考表 3.22—表 3.25. 它们均仿射等价于 $\mathbb{F}_{2^8}$ 上的逆函数, 定义如下:

$$s_1(x) = h(g(f(\text{0xc5} \oplus x))) \oplus \text{0x6e},$$
$$s_2(x) = s_1(x) \lll 1,$$
$$s_3(x) = s_1(x) \ggg 1,$$
$$s_4(x) = s_1(x \lll 1),$$

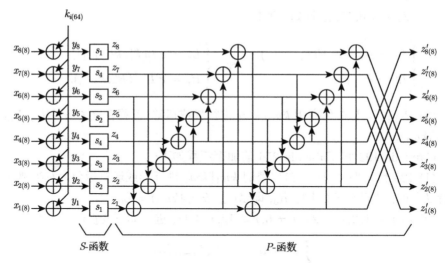

图 3.10   Camellia 算法轮函数 F

这里, $f(\cdot)$ 和 $h(\cdot)$ 均为 $\mathbb{F}_{2^8}$ 上的线性函数, 定义如下:

$$f: \quad \mathbb{F}_2^8 \to \mathbb{F}_2^8,$$
$$(a_1, a_2, \cdots, a_8) \mapsto (b_1, b_2, \cdots, b_8),$$

$$
\begin{aligned}
b_1 &= a_6 \oplus a_2, & b_5 &= a_7 \oplus a_4, \\
b_2 &= a_7 \oplus a_1, & b_6 &= a_5 \oplus a_2, \\
b_3 &= a_8 \oplus a_5 \oplus a_3, & b_7 &= a_8 \oplus a_1, \\
b_4 &= a_8 \oplus a_3, & b_8 &= a_6 \oplus a_4,
\end{aligned}
$$

$$h: \quad \mathbb{F}_2^8 \to \mathbb{F}_2^8,$$
$$(a_1, a_2, \cdots, a_8) \mapsto (b_1, b_2, \cdots, b_8),$$

$$
\begin{aligned}
b_1 &= a_5 \oplus a_6 \oplus a_2, & b_5 &= a_7 \oplus a_3, \\
b_2 &= a_6 \oplus a_2, & b_6 &= a_8 \oplus a_1, \\
b_3 &= a_7 \oplus a_4, & b_7 &= a_5 \oplus a_1, \\
b_4 &= a_8 \oplus a_2, & b_8 &= a_6 \oplus a_3.
\end{aligned}
$$

$g(\cdot)$ 是 $\mathbb{F}_{2^8}$ 上的逆函数, 定义如下:

$$g: \quad \mathbb{F}_2^8 \to \mathbb{F}_2^8,$$
$$(a_1, a_2, \cdots, a_8) \mapsto (b_1, b_2, \cdots, b_8),$$

$$(b_8 + b_7\alpha + b_6\alpha^2 + b_5\alpha^3) + (b_4 + b_3\alpha + b_2\alpha^2 + b_1\alpha^3)\beta$$
$$= ((a_8 + a_7\alpha + a_6\alpha^2 + a_5\alpha^3) + (a_4 + a_3\alpha + a_2\alpha^2 + a_1\alpha^3)\beta)^{-1},$$

其中, $0^{-1} = 0$, 令 β 满足 $\beta^8 + \beta^6 + \beta^5 + \beta^3 + 1 = 0$, 则 $\alpha \in \mathbb{F}_{2^8}$ 定义为

$$\alpha = \beta^{238} = \beta^6 + \beta^5 + \beta^3 + \beta^2 \in \mathbb{F}_{2^4},$$

可以验证 α 满足 $\alpha^4 + \alpha + 1 = 0$.

表 3.22　Camellia 算法 S 盒 S_1

	.0	.1	.2	.3	.4	.5	.6	.7	.8	.9	.a	.b	.c	.d	.e	.f
0.	70	82	2c	ec	b3	27	c0	e5	e4	85	57	35	ea	0c	ae	41
1.	23	ef	6b	93	45	19	a5	21	ed	0e	4f	4e	1d	65	92	bd
2.	86	b8	af	8f	7c	eb	1f	ce	3e	30	dc	5f	5e	c5	0b	1a
3.	a6	e1	39	ca	d5	47	5d	3d	d9	01	5a	d6	51	56	6c	4d
4.	8b	0d	9a	66	fb	cc	b0	2d	74	12	2b	20	f0	b1	84	99
5.	df	4c	cb	c2	34	7e	76	05	6d	b7	a9	31	d1	17	04	d7
6.	14	58	3a	61	de	1b	11	1c	32	0f	9c	16	53	18	f2	22
7.	fe	44	cf	b2	c3	b5	7a	91	24	08	e8	a8	60	fc	69	50
8.	aa	d0	a0	7d	a1	89	62	97	54	5b	1e	95	e0	ff	64	d2
9.	10	c4	00	48	a3	f7	75	db	8a	03	e6	da	09	3f	dd	94
a.	87	5c	83	02	cd	4a	90	33	73	67	f6	f3	9d	7f	bf	e2
b.	52	9b	d8	26	c8	37	c6	3b	81	96	6f	4b	13	be	63	2e
c.	e9	79	a7	8c	9f	6e	bc	8e	29	f5	f9	b6	2f	fd	b4	59
d.	78	98	06	6a	e7	46	71	ba	d4	25	ab	42	88	a2	8d	fa
e.	72	07	b9	55	f8	ee	ac	0a	36	49	2a	68	3c	38	f1	a4
f.	40	28	d3	7b	bb	c9	43	c1	15	e3	ad	f4	77	c7	80	9e

表 3.23　Camellia 算法 S 盒 S_2

	.0	.1	.2	.3	.4	.5	.6	.7	.8	.9	.a	.b	.c	.d	.e	.f
0.	e0	05	58	d9	67	4e	81	cb	c9	0b	ae	6a	d5	18	5d	82
1.	46	df	d6	27	8a	32	4b	42	db	1c	9e	9c	3a	ca	25	7b
2.	0d	71	5f	1f	f8	d7	3e	9d	7c	60	b9	be	bc	8b	16	34
3.	4d	c3	72	95	ab	8e	ba	7a	b3	02	b4	ad	a2	ac	d8	9a
4.	17	1a	35	cc	f7	99	61	5a	e8	24	56	40	e1	63	09	33
5.	bf	98	97	85	68	fc	ec	0a	da	6f	53	62	a3	2e	08	af
6.	28	b0	74	c2	bd	36	22	38	64	1e	39	2c	a6	30	e5	44
7.	fd	88	9f	65	87	6b	f4	23	48	10	d1	51	c0	f9	d2	a0
8.	55	a1	41	fa	43	13	c4	2f	a8	b6	3c	2b	c1	ff	c8	a5
9.	20	89	00	90	47	ef	ea	b7	15	06	cd	b5	12	7e	bb	29
a.	0f	b8	07	04	9b	94	21	66	e6	ce	ed	e7	3b	fe	7f	c5
b.	a4	37	b1	4c	91	6e	8d	76	03	2d	de	96	26	7d	c6	5c
c.	d3	f2	4f	19	3f	dc	79	1d	52	eb	f3	6d	5e	fb	69	b2
d.	f0	31	0c	d4	cf	8c	e2	75	a9	4a	57	84	11	45	1b	f5
e.	e4	0e	73	aa	f1	dd	59	14	6c	92	54	d0	78	70	e3	49
f.	80	50	a7	f6	77	93	86	83	2a	c7	5b	e9	ee	8f	01	3d

表 3.24　Camellia 算法 S 盒 S_3

	.0	.1	.2	.3	.4	.5	.6	.7	.8	.9	.a	.b	.c	.d	.e	.f
0.	38	41	16	76	d9	93	60	f2	72	c2	ab	9a	75	06	57	a0
1.	91	f7	b5	c9	a2	8c	d2	90	f6	07	a7	27	8e	b2	49	de
2.	43	5c	d7	c7	3e	f5	8f	67	1f	18	6e	af	2f	e2	85	0d
3.	53	f0	9c	65	ea	a3	ae	9e	ec	80	2d	6b	a8	2b	36	a6
4.	c5	86	4d	33	fd	66	58	96	3a	09	95	10	78	d8	42	cc
5.	ef	26	e5	61	1a	3f	3b	82	b6	db	d4	98	e8	8b	02	eb
6.	0a	2c	1d	b0	6f	8d	88	0e	19	87	4e	0b	a9	0c	79	11
7.	7f	22	e7	59	e1	da	3d	c8	12	04	74	54	30	7e	b4	28
8.	55	68	50	be	d0	c4	31	cb	2a	ad	0f	ca	70	ff	32	69
9.	08	62	00	24	d1	fb	ba	ed	45	81	73	6d	84	9f	ee	4a
a.	c3	2e	c1	01	e6	25	48	99	b9	b3	7b	f9	ce	bf	df	71
b.	29	cd	6c	13	64	9b	63	9d	c0	4b	b7	a5	89	5f	b1	17
c.	f4	bc	d3	46	cf	37	b8	5e	47	94	fc	5b	97	fe	5a	ac
d.	3c	4c	03	35	f3	23	b8	5d	6a	92	d5	21	44	51	c6	7d
e.	39	83	dc	aa	7c	77	56	05	1b	a4	15	34	1e	1c	f8	52
f.	20	14	e9	bd	dd	e4	a1	e0	8a	f1	d6	7a	bb	e3	40	4f

表 3.25　Camellia 算法 S 盒 S_4

	.0	.1	.2	.3	.4	.5	.6	.7	.8	.9	.a	.b	.c	.d	.e	.f
0.	70	2c	b3	c0	e4	57	ea	ae	23	6b	45	a5	ed	4f	1d	92
1.	86	af	7c	1f	3e	dc	5e	0b	a6	39	d5	5d	da	5a	51	6c
2.	8b	9a	fb	b0	74	2b	f0	84	df	cb	34	76	6d	a9	d1	04
3.	14	3a	de	11	32	9c	53	f2	fe	cf	c3	7a	24	e8	60	69
4.	aa	a0	a1	62	54	1e	e0	64	10	00	a3	75	8a	e6	09	dd
5.	87	83	cd	90	73	f6	9d	bf	52	d8	c8	c6	81	6f	13	63
6.	e9	a7	9f	bc	29	f9	2f	b4	78	06	e7	71	d4	ab	88	8d
7.	72	b9	f8	ac	36	2a	3c	f1	40	d3	bb	43	15	ad	77	80
8.	82	ec	27	e5	85	35	0c	41	ef	93	19	21	0e	4e	65	bd
9.	b8	8f	eb	ce	30	5f	c5	1a	e1	ca	47	3d	01	d6	56	4d
a.	0d	66	cc	2d	12	20	b1	99	4c	c2	7e	05	b7	31	17	d7
b.	58	61	1b	1c	0f	16	18	22	44	b2	b5	91	08	a8	fc	50
c.	d0	7d	89	97	5b	95	ff	d2	c4	48	f7	db	03	da	3f	94
d.	5c	02	4a	33	67	f3	7f	e2	9b	26	37	3b	96	4b	be	2e
e.	79	8c	6e	8e	f5	b6	fd	59	98	6a	46	ba	25	42	a2	fa
f.	07	55	ee	0a	49	68	38	a4	28	7b	c9	c1	e3	f4	c7	9e

P 置换将 8 个字节 $(z_1, z_2, \cdots, z_8)$ 映射为 $(z_1', z_2', \cdots, z_8')$, 具体定义如下:

$$P: \quad \mathbb{F}_{2^8}^8 \to \mathbb{F}_{2^8}^8,$$

$$(z_1, z_2, \cdots, z_8) \mapsto (z_1', z_2', \cdots, z_8'),$$

$$z_1' = z_1 \oplus z_3 \oplus z_4 \oplus z_6 \oplus z_7 \oplus z_8, \qquad z_5' = z_1 \oplus z_2 \oplus z_6 \oplus z_7 \oplus z_8,$$

$$z_2' = z_1 \oplus z_2 \oplus z_4 \oplus z_5 \oplus z_7 \oplus z_8, \qquad z_6' = z_2 \oplus z_3 \oplus z_5 \oplus z_7 \oplus z_8,$$

$$z_3' = z_1 \oplus z_2 \oplus z_3 \oplus z_5 \oplus z_6 \oplus z_8, \qquad z_7' = z_3 \oplus z_4 \oplus z_5 \oplus z_6 \oplus z_8,$$

$$z_4' = z_2 \oplus z_3 \oplus z_4 \oplus z_5 \oplus z_6 \oplus z_7, \qquad z_8' = z_1 \oplus z_4 \oplus z_5 \oplus z_6 \oplus z_7,$$

上述变换亦可写成如下矩阵形式:

$$\begin{bmatrix} z_1' \\ z_2' \\ z_3' \\ z_4' \\ z_5' \\ z_6' \\ z_7' \\ z_8' \end{bmatrix} = \begin{bmatrix} 1 & 0 & 1 & 1 & 0 & 1 & 1 & 1 \\ 1 & 1 & 0 & 1 & 1 & 0 & 1 & 1 \\ 1 & 1 & 1 & 0 & 1 & 1 & 0 & 1 \\ 0 & 1 & 1 & 1 & 1 & 1 & 1 & 0 \\ 1 & 1 & 0 & 0 & 0 & 1 & 1 & 1 \\ 0 & 1 & 1 & 0 & 1 & 0 & 1 & 1 \\ 0 & 0 & 1 & 1 & 1 & 1 & 0 & 1 \\ 1 & 0 & 0 & 1 & 1 & 1 & 1 & 0 \end{bmatrix} \begin{bmatrix} z_1 \\ z_2 \\ z_3 \\ z_4 \\ z_5 \\ z_6 \\ z_7 \\ z_8 \end{bmatrix}.$$

参考图 3.11和图 3.12, FL 变换和 FL^{-1} 变换定义如下:

$$FL: \quad \mathbb{F}_2^{64} \to \mathbb{F}_2^{64},$$
$$(X_L \| X_R, kl_L \| kl_R) \mapsto Y_L \| Y_R,$$
$$Y_R = ((X_L \cap kl_L) \lll 1) \oplus X_R, \quad Y_L = (Y_R \cup kl_R) \oplus Y_L;$$

$$FL^{-1}: \quad \mathbb{F}_2^{64} \to \mathbb{F}_2^{64},$$
$$(Y_L \| Y_R, kl_R \| kl_L) \mapsto X_L \| X_R,$$
$$X_L = (Y_R \cup kl_R) \oplus Y_L, \quad Y_R = ((X_L \cap kl_L) \lll 1) \oplus Y_R,$$

其中 $\cap$ 表示按位逻辑"与"运算; $\cup$ 表示按位逻辑"或"运算.

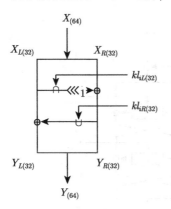

图 3.11 FL 变换示意图

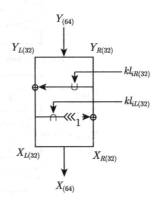

图 3.12 FL^{-1} 变换示意图

解密流程

Camellia 整体采用 Feistel 结构, 而每隔 6 轮加入的 FL 和 FL^{-1} 变换互逆,

且均采用了 2 轮 Feistel 结构, 故解密与加密保持一致, 只需解密轮密钥的使用顺序与加密轮密钥相反, 这里不再赘述.

密钥扩展方案

Camellia 算法的密钥扩展方案由两部分构成: 密钥字的生成和轮密钥的选取.

(1) 密钥字的生成.

Camellia 密钥扩展算法需要 2 个 128 比特的初始变量 K_L 和 K_R, 由种子密钥生成. 当种子密钥 K 长度为 128 比特时, 取 $K_L = K$, K_R 为 128 比特全 0 比特; 当种子密钥 K 长度为 192 比特时, 取 k_L 为 K 的左边 128 比特, 取 K_R 为 K 的右边 64 比特及其补集 (逐比特取补); 当种子密钥 K 长度为 256 比特时, 取 $K_L \| K_R = K$.

上述初始变量 $K_L \| K_R$ 经过图 3.13 所示的 6 轮 Feistel 变换, 生成两个 128 比特的密钥字 K_A 和 K_B. 其中, 轮函数 F 与加密算法中的组件相同, 64 比特的常数 Σ_i $(i = 1, 2, \cdots, 6)$ 为该 6 轮 Feistel 变换中的 "轮密钥", 具体值如下:

$$\Sigma_1 = \text{0xA09E667F3BCC908B}, \quad \Sigma_2 = \text{0xB67AE8584CAA73B2},$$
$$\Sigma_3 = \text{0xC6EF372FE94F82BE}, \quad \Sigma_4 = \text{0x54FF53A5F1D36F1C},$$
$$\Sigma_5 = \text{0x10E527FADE682D1D}, \quad \Sigma_6 = \text{0xB05688C2B3E6C1FD}.$$

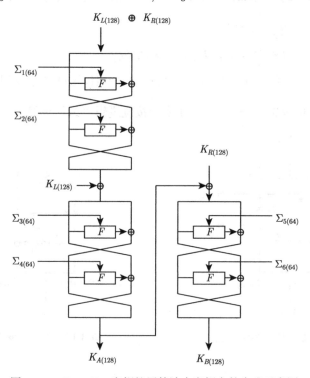

图 3.13　Camellia 密钥扩展算法中密钥字的生成示意图

(2) 轮密钥的选取.

通过对密钥字 K_L, K_R, K_A 和 K_B 进行移位变换, 获得各轮轮密钥 kw_i, kl_i, k_i, 其中 K_B 仅在 Camellia-192 和 Camellia-256 中使用. 参考表 3.26, 其中左半部分是 Camellia-128 轮密钥的选取方式, 右半部分是 Camellia-192 和 Camellia-256 轮密钥的选取方式.

表 3.26 Camellia 算法密钥扩展算法中轮密钥的选取

128 比特种子密钥			192, 256 比特种子密钥		
	轮密钥	取值		轮密钥	取值
	kw_1	$(k_L \lll_0)_L$		kw_1	$(k_L \lll_0)_L$
	kw_2	$(k_L \lll_0)_R$		kw_2	$(k_L \lll_0)_R$
F (轮 1)	k_1	$(k_A \lll_0)_L$	F (轮 1)	k_1	$(k_B \lll_0)_L$
F (轮 2)	k_2	$(k_A \lll_0)_R$	F (轮 2)	k_2	$(k_B \lll_0)_R$
F (轮 3)	k_3	$(k_L \lll_{15})_L$	F (轮 3)	k_3	$(k_R \lll_{15})_L$
F (轮 4)	k_4	$(k_L \lll_{15})_R$	F (轮 4)	k_4	$(k_R \lll_{15})_R$
F (轮 5)	k_5	$(k_A \lll_{15})_L$	F (轮 5)	k_5	$(k_A \lll_{15})_L$
F (轮 6)	k_6	$(k_A \lll_{15})_R$	F (轮 6)	k_6	$(k_A \lll_{15})_R$
FL	kl_1	$(k_A \lll_{30})_L$	FL	kl_1	$(k_R \lll_{30})_L$
FL^{-1}	kl_2	$(k_A \lll_{30})_R$	FL^{-1}	kl_2	$(k_R \lll_{30})_R$
F (轮 7)	k_7	$(k_L \lll_{45})_L$	F (轮 7)	k_7	$(k_B \lll_{30})_L$
F (轮 8)	k_8	$(k_L \lll_{45})_R$	F (轮 8)	k_8	$(k_B \lll_{30})_R$
F (轮 9)	k_9	$(k_A \lll_{45})_L$	F (轮 9)	k_9	$(k_L \lll_{45})_L$
F (轮 10)	k_{10}	$(k_L \lll_{60})_R$	F (轮 10)	k_{10}	$(k_L \lll_{45})_R$
F (轮 11)	k_{11}	$(k_A \lll_{60})_L$	F (轮 11)	k_{11}	$(k_A \lll_{45})_L$
F (轮 12)	k_{12}	$(k_A \lll_{60})_R$	F (轮 12)	k_{12}	$(k_A \lll_{45})_R$
FL	kl_3	$(k_L \lll_{77})_L$	FL	kl_3	$(k_L \lll_{60})_L$
FL^{-1}	kl_4	$(k_L \lll_{77})_R$	FL^{-1}	kl_4	$(k_L \lll_{60})_R$
F (轮 13)	k_{13}	$(k_L \lll_{94})_L$	F (轮 13)	k_{13}	$(k_R \lll_{60})_L$
F (轮 14)	k_{14}	$(k_L \lll_{94})_R$	F (轮 14)	k_{14}	$(k_R \lll_{60})_R$
F (轮 15)	k_{15}	$(k_A \lll_{94})_L$	F (轮 15)	k_{15}	$(k_B \lll_{60})_L$
F (轮 16)	k_{16}	$(k_A \lll_{94})_R$	F (轮 16)	k_{16}	$(k_B \lll_{60})_R$
F (轮 17)	k_{17}	$(k_L \lll_{111})_L$	F (轮 17)	k_{17}	$(k_L \lll_{77})_L$
F (轮 18)	k_{18}	$(k_L \lll_{111})_R$	F (轮 18)	k_{18}	$(k_L \lll_{77})_R$
	kw_3	$(k_A \lll_{111})_L$	FL	kl_5	$(k_A \lll_{77})_L$
	kw_4	$(k_A \lll_{111})_R$	FL^{-1}	kl_6	$(k_A \lll_{77})_R$
			F (轮 19)	k_{19}	$(k_R \lll_{94})_L$
			F (轮 20)	k_{20}	$(k_R \lll_{94})_R$
			F (轮 21)	k_{21}	$(k_A \lll_{94})_L$
			F (轮 22)	k_{22}	$(k_A \lll_{94})_R$
			F (轮 23)	k_{23}	$(k_L \lll_{111})_L$
			F (轮 24)	k_{24}	$(k_L \lll_{111})_R$
				kw_3	$(k_B \lll_{111})_L$
				kw_4	$(k_B \lll_{111})_R$

3.2.3　SM4 算法

SM4 算法[11] 是我国于 2006 年 2 月公布的第一个商用分组密码标准, 是中国无线局域网安全标准推荐使用的分组算法.

SM4 算法的分组长度和密钥长度均为 128 比特, 其小规模置换的长度为 8 比特, 首先通过 SPN 结构用 8 比特置换构造了 32 比特置换, 再利用 SM4 结构将 32 比特置换扩展成 128 比特. SM4 通过 32 轮非线性迭代之后加上一个反序变换, 这样只需解密密钥是加密密钥的逆序, 就能使得解密算法与加密算法保持一致. SM4 的密钥扩展方案亦采用 32 轮的非平衡 Feistel 结构. 本节分别介绍 SM4 的加密、解密流程和密钥扩展方案.

加密流程

如图 3.14 所示, 128 比特的明文被分为 4 个 32 比特的字, 记为 (X_0, X_1, X_2, X_3), 密文亦分为 4 个 32 比特字, 记为 (Y_0, Y_1, Y_2, Y_3), 假设 32 比特的中间变量为 $X_i, 4 \leqslant i \leqslant 35$, 则加密流程如下:

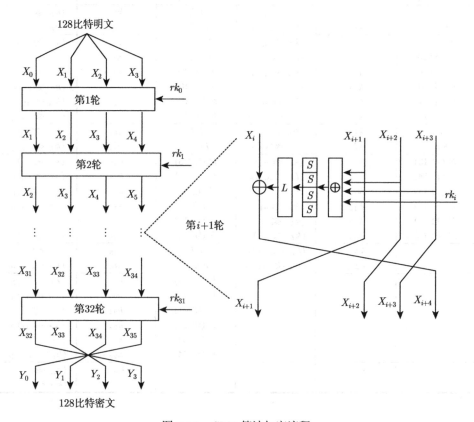

图 3.14　SM4 算法加密流程

(1) $X_{i+4} = F(X_i, X_{i+1}, X_{i+2}, X_{i+3}, rk_i) = X_i \oplus T(X_{i+1} \oplus X_{i+2} \oplus X_{i+3} \oplus rk_i), i = 0, 1, \cdots, 31.$

(2) $(Y_0, Y_1, Y_2, Y_3) = R(X_{32}, X_{33}, X_{34}, X_{35}) = (X_{35}, X_{34}, X_{33}, X_{32}).$

其中 F 是轮函数, T 是合成置换, rk_i 是第 $i+1$ 轮轮密钥, R 是反序变换.

合成置换 T 是从 $\mathbb{F}_2^{32}$ 到 $\mathbb{F}_2^{32}$ 的一个可逆变换, 由非线性变换 τ 和线性变换 L 复合而成, 即 $T(\cdot) = L(\tau(\cdot))$.

非线性变换 τ 由 4 个并行的 S 盒构成. 每个 S 盒是从 $\mathbb{F}_2^8$ 到 $\mathbb{F}_2^8$ 的一个非线性变换 S, 通过查表实现, 见表 3.27. 若输入记为 $A = (a_0, a_1, a_2, a_3) \in (\mathbb{F}_2^8)^4$, 输出记为 $B = (b_0, b_1, b_2, b_3) \in (\mathbb{F}_2^8)^4$, 则 $B = \tau(A) \Leftrightarrow (b_0, b_1, b_2, b_3) = (S(a_0), S(a_1), S(a_2), S(a_3)).$

表 3.27　　SM4 算法所采用的 S 盒

	.0	.1	.2	.3	.4	.5	.6	.7	.8	.9	.a	.b	.c	.d	.e	.f
0.	d6	90	e9	fe	cc	e1	3d	b7	16	b6	14	c2	28	fb	2c	05
1.	2b	67	9a	76	2a	be	04	c3	aa	44	13	26	49	86	06	99
2.	9c	42	50	f4	91	ef	98	7a	33	54	0b	43	ed	cf	ac	62
3.	e4	b3	1c	a9	c9	08	e8	95	80	df	94	fa	75	8f	3f	a6
4.	47	07	a7	fc	f3	73	17	ba	83	59	3c	19	e6	85	4f	a8
5.	68	6b	81	b2	71	64	da	8b	f8	eb	0f	4b	70	56	9d	35
6.	1e	24	0e	5e	63	58	d1	a2	25	22	7c	3b	01	21	78	87
7.	d4	00	46	57	9f	d3	27	52	4c	36	02	e7	a0	c4	c8	9e
8.	ea	bf	8a	d2	40	c7	38	b5	a3	f7	f2	ce	f9	61	15	a1
9.	e0	ae	5d	a4	9b	34	1a	55	ad	93	32	30	f5	8c	b1	e3
a.	1d	f6	e2	2e	82	66	ca	60	c0	29	23	ab	0d	53	4e	6f
b.	d5	db	37	45	de	fd	8e	2f	03	ff	6a	72	6d	6c	5b	51
c.	8d	1b	af	92	bb	dd	bc	7f	11	d9	5c	41	1f	10	5a	d8
d.	0a	c1	31	88	a5	cd	7b	bd	2d	74	d0	12	b8	e5	b4	b0
e.	89	69	97	4a	0c	96	77	7e	65	b9	f1	09	c5	6e	c6	84
f.	18	f0	7d	ec	3a	dc	4d	20	79	ee	5f	3e	d7	cb	39	48

线性变换 L 是 $\mathbb{F}_2^{32}$ 上的线性变换, 它的输入是非线性变换 τ 的输出 B, 若线性变换 L 的输出记为 C, 则

$$C = L(B) = B \oplus (B \lll 2) \oplus (B \lll 10) \oplus (B \lll 18) \oplus (B \lll 24).$$

解密流程

解密流程与加密流程采用相同的结构和轮函数, 仅是轮密钥的使用顺序相反. 若加密时轮密钥的使用顺序为 $(rk_0, rk_1, \cdots, rk_{30}, rk_{31})$, 则解密时轮密钥的使用顺序为 $(rk_{31}, rk_{30}, \cdots, rk_1, rk_0)$. 理由如下:

定义变换

$$\tau_k(a, b, c, d) = (b, c, d, f(b \oplus c \oplus d \oplus k) \oplus a)$$

和变换

$$\sigma(a, b, c, d) = (d, c, b, a).$$

容易验证, σ^2 为恒等变换且 $\sigma \circ \tau_k \circ \sigma \circ \tau_k$ 亦为恒等变换, 故 $\tau_k^{-1} = \sigma \circ \tau_k \circ \sigma$.

根据 $\tau_k(\cdot)$ 和 $\sigma(\cdot)$, 32 轮完整 SM4 算法的加密流程可以描述如下:

$$Y = E_K(X) = \sigma \circ \tau_{rk_{31}} \circ \tau_{rk_{30}} \circ \cdots \circ \tau_{rk_1} \circ \tau_{rk_0}(X),$$

从而解密流程为

$$
\begin{aligned}
X &= E_K^{-1}(Y) \\
&= \left(\sigma \circ \tau_{rk_{31}} \circ \tau_{rk_{30}} \circ \cdots \circ \tau_{rk_1} \circ \tau_{rk_0}\right)^{-1}(Y) \\
&= \left(\tau_{rk_0}^{-1} \circ \tau_{rk_1}^{-1} \circ \cdots \circ \tau_{rk_{30}}^{-1} \circ \tau_{rk_{31}}^{-1} \circ \sigma^{-1}\right)(Y) \\
&= \left(\sigma \circ \tau_{rk_0} \circ \sigma \circ \sigma \circ \tau_{rk_1} \circ \sigma \circ \cdots \circ \sigma \circ \tau_{rk_{30}} \circ \sigma \circ \sigma \circ \tau_{rk_{31}} \circ \sigma \circ \sigma^{-1}\right)(Y) \\
&= \left(\sigma \circ \tau_{rk_0} \circ \tau_{rk_1} \circ \cdots \circ \tau_{rk_{30}} \circ \tau_{rk_{31}}\right)(Y),
\end{aligned}
$$

由此可知, 解密轮密钥顺序为 $(rk_{31}, rk_{30}, \cdots, rk_1, rk_0)$.

密钥扩展方案

密钥扩展方案将种子密钥扩展生成 32 个轮密钥. 首先将 128 比特种子密钥 MK 分为 4 个 32 比特字, 记为 (MK_0, MK_1, MK_2, MK_3), 其中 $MK_i \in \mathbb{F}_2^{32}$, $i = 0, 1, 2, 3$.

给定系统参数 $FK = (FK_0, FK_1, FK_2, FK_3)$, 其中 $FK_i \in \mathbb{F}_2^{32}$, $i = 0, 1, 2, 3$; 固定参数 $CK = (CK_0, CK_1, \cdots, CK_{31})$, 其中 $CK_i \in \mathbb{F}_2^{32}$, $i = 0, 1, \cdots, 31$. 假设中间变量为 $K_i \in \mathbb{F}_2^{32}$, $i = 0, 1, \cdots, 35$, 轮密钥为 $rk_i \in \mathbb{F}_2^{32}$, $i = 0, 1, \cdots, 31$, 则密钥扩展算法如下:

(1) $(K_0, K_1, K_2, K_3) = (MK_0 \oplus FK_0, MK_1 \oplus FK_1, MK_2 \oplus FK_2, MK_3 \oplus FK_3)$;

(2) $rk_i = K_{i+4} = K_i \oplus T'(K_{i+1} \oplus K_{i+2} \oplus K_{i+3} \oplus CK_i)$, $i = 0, 1, \cdots, 31$.

变换 T'、系统参数 FK 和固定参数 CK 分别如下:

变换 T' 与加密算法轮函数中的合成置换 T 基本相同, 只将其中的线性变换 L 换为 $L' : L'(B) = B \oplus (B \lll 13) \oplus (B \lll 23)$, 即 $T'(\cdot) = L'(\tau(\cdot))$.

系统参数定义如下:

$$
\begin{cases}
FK_0 = \text{0xa3b1bac6}, \\
FK_1 = \text{0x56aa3350}, \\
FK_2 = \text{0x677d9197}, \\
FK_3 = \text{0xb27022dc}.
\end{cases}
$$

固定参数 $CK_i = (ck_{i,0}, ck_{i,1}, ck_{i,2}, ck_{i,3})$, $ck_{i,j} = (4i + j) \times 7 \mod 256$, 具体取值如下:

0x00070e15	0x1c232a31	0x383f464d	0x545b6269
0x70777e85	0x8c939aa1	0xa8afb6bd	0xc4cbd2d9
0xe0e7eef5	0xfc030a11	0x181f262d	0x343b4249
0x50575e65	0x6c737a81	0x888f969d	0xa4abb2b9
0xc0c7ced5	0xdce3eaf1	0xf8ff060d	0x141b2229
0x30373e45	0x4c535a61	0x686f767d	0x848b9299
0xa0a7aeb5	0xbcc3cad1	0xd8dfe6ed	0xf4fb0209
0x10171e25	0x2c333a41	0x484f565d	0x646b7279

3.3　Lai-Massey 型密码算法

FOX 算法

FOX 算法, 又称为 IDEA NXT, 该算法由瑞士学者 Junod 和 Vaudenay 针对苏黎世 MediaCrypt AG 公司的业务需求而设计, 算法细节公布在 SAC 2004 上[7]. FOX 算法的设计基于可证明安全, 而且在各种软硬件平台上, 它都有着显著的运行优势.

FOX 算法的分组长度支持 64 比特和 128 比特, 算法小规模置换的长度为 8 比特. 轮函数的输入首先通过 SPS 结构 (先通过非线性层, 然后通过扩散层, 最后再通过一次非线性层) 将 8 比特置换扩展成 32/64 比特. 最后利用 Lai-Massey 结构[9] 将上一步得到的 32/64 比特置换扩展成 64/128 比特. FOX 算法的种子密钥长度和迭代轮数可以根据实际应用需求而改变, 参考表 3.28. 其中, 对 FOX64/k/r 和 FOX128/k/r 而言, 参数 $12 \leqslant r \leqslant 255$, $0 \leqslant k \leqslant 256$ 且是 8 的整数倍. 下面介绍 FOX64/k/r 系列算法的加密、解密流程和密钥扩展方案.

表 3.28　FOX 系列算法的参数说明

算法	分组长度	种子密钥长度	迭代轮数
FOX64	64	128	16
FOX128	128	256	16
FOX64/k/r	64	k	r
FOX128/k/r	128	k	r

加密流程

FOX 算法基于字节设计, 与 AES 算法类似, 每个字节对应于由 $\mathbb{F}_2$ 上的不可约多项式 $h(x) = x^8 + x^7 + x^6 + x^5 + x^4 + x^3 + 1$ 定义的有限域 $\mathbb{F}_{2^8}$ 中的一个元素.

为了更加清晰地刻画 FOX 算法的加密流程, 采用 $x_{(n)}$ 表示含有 n 比特的变量 x, 采用 $x_{j(m)}$ 表示含有 m 比特的变量 x_j, 如果上下文明确, 亦可分别简写为 x, x_j.

FOX64/k/r 加密算法将明文 p 和种子密钥 k 通过 $r-1$ 次迭代轮变换lmor64, 最后作用输出变换lmid64 获得密文 c. 这里, lmor64 和 lmid64 变换的输入为 64 比特变量 $x_{(64)}$ 和 64 比特的轮密钥 $rk_{(64)}$, 输出为 64 比特变量 $y_{(64)}$. FOX64/k/r 加密流程可以计算如下:

$$c_{(64)} = \text{lmid64} \left(\text{lmor64} \left(\cdots \text{lmor64} \left(p_{(64)}, rk_{0(64)} \right), \cdots, rk_{r-2(64)} \right), rk_{r-1(64)} \right).$$

其中, $rk_{(r\cdot64)} = rk_{0(64)} || rk_{1(64)} || \cdots || rk_{r-1(64)}$ 表示种子密钥 $k_{(l)}$ 经密钥扩展算法而生成的轮密钥流.

下面详细介绍轮变换 lmor64 和 lmid64.

参考图 3.15, 轮变换 lmor64 的输入为 64 比特的变量 $x_{(64)}$ 和 64 比特的轮密钥 $rk_{(64)}$, 输出为 64 比特的变量 $y_{(64)}$, 具体定义如下:

$$\begin{aligned}
y_{(64)} = y_{l(32)} || y_{r(32)} &= \text{lmor64} \left(x_{l(32)} || x_{r(32)}, rk_{(64)} \right) \\
&= \text{or} \left(x_{l(32)} \oplus \text{f32} \left(x_{l(32)} \oplus x_{r(32)}, rk_{(64)} \right) \right) || \\
&\quad \left(x_{r(32)} \oplus \text{f32} \left(x_{l(32)} \oplus x_{r(32)}, rk_{(64)} \right) \right),
\end{aligned}$$

其中 f32 为轮函数, or 为正型置换.

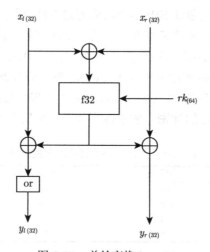

图 3.15   单轮变换 lmor64

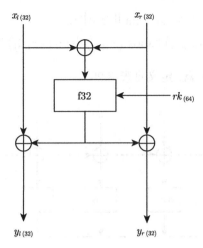

图 3.16 单轮变换 lmid64

轮变换 lmid64 与 lmor64 大致相同, 只是将其中的正型置换 or 换为恒等变换 id, 定义如下:

$$y_{(64)} = y_{l(32)} || y_{r(32)} = \text{lmid64}\left(x_{l(32)} || x_{r(32)}, rk_{(64)}\right)$$

$$= \left(x_{l(32)} \oplus \text{f32}\left(x_{l(32)} \oplus x_{r(32)}, rk_{(64)}\right)\right) ||$$

$$\left(x_{r(32)} \oplus \text{f32}\left(x_{l(32)} \oplus x_{r(32)}, rk_{(64)}\right)\right).$$

轮函数f32包括三部分: 混淆层变换 sigma4, 扩散层变换 mu4 和密钥加变换. 它的输入为 32 比特变量 $x_{(32)}$ 和 64 比特轮密钥 $rk_{(64)} = rk_{0(32)} || rk_{1(32)}$, 输出为 32 比特变量 $y_{(32)}$, 参考图 3.17, 具体定义如下:

$$y_{(32)} = \text{f32}\left(x_{(32)}, rk_{(64)}\right)$$

$$= \text{sigma4}\left(\text{mu4}\left(\text{sigma4}\left(x_{(32)} \oplus rk_{0(32)}\right)\right) \oplus rk_{1(32)}\right) \oplus rk_{0(32)}.$$

FOX 算法中的正型置换or采用了一个简单的单轮 Feistel 变换, 见图 3.18, 它的输入是 32 比特的变量 $x_{(32)}$, 输出是 32 比特的变量 $y_{(32)}$, 具体定义如下:

$$y_{l(16)} || y_{r(16)} = \text{or}\left(x_{1(16)} || x_{r(16)}\right) = x_{r(16)} || \left(x_{l(16)} \oplus x_{r(16)}\right)$$

混淆层变换sigma4的输入为 32 比特变量 $x_{(32)}$, 输出为 32 比特变量 $y_{(32)}$, 定义如下:

$$y_{(32)} = \text{sigma4}\left(x_{(32)}\right)$$

$$= \mathrm{sigma4}\left(x_{0(8)}||x_{1(8)}||x_{2(8)}||x_{3(8)}\right)$$
$$= \mathrm{sbox}\left(x_{0(8)}\right)||\mathrm{sbox}\left(x_{1(8)}\right)||\mathrm{sbox}\left(x_{2(8)}\right)||\mathrm{sbox}\left(x_{3(8)}\right)$$

其中, sbox 为 8×8 的 S 盒, 定义见表 3.29.

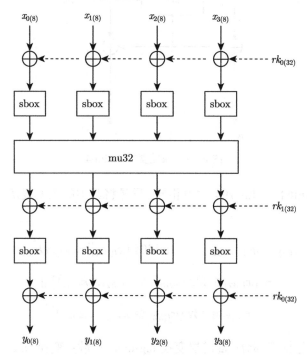

图 3.17　轮函数 f32 的计算流程

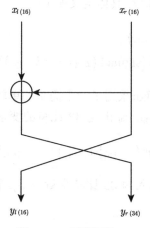

图 3.18　正型置换 or

表 3.29　FOX 算法所采用的 S 盒

	.0	.1	.2	.3	.4	.5	.6	.7	.8	.9	.a	.b	.c	.d	.e	.f
0.	5d	de	00	b7	d3	ca	3c	0d	c3	f8	cb	8d	76	89	aa	12
1.	88	22	4f	db	6d	47	e4	4c	78	9a	49	93	c4	c0	86	1c
2.	a9	20	53	1c	4e	cf	35	39	b4	a1	54	64	03	c7	85	5c
3.	5b	cd	d8	72	96	42	b8	e1	a2	60	ef	bd	02	af	8c	73
4.	7c	7f	5e	f9	65	e6	eb	ad	5a	a5	79	8e	15	30	ec	a4
5.	c2	3e	e0	74	51	fb	2d	6e	94	4d	55	34	ae	52	7e	9d
6.	4a	f7	80	f0	d0	90	a7	e8	9f	50	d5	d1	98	cc	a0	17
7.	f4	b6	c1	28	5f	26	01	ab	25	38	82	7d	48	fc	1b	ce
8.	3f	6b	e2	67	66	43	59	19	84	3d	f5	2f	c9	bc	d9	95
9.	29	41	da	1a	b0	e9	69	d2	7b	d7	11	9b	33	8a	23	09
a.	d4	71	44	68	6f	f2	0e	df	87	dc	83	18	6a	ee	99	81
b.	62	36	2e	7a	fe	45	9c	75	91	0c	0f	e7	f6	14	63	1d
c.	0b	8b	b3	f3	b2	3b	08	4b	10	a6	32	b9	a8	92	f1	56
d.	dd	21	bf	04	be	d6	fd	77	ea	3a	c8	8f	57	1e	fa	2b
e.	58	c5	27	ac	e3	ed	97	bb	46	05	40	31	e5	37	2c	9e
f.	0a	b1	b5	06	6c	1f	a3	2a	70	ff	ba	07	24	16	c6	61

扩散层变换mu4的输入为 32 比特变量 $x_{(32)}$, 输出为 32 比特变量 $y_{(32)}$, 它是 $\mathbb{F}_{2^8}^{4\times4}$ 上的矩阵, 定义如下:

$$\begin{bmatrix} y_{0(8)} \\ y_{1(8)} \\ y_{2(8)} \\ y_{3(8)} \end{bmatrix} = \begin{bmatrix} 1 & 1 & 1 & \alpha \\ 1 & c & \alpha & 1 \\ c & \alpha & 1 & 1 \\ \alpha & 1 & c & 1 \end{bmatrix} \begin{bmatrix} x_{0(8)} \\ x_{1(8)} \\ x_{2(8)} \\ x_{3(8)} \end{bmatrix},$$

其中, α 为不可约多项式 $h(x) \in \mathbb{F}_2[x]$ 在扩域上的根, $c = \alpha^{-1} + 1 = \alpha^7 + \alpha^6 + \alpha^5 + \alpha^4 + \alpha^3 + \alpha^2 + 1 \in \mathbb{F}_{2^8}$.

解密流程

定义

$$\tau_K(L, R) = (L \oplus f32(L \oplus R, K), R \oplus f32(L \oplus R, K))$$

和

$$\sigma(L, R) = (\mathrm{or}(L), R).$$

则容易验证 $\tau_K^{-1} = \tau_K$, 即 τ_K 为对合变换; 且

$$\sigma^{-1}(L, R) = (\mathrm{or}^{-1}(L), R) = (\mathrm{io}(L), R).$$

FOX64/k/r 加密算法的轮变换可表示为 $\mathrm{lmor64}(L\|R, K) = \sigma \circ \tau_K(L, R)$, 从而完整的 r 轮加密过程可以表示如下:

$$c = E_k(p) = \tau_{rk_{r-1}} \circ \sigma \circ \tau_{rk_{r-2}} \circ \cdots \circ \sigma \circ \tau_{rk_1} \circ \sigma \circ \tau_{rk_0}(p),$$

故解密算法为

$$p = E_k^{-1}(c)$$
$$= \left(\tau_{rk_{r-1}} \circ \sigma \circ \tau_{rk_{r-2}} \circ \cdots \circ \sigma \circ \tau_{rk_1} \circ \sigma \circ \tau_{rk_0} \right)^{-1}(c)$$
$$= \tau_{rk_0}^{-1} \circ \sigma^{-1} \circ \tau_{rk_1}^{-1} \circ \cdots \circ \sigma^{-1} \circ \tau_{rk_{r-2}}^{-1} \circ \sigma^{-1} \circ \tau_{rk_{r-1}}^{-1}(c)$$
$$= \tau_{rk_0} \circ \sigma^{-1} \circ \tau_{rk_1} \circ \cdots \circ \sigma^{-1} \circ \tau_{rk_{r-2}} \circ \sigma^{-1} \circ \tau_{rk_{r-1}}(c).$$

参考图 3.19, 用 io 表示正型置换 or 的逆变换, 即

$$y_{l(16)} \| y_{r(16)} = \mathrm{io}\left(x_{l(16)} \| x_{r(16)} \right) = \left(x_{l(16)} \oplus x_{r(16)} \right) \| x_{l(16)},$$

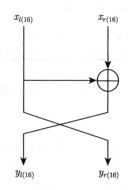

图 3.19　正型置换or的逆变换io

参考图 3.16, 定义 lmio64 变换如下

$$y_{(64)} = y_{(l(32))} \| y_{r(32)} = \mathrm{lmio64}\left(x_{r(32)} \| x_{r(32)}, rk_{(64)} \right)$$
$$= \mathrm{io}\left(x_{l(32)} \oplus \mathrm{f32}\left(x_{l(32)} \oplus x_{r(32)}, rk_{(64)} \right) \right) \|$$
$$\left(x_{r(32)} \oplus \mathrm{f32}\left(x_{l(32)} \oplus x_{r(32)}, rk_{(64)} \right) \right),$$

则不难验证

$$\mathrm{lmio64}(L\|R, K) = \sigma^{-1} \circ \tau_K(L, R),$$
$$\mathrm{lmid64}\left(L\|R, K \right) = \tau_K(L, R).$$

从而 FOX64/k/r 解密流程可以计算如下:

$$p_{(64)} = \mathrm{lmid64}\left(\mathrm{lmio64}\left(\cdots \mathrm{lmio64}\left(c_{(64)}, rk_{r-1(64)} \right), \cdots, rk_{1(64)} \right), rk_{0(64)} \right),$$

此时, 轮密钥的使用顺序为 $\left(rk_{r-1(64)}, \cdots, rk_{1(64)}, rk_{0(64)} \right)$.

密钥扩展方案

相比其他分组密码的密钥扩展方案而言, FOX 算法的密钥扩展方案采用了全新的设计思想. 根据分组长度和种子密钥长度的不同组合, FOX 算法有着不同的密钥扩展方案, 见表 3.30.

表 3.30 FOX 算法的密钥扩展方案

算法名称	分组长度	种子密钥长度	密钥扩展方案名称	常数 ek
FOX64	64	$0 \leqslant l \leqslant 128$	KS64	128
FOX64	64	$136 \leqslant l \leqslant 256$	KS64h	256
FOX128	128	$0 \leqslant l \leqslant 256$	KS128	256

下面主要介绍 FOX 算法的密钥扩展方案 KS64, 其他密钥扩展算法可参考文献 [10]. KS64 将 l 比特长的种子密钥 $k_{(l)}$ 扩展为 r 个轮密钥

$$rk_{(r \times 64)} = rk_{0(64)} || rk_{1(64)} || \cdots || rk_{r-2(64)} || rk_{r-1(64)},$$

可以采用如下的伪代码描述密钥扩展方案 KS64.

密钥扩展方案 KS64

---
if $l < ek$ then

    $pkey = \mathrm{P}(k)$

    $mkey = \mathrm{M}(pkey)$

else

    $pkey = k$

    $mkey = pkey$

end if

$i = 1$

while $i \leqslant r$ do

    $dkey = \mathrm{D}(mkey, i, r)$

    Output $rk_{i-1(64)} = \mathrm{NL64}(dkey)$

    $i = i + 1$

end while

下面分别介绍 KS64 的 4 个部分.

(1) 填充部分 (padding part) P.

P 将 l 比特种子密钥 k 扩充为 ek 比特 $pkey$: 如果 $l < ek$, 则在 $k_{(l)}$ 后面附接 256 比特常数 pad 的前 $ek - l$ 比特, 即

$$pkey = \mathrm{P}(k) = k || \mathrm{pad}_{[0 \cdots ek-l-1]},$$

其中常数 pad 为 $e - 2$(e 为自然底数) 小数部分二进制展开的前 256 比特; 如果 $l = 128$, 则 $pkey = k$.

(2) 混合部分 (mixing part) M.

M 的输入为 128 比特的变量 $pkey$, 输出为 128 比特的变量 $mkey$, 它将 $pkey$ 进行混合得到 $mkey$, 混合方式类似 Fibonacci 迭代过程, 描述如下:

如果 $l < ek$, 则

$$mkey_{i(8)} = pkey_{i(8)} \oplus \left(mkey_{i-1(8)} \boxplus mkey_{i-2(8)} \right), \quad 0 \leqslant i \leqslant \frac{ek}{8} - 1,$$

其中, $\boxplus$ 表示模 2^8 加法运算, 初始值 $mkey_{-2(8)} = \text{0x6a}$, $mkey_{-1(8)} = \text{0x76}$; 如果 $l = ek$, 则 $mkey = pkey = k$.

(3) 多化部分 (diversification part) D.

D 的输入是 128 比特变量 $mkey$、当前轮数 i 和总轮数 r, 输出是 128 比特变量 $dkey$. D 函数主要通过一个 24 比特的线性反馈移位寄存器 (linear feedback register, LFSR), 对变量 $mkey$ 进行修改而获得输出. $mkey$ 为 128 比特, 可视为 5 个 24 比特的数组 $mkey_{j(24)}$, $0 \leqslant j \leqslant 4$ 和一个字节 $mkeyrb_{(8)}$ 的级联. D 的定义如下:

$$dkey_{j(24)} = mkey_{j(24)} \oplus \text{LFSR}\left((i - 1) \cdot 5 + j, r \right), \quad 0 \leqslant j \leqslant 4,$$

$$dkeyrb_{(8)} = mkeyrb_{(8)} \oplus msb_8 \left(\text{LFSR}\left((i - 1) \cdot 5 + 5, r \right) \right),$$

其中 LFSR 的定义可参考文献 [10], $msb_8(\cdot)$ 表示取变量最高 8 位.

(4) 非线性部分 (non-linear part) NL64.

参考图 3.20, NL64 的输入为 128 比特变量 $dkey$, 输出为 64 比特的轮密钥 $rkey$, 分为以下 5 个步骤:

Step 1: $dkey$ 依次经过由 4 个并行的 sigma4 函数组成的混淆层, 由 4 个并行的 mu4 函数组成的扩散层和 mix64 函数.

Step 2: 将 Step 1 得到的变量与常数pad进行异或运算, 此时, 如果 $k = ek$, 则还需将异或得到的结果进行逐位取反.

Step 3: 将 Step 2 得到的结果再次通过 Step 1 中的混淆层, 将获得的 128 比特变量按照图 3.20 所示通过异或组合转化为 64 比特变量.

Step 4: 将 $dkey$ 的左半部分作为轮密钥, 利用 lmor64 变换对 Step 3 获得的结果进行加密.

Step 5: 将 $dkey$ 的右半部分作为轮密钥, 利用 lmid64 变换对 Step 4 获得的结果进行加密, 将该结果作为 $rkey$ 输出.

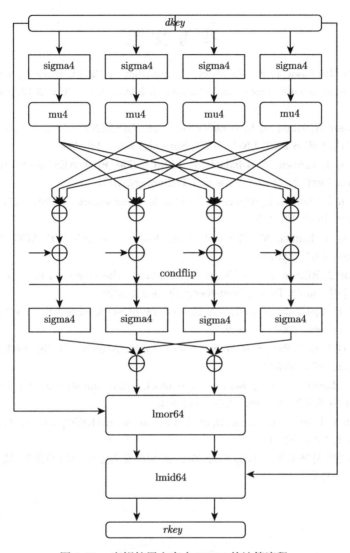

图 3.20　密钥扩展方案中 NL64 的计算流程

其中, Step 1 中的 mix64 函数将 4 个 32 比特的变量 $x_{0(32)}||x_{1(32)}||x_{2(32)}||x_{3(32)}$ 转化为 4 个 32 比特的变量 $y_{0(32)}||y_{1(32)}||y_{2(32)}||y_{3(32)}$，定义如下：

$$y_{0(32)} = x_{1(32)} \oplus x_{2(32)} \oplus x_{3(32)},$$

$$y_{1(32)} = x_{0(32)} \oplus x_{2(32)} \oplus x_{3(32)},$$

$$y_{2(32)} = x_{0(32)} \oplus x_{1(32)} \oplus x_{3(32)},$$

$$y_{3(32)} = x_{0(32)} \oplus x_{1(32)} \oplus x_{2(32)}.$$

参 考 文 献

[1] Aoki K, Ichikawa T, Kanda M, et al. Camellia: A 128-bit block cipher suitable for multiple platforms - design and analysis[C]. SAC 2000. LNCS, 2012, Springer, 2000: 39-56.

[2] Bogdanov A, Knudsen L, Leander G, et al. PRESENT: An ultra-lightweight block cipher[C]. CHES 2007. LNCS, 4727, Springer, 2007: 450-466.

[3] Daemen J, Rijmen V. Rijndael for AES[C]. The First AES candidate conference. National Institute of Standards and Technology, 2000.

[4] Daemen J, Knudsen L, Rijmen V. The block cipher square[C]. FSE 1997. LNCS, 1267, Springer, 1997: 149-165.

[5] Daemen J, Rijmen V. The wide trail design strategy[C]. IMACC. LNCS, 2260, Springer, 2001: 222-238.

[6] Daemen J, Rijmen V. The Design of Rijndael - The Advanced Encryption Standard (AES)[M] 2nd ed. Berlin, Heidelberg: Springer, 2020.

[7] Junod P, Vaudenay S. FOX : A new family of block ciphers[C]. SAC 2004. LNCS, 3357, Springer, 2004: 114-129.

[8] Kwon D, Kim J, Park S, et al. New block cipher: ARIA[C]. ICISC 2003. LNCS, 2971, Springer, 2003: 432-445.

[9] Lai X, Massey J. A proposal for a new block encryption standard[C]. EUROCRYPT 1990. LNCS, 473, Springer, 1990: 389-404.

[10] Rijmen V, Daemen J, Preneel B, et al. The cipher SHARK[C]. FSE 1996. LNCS, 1039, Springer, 1996: 99-111.

[11] 国家标准化管理委员会. GB/T 32907-2016 信息安全技术 SM4 分组密码算法 [S]. 北京: 中国质检出版社, 2016.

第 4 章　典型密码分析方法

典型密码分析方法有差分密码分析[1,3]、线性密码分析[40]、不可能差分密码分析[4,28]、零相关线性密码分析[9,11]、积分分析[10,17,22,29,60] 和中间相遇攻击[15] 等. 本章逐一介绍这些分析方法的基本原理.

4.1　差分密码分析的基本原理

Biham 和 Shamir 在 CRYPTO 1990 上第一次提出了对 DES 算法的差分攻击[1]. 鉴于此, *Journal of Cryptology* 在 1991 年以专刊方式详细刊登了 Biham 和 Shamir 的这项创新工作[3]. Springer 出版社也在 1993 年为 Biham 和 Shamir 的这项杰出工作出版专著[2], 介绍 DES 类密码的差分分析方法及其应用.

差分攻击属于选择明文攻击范畴, 是分析迭代型分组密码最有效的方法之一, 也是对 MD5 等 Hash 函数碰撞攻击[52-54] 的有效工具之一. 发展至今, 差分密码分析已经成为衡量一个分组密码安全性的重要方法之一. 差分密码分析的原理相对比较简单, 其本质上都是研究差分在加 (解) 密过程中的概率传播特性.

假设 $E_K = F_{K_r} \circ \cdots \circ F_{K_2} \circ F_{K_1}$ 为一个迭代型分组密码. 差分攻击的基本原理是, 通过挖掘 E_K 的性质, 找到一组差分对 δ_I 和 δ_O, 使得当明文对 (X_0, X_1) 满足 $X_0 \oplus X_1 = \delta_I$ 时, 密文差分 $E_K(X_0) \oplus E_K(X_1) = \delta_O$ 的概率与随机置换相比有明显的优势. 上述 δ_I 一般称为算法 E_K 的输入差分, δ_O 一般称为 E_K 的输出差分. 当输入差分为 δ_I 时, 输出差分为 δ_O 的概率一般简记为 $\Pr(\delta_I \to \delta_O)$.

一方面, 由于分组密码的扩散和混淆性质, 在给定输入差分 δ_I 的前提下, 直接计算 $\Pr(E_K(X) \oplus E_K(X \oplus \delta_I) = \delta_O)$ 一般不可行. 另一方面, 一轮变换的混淆和扩散相对较弱, 我们是有可能将一轮变换的密码学性质刻画得很清楚的.

首先研究线性变换的差分传播性质. 假设 L 是一个线性变换, 其输入差分为 δ_I, 则输出差分为

$$L(X) \oplus L(X \oplus \delta_I) = L(X) \oplus L(X) \oplus L(\delta_I) = L(\delta_I).$$

这说明, 对于线性变换而言, 其差分传播是确定的, 即当输入差分为 δ_I 时, 输出差分一定为 $L(\delta_I)$.

例 4.1 (分支变换的差分传播)　假设线性变换 L 定义为

$$L(X) = (X, X, \cdots, X),$$

即变换 L 将 X 复制了若干份, 则当输入差分为 δ 时, 输出差分为 $(\delta, \delta, \cdots, \delta)$. 即从差分传播的角度讲, L 同样将输入差分复制了相应的份数.

例 4.2 (异或变换的差分传播)　假设线性变换 L 定义为

$$L(X_0, X_1, \cdots, X_{t-1}) = X_0 \oplus X_1 \oplus \cdots \oplus X_{t-1},$$

即变换 L 将所有输入变量进行异或求和, 则当输入差分为 $(\delta_0, \delta_1, \cdots, \delta_{t-1})$ 时, 输出差分为 $\delta_0 \oplus \delta_1 \oplus \cdots \oplus \delta_{t-1}$. 即从差分传播的角度讲, L 同样将所有输入差分进行异或求和.

图 4.1 的左侧展示了分支变换, 右侧展示了异或变换.

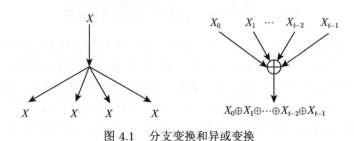

图 4.1　分支变换和异或变换

图 4.2 则分别展示了分支变换和异或变换的差分传播性质.

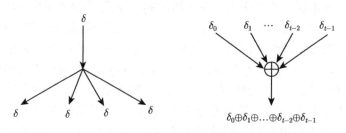

图 4.2　分支变换和异或变换差分传播

下面看非线性变换的差分传播性质. 一般而言, 在不知道非线性变换 S 代数性质的前提下, $S(X) \oplus S(X \oplus \delta_I)$ 的性质一般难以刻画. 但如果 S 的规模比较小 (比如 DES 算法 S 盒为 6 进 4 出, AES 算法 S 盒为 8 进 8 出), 则可通过列表的形式, 将输入差分 δ_I 对应的输出差分值及相应的概率给予明确刻画. 这个表一般称为差分分布表 (differential distribution table, DDT).

最后我们看白化密钥操作的差分传播性质, 即 $Y = X \oplus K$. 显然白化密钥操作不会改变输出差分值.

综上, 对于一轮变换 F_K, 我们是有可能在给定输入差分 δ_I 的前提下, 给出输出差分 δ_O 的分布, 并且找到一组输入输出差分对 (δ_I, δ_O), 使得 $\Pr(\delta_I \to \delta_O)$

最大.

下面回归到寻找差分对 (δ_I, δ_O), 使得对 $E_K = F_{K_r} \circ \cdots \circ F_{K_2} \circ F_{K_1}$ 而言, $\Pr(\delta_I \to \delta_O)$ 尽可能大这个问题. 由于轮函数的差分传播性质相对容易刻画, 对每个轮函数 F_{K_i} 而言, 我们可以找到 (δ_i, δ_{i+1}) 使得 $\Pr(\delta_i \to \delta_{i+1})$ 尽可能大. 从而, 寻找高概率差分对 (δ_I, δ_O) 的问题可以近似转化为寻找高概率差分链

$$\delta_I = \delta_0 \to \delta_1 \to \delta_2 \to \cdots \to \delta_{r-1} \to \delta_r = \delta_O,$$

基于独立密钥假设和马尔可夫假设[35], 进一步有如下近似:

$$\Pr(\delta_I \to \delta_O) \approx \Pr(\delta_0 \to \delta_1 \to \cdots \to \delta_{r-1} \to \delta_r) \approx \prod_{i=0}^{r-1} \Pr(\delta_i \to \delta_{i+1}).$$

在设计密码算法时, 我们通常需要给出算法针对差分攻击的可证明安全, 一个最主要的方法就是说明算法最长差分特征概率足够低. 显然这个特征的概率与算法 S 盒的差分分布息息相关. 在给定 S 盒差分分布的前提下, 对于给定算法 E 和轮数 r, 我们可以用如下方法估计算法最长差分特征概率:

$$EDP(E, r) \leqslant p_{\max}^D,$$

其中 $p_{\max}$ 表示 S 盒的最大差分传播概率, D 表示 r 轮迭代结构 $\mathcal{E}$ 的差分特征所涉及的 S 盒数目 (差分活跃 S 盒) 下界. 注意到尽管 $p_{\max}$ 由 S 盒确定, D 是由 r 和 $\mathcal{E}$ 唯一确定的, 与 S 盒无关. 这实际上就是宽轨迹策略[18] 的基本思想: 在较短的轮数内, 让差分活跃 S 盒, 即输入差分非零 S 盒的数目尽可能多.

由于本书涉及差分分析的内容较少, 更多的一些技术细节本书不做赘述, 感兴趣的读者可以参考文献 [12, 16, 27, 34–36, 41].

4.2　线性密码分析的基本原理

日本学者 Matsui 在 EUROCRYPT 1993 上提出了对 DES 算法的一种新的攻击方法, 即线性密码分析[40]. 同年的 CRYPTO 上, Matsui 发现了 DES 算法中两条新的线性逼近关系, 他利用这两条新的逼近关系对全轮 DES 算法进行攻击, 并引入了纠错码中的阵列译码思想来优化攻击过程. 在动用 12 台工作站, 花费 50 天左右的时间后, Matsui 成功地破译了 DES 算法. 这是公开文献中第一个对 DES 算法的实验分析结果[42].

与差分密码分析不同的是, 线性密码分析属于已知明文攻击的范畴, 它通过研究明文和密文间的线性关系来恢复密钥. 经过十几年的发展和完善, 线性密码分析方法也已经成为现代分组密码设计时必须参考的重要准则.

假设 $E_K = F_{K_r} \circ \cdots \circ F_{K_2} \circ F_{K_1}$ 为一个迭代型分组密码. 线性分析的基本原理是, 通过挖掘 E_K 的性质, 找到掩码对 (λ_I, λ_O), 使得 $\lambda_I^{\mathrm{T}} X \oplus \lambda_O^{\mathrm{T}} E_K(X) = 0$ 的概率与随机置换相比有明显的优势. 上述 λ_I 一般称为算法 E_K 的输入掩码, λ_O 一般称为 E_K 的输出掩码. 当输入掩码为 λ_I 时, 输出掩码为 λ_O 的相关性一般定义为

$$c(\lambda_I \to \lambda_O) = 2\mathrm{Pr}\left(\lambda_I^{\mathrm{T}} X \oplus \lambda_O^{\mathrm{T}} E_K(X) = 0\right) - 1.$$

对于随机置换, 上式应该为 0. 所以, 对于一个密码算法, 总是希望找到 (λ_I, λ_O), 使得 $|c(\lambda_I \to \lambda_O)|$ 尽可能大.

一方面, 由于分组密码的扩散和混淆性质, 在给定输入掩码 λ_I 和输出掩码 λ_O 的前提下, 直接计算 $c(\lambda_I \to \lambda_O)$ 一般不可行. 另一方面, 一轮变换的混淆和扩散相对较弱, 我们同样有可能将一轮变换的线性密码学性质刻画得很清楚.

首先研究线性变换的线性传播性质. 假设 L 是一个线性变换, 其输入掩码为 λ_I, 输出掩码为 λ_O. 则

$$\lambda_I^{\mathrm{T}} X \oplus \lambda_O^{\mathrm{T}}(LX) = \left(\lambda_I^{\mathrm{T}} \oplus \lambda_O^{\mathrm{T}} L\right) X.$$

该式中, 若 $\lambda_I^{\mathrm{T}} \oplus \lambda_O^{\mathrm{T}} L = 0$, 则 $c(\lambda_I \to \lambda_O) = 1$; 若 $\lambda_I^{\mathrm{T}} \oplus \lambda_O^{\mathrm{T}} L \neq 0$, 则 $c(\lambda_I \to \lambda_O) = 0$. 这说明, 对于线性变换而言, 其线性传播是确定的. 即当输出掩码为 λ_O 时, 输入掩码一定为 $L^{\mathrm{T}}\lambda_O$. 需要注意的是, 确定线性变换的差分性质, 一般从输入差分确定输出差分; 但确定其线性性质时, 通常由输出掩码来确定输入掩码.

例 4.3 (分支变换的线性传播) 假设线性变换 L 定义为

$$L(X) = (X, X, \cdots, X),$$

即变换 L 将 X 复制了若干份. 则当输入掩码为 λ 时, 输出掩码为 $(\lambda_0, \lambda_1, \cdots, \lambda_{t-1})$, 满足 $\lambda_0 \oplus \lambda_1 \oplus \cdots \oplus \lambda_{t-1} = \lambda$.

理由如下: L 可写成如下矩阵形式:

$$L = \begin{bmatrix} I \\ I \\ \vdots \\ I \end{bmatrix}.$$

因此, 当输出掩码为 $(\lambda_0, \lambda_1, \cdots, \lambda_{t-1})$ 时, 输入掩码必为

$$[I, I, \cdots, I](\lambda_0, \lambda_1, \cdots, \lambda_{t-1}) = \lambda_0 \oplus \lambda_1 \oplus \cdots \oplus \lambda_{t-1} = \lambda.$$

例 4.4 (异或变换的线性传播) 假设线性变换 L 定义为

$$L(X_0, X_1, \cdots, X_{t-1}) = X_0 \oplus X_1 \oplus \cdots \oplus X_{t-1},$$

即变换 L 将所有输入变量进行异或求和. 则当输入掩码为 $(\lambda_0, \lambda_1, \cdots, \lambda_{t-1})$ 时, 为使相关性非零, 则必有 $\lambda_0 = \lambda_1 = \cdots = \lambda_{t-1}$, 其输出掩码为 $\lambda = \lambda_0$.

理由如下: L 可写成如下矩阵形式:

$$L = [I, I, \cdots, I].$$

因此, 当输出掩码为 λ 时, 输入掩码必为

$$\begin{bmatrix} I \\ I \\ \vdots \\ I \end{bmatrix} \lambda = \begin{bmatrix} \lambda \\ \lambda \\ \vdots \\ \lambda \end{bmatrix}.$$

图 4.3 展示了分支变换和异或变换的线性传播性质.

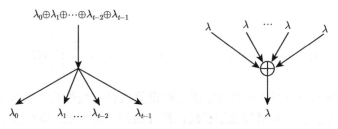

图 4.3   分支变换和异或变换线性传播

对照图 4.2 和图 4.3 可以发现, 分支变换的差分传播与异或变换的线性传播类似, 分支变换的线性传播与异或变换的差分传播类似, 这种对偶性在密码分析中具有十分重要的应用, 我们将在后续章节进一步研究这种对偶关系.

下面看非线性变换的线性传播性质. 一般而言, 在不知道非线性变换 S 代数性质的前提下, $\lambda_I^{\mathrm{T}} X \oplus \lambda_O^{\mathrm{T}} S(X)$ 的性质难以刻画. 但如果 S 的规模比较小, 则同样可通过列表的形式, 将输入掩码 λ_I 和输出掩码 λ_O 对应的相关性给予明确刻画. 这个表一般称为线性分布表 (linear approximation table, LAT).

最后我们研究白化密钥操作的差分传播性质, 即 $Y = X \oplus K$. 显然白化密钥操作不会改变相关性的值, 但是可能会改变相关性的符号.

综上, 对于一轮变换 F_K, 我们也是有可能找到一组输入输出掩码对 (λ_I, λ_O), 使得相应的 $|c(\lambda_I \to \lambda_O)|$ 最大.

下面回归到寻找掩码对 (λ_I, λ_O), 使得对 $E_K = F_{K_r} \circ \cdots \circ F_{K_2} \circ F_{K_1}$ 而言, $|c(\lambda_I \to \lambda_O)|$ 尽可能大这个问题. 由于轮函数的线性传播性质相对容易刻画, 对每个轮函数 F_{K_i} 而言, 我们可以找到 $(\lambda_i, \lambda_{i+1})$ 使得 $|c(\lambda_i \to \lambda_{i+1})|$ 尽可能大. 从而, 寻找高相关性掩码对 (λ_I, λ_O) 的问题可以近似转化为寻找高相关性线性路径

$$\lambda_I = \lambda_0 \to \lambda_1 \to \lambda_2 \to \cdots \to \lambda_{r-1} \to \lambda_r = \lambda_O.$$

单轮的相关性与多轮的相关性可根据如下引理计算:

引理 4.1 (堆积引理) 假设 $X_0, X_1, \cdots, X_{t-1}$ 是 $\mathbb{F}_2$ 上 t 个相互独立的随机变量. 设 $\Pr(X_i = 0) = \dfrac{1}{2} + \epsilon_i$, ϵ_i 称为偏差, 其中 $i = 0, 1, \cdots, t-1$, 则

$$\Pr(X_0 \oplus X_1 \oplus \cdots \oplus X_{t-1} = 0) = \frac{1}{2} + 2^{t-1} \prod_{i=0}^{t-1} \epsilon_i.$$

从而类似于差分密码分析, 我们有如下近似:

$$\epsilon(\lambda_0 \to \lambda_r) \approx \epsilon(\lambda_0 \to \lambda_1 \to \cdots \to \lambda_{r-1} \to \lambda_r) \approx 2^{r-1} \prod_{i=0}^{r-1} \epsilon(\lambda_i \to \lambda_{i+1})$$

或

$$c(\lambda_0 \to \lambda_r) \approx c(\lambda_0 \to \lambda_1 \to \cdots \to \lambda_{r-1} \to \lambda_r) \approx \frac{1}{2} \prod_{i=0}^{r-1} c(\lambda_i \to \lambda_{i+1}).$$

在设计密码算法时, 我们通常需要给出算法针对线性攻击的可证明安全, 一个最主要的方法就是说明算法最长线性路径的偏差足够低. 显然这个路径的偏差与算法 S 盒的线性分布紧密相关. 在给定 S 盒线性分布的前提下, 对于给定算法 E 和轮数 r, 根据堆积引理可知, r 轮线性偏差与 $l_{\max}^D$ 相关, 其中 $l_{\max}$ 表示 S 盒的最大线性传播偏差, D 表示 r 轮迭代结构 $\mathcal{E}$ 的线性路径所涉及的 S 盒数目（线性活跃 S 盒）下界. 注意到尽管 $l_{\max}$ 由 S 盒确定, 但 D 是由 r 和 $\mathcal{E}$ 唯一确定的, 与 S 盒无关. 与差分分析类似, 这实际上也是宽轨迹策略[18]的基本思想: 在较短的轮数内, 让线性活跃 S 盒的数目尽可能多.

由于本书涉及线性分析的内容较少, 更多的一些技术细节本书不做赘述, 感兴趣的读者可以参考文献 [6, 13, 24, 41].

4.3 不可能差分密码分析的基本原理

目前学术界有很多密码分析方法, 如前文所述差分密码分析和线性密码分析, 需要密码分析者对算法的非线性部分进行充分地研究, 比如构造 DDT 和 LAT 等.

有些密码分析方法则不然, 这些分析方法不需要挖掘密码算法非线性组件的细节, 比如在对部分密码如 AES 算法的不可能差分分析中, 只需算法的非线性组件是置换即可. 由此, 我们给出如下定义:

定义 4.1 结构密码分析方法是指不需要研究算法非线性组件性质的密码分析方法的统称. 换言之, 由结构密码分析方法推导的区分器与算法非线性组件的选取无关, 此时我们称此类区分器为密码结构的区分器.

从本节开始, 我们将逐个介绍不可能差分分析、零相关线性分析、积分攻击、中间相遇攻击等典型结构密码分析方法的基本原理.

不可能差分分析属于差分密码分析的范畴, 由 Biham 等[4] 和 Knudsen[28] 独立提出. 不可能差分攻击通过寻找不可能出现即概率为 0 的差分来刻画算法的非随机性. Knudsen 指出, DEAL 算法存在 "天然的 5 轮不可能差分", 从而基于此构造的密码方案均不安全. Biham 等分别在 EUROCRYPT 1999 和 FSE 1999 上系统提出不可能差分的概念并系统讲述了利用 "中间相错" (Miss-in-the-Middle) 的方法[4,5] 寻找不可能差分的技术. 在非相关密钥攻击模型下, 不可能差分攻击是针对很多密码算法最有效的分析手段.

定义 4.2 (不可能差分) 设函数 f 定义 $\mathbb{F}_2^n$ 上. 若对 $\alpha, \beta \in \mathbb{F}_2^n$, 方程

$$f(x \oplus \alpha) \oplus f(x) = \beta$$

在 $\mathbb{F}_2^n$ 中无解, 则称 $\alpha \to \beta$ 是函数 f 的不可能差分.

令 $g(x) = f(x) \oplus f(x \oplus \alpha)$. 由于 $g(x) = g(x \oplus \alpha)$, 故 $\#\{g(x) | x \in \mathbb{F}_2^n\} \leqslant \frac{1}{2} \times 2^n = 2^{n-1}$, 即对于选定的 $\alpha \in \mathbb{F}_2^n$, $\mathbb{F}_2^n$ 中最多有一半元素 β 使得 $f(x \oplus \alpha) \oplus f(x) = \beta$ 有解. 换言之, 对于任意 $\alpha \in \mathbb{F}_2^n$ 和给定的 f, 总存在 $\beta \in \mathbb{F}_2^n$ 使得 $\alpha \to \beta$ 是 f 的不可能差分.

现有大部分密码算法都是基于特征为 2 的有限域构造的, 因此一定存在不可能差分. 但对于给定的分组密码 E_k, 判断给定的差分对 (α, β) 是不是不可能差分一般是很困难的. 另外, (α, β) 的可能性与密钥 k 紧密相关, 即是说, 对于某些密钥而言, (α, β) 是可能的差分, 对于其他密钥而言, (α, β) 是不可能差分. 由于密码攻击者不知道密钥 k 的信息, 因此在实际算法中, 我们一般考虑的是与密钥 k 无关的不可能差分.

寻找不可能差分通常利用 "中间相错法", 即从加密方向看, 差分 α 经过 r_0 轮加密后得到差分集 γ_0; 从解密方向看, 差分 β 经过 r_1 轮解密后得到差分集合 γ_1. 但两个集合 γ_0 和 γ_1 存在矛盾, 从而可以判断 $\alpha \to \beta$ 是一条 $r_0 + r_1$ 轮不可能差分.

在实际中, 输入差分和输出差分的可能性太多, 我们不可能靠 "人工" 逐个

地去验证每一条差分的可能性, 尤其是对于加密结构比较复杂的算法. 文献 [30] 给出了一个普遍的方法, 叫做 $\mathcal{U}$ 方法. 该方法可以借助计算机找到大多数分组密码结构的天然不可能差分, 当然, 结合算法的具体特性, 经过更细致的分析是可能得到更多不可能差分的. 经过多年的研究, 密码学界目前在自动搜索密码结构/算法的不可能差分取得了长足的进展[37,39,56,57]. 比如借助 MILP[43] 和 SAT[44] 等求解工具, 对于给定的密码算法, 这些工具能够给出算法几乎所有不可能差分的刻画.

通过对现有算法的总结可以发现, 判断 $\alpha \to \beta$ 是否为 $(r_1 + r_2)$ 轮密码结构 $\mathcal{E}$ 的不可能差分, 其流程可归结如下[48].

Step 1: 根据差分传播规则, 进行正向 r_1 轮加密, 得到第 r_1 轮的输出差分集 Δ_E;

Step 2: 根据差分传播规则, 进行反向 r_2 轮解密, 得到第 r_2 轮的输入差分集 Δ_D;

Step 3: 判断是否存在线性变换 $\mathcal{L}$, 使得 $\mathcal{L}(\Delta_E \oplus \Delta_D)$ 为一个非零变量, 若存在, 则 $\alpha \to \beta$ 是不可能差分.

上述 Step 3 实际上就是在求解线性方程组 $\Delta_E = \Delta_D$. 因此, 若有线性变换 $\mathcal{L}$ 使得 $\mathcal{L}(\Delta_E \oplus \Delta_D)$ 为一个非零变量, 则该方程显然无解.

下面, 我们以 Feistel 结构和 AES 算法为例, 介绍利用中间相错法构造不可能差分的细节.

例 4.5 (轮函数为双射的 Feistel 结构 5 轮不可能差分)　$(\alpha, 0) \to (\alpha, 0)$ 是轮函数为双射的 Feistel 结构 5 轮不可能差分, 其中 $\alpha \neq 0$.

证明　参考图 4.4, 首先, 从加密方向研究差分的传播特性:

假设输入差分为 $(\alpha, 0)$. 则根据 Feistel 结构特点可知, 第 1 轮的输出差分为 $(0, \alpha)$. 由于轮函数是置换, 因此当输入存在差分 α 时, 输出一定存在非零差分 β. 从而第 2 轮的输出差分为 (α, β), 其中 $\beta \neq 0$. 同样, 当轮函数输入存在非零差分 β 时, 输出一定存在非零差分 γ. 从而第 3 轮的输出差分为 $\Delta_E = (\beta, \alpha \oplus \gamma)$.

其次, 从解密方向看差分的传播:

假设第 5 轮的输出差分为 $(\alpha, 0)$, 则第 4 轮的输出差分为 $(\alpha, 0)$. 从而第 3 轮的输出差分必定为 $\Delta_D = (\phi, \alpha)$.

故 $\Delta_E \oplus \Delta_D = (\beta \oplus \phi, \gamma)$. 令 $\mathcal{L}$ 对应的矩阵为 $L = [O, I_b]$, 其中 I_b 表示 $b \times b$ 的单位矩阵. 则

$$\mathcal{L}(\Delta_E \oplus \Delta_D) = [O, I_b] \begin{bmatrix} \beta \oplus \phi \\ \gamma \end{bmatrix} = \gamma.$$

注意到 γ 恒非零, 从而命题得证. □

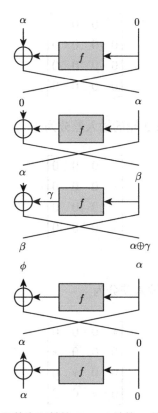

图 4.4 轮函数为双射的 Feistel 结构 5 轮不可能差分

上述证明只用到了轮函数是双射这一性质, 因此对于轮函数是双射的 Feistel 密码而言, 上述 5 轮的不可能差分总存在.

4 轮 AES 算法有很多不可能差分, 我们给出其中一条, 并说明其不可能性:

例 4.6 (AES 算法 4 轮不可能差分)

$$
\begin{bmatrix} \delta & 0 & 0 & 0 \\ 0 & 0 & 0 & 0 \\ 0 & 0 & 0 & 0 \\ 0 & 0 & 0 & 0 \end{bmatrix} \xrightarrow{4} \begin{bmatrix} 0 & \delta_0 & \delta_1 & \delta_2 \\ \delta_3 & \delta_4 & \delta_5 & 0 \\ \delta_6 & \delta_7 & 0 & \delta_8 \\ \delta_9 & 0 & \delta_{10} & \delta_{11} \end{bmatrix}
$$

是 4 轮 AES 算法 (最后一轮不包含列混合变换) 的不可能差分, 其中 $\delta \neq 0$, $\delta_i \in \mathbb{F}_2^8$ 为任意差分.

证明　首先, 从加密方向考虑, 第 1 轮输入差分为

$$\begin{bmatrix} \delta & 0 & 0 & 0 \\ 0 & 0 & 0 & 0 \\ 0 & 0 & 0 & 0 \\ 0 & 0 & 0 & 0 \end{bmatrix},$$

则第 1 轮的输出差分也即第 2 轮的输入差分为

$$\begin{bmatrix} * & 0 & 0 & 0 \\ * & 0 & 0 & 0 \\ * & 0 & 0 & 0 \\ * & 0 & 0 & 0 \end{bmatrix},$$

其中 $*$ 表示非零差分.

因此, 第 2 轮列混合的输入差分为

$$\begin{bmatrix} * & 0 & 0 & 0 \\ 0 & 0 & 0 & * \\ 0 & 0 & * & 0 \\ 0 & * & 0 & 0 \end{bmatrix}.$$

根据列混合的性质可知, 第 2 轮列混合的输出差分, 也即第 3 轮的输入差分为

$$\begin{bmatrix} * & * & * & * \\ * & * & * & * \\ * & * & * & * \\ * & * & * & * \end{bmatrix}.$$

从解密方向看, 第 4 轮的输出差分为

$$\begin{bmatrix} 0 & \delta_0 & \delta_1 & \delta_2 \\ \delta_3 & \delta_4 & \delta_5 & 0 \\ \delta_6 & \delta_7 & 0 & \delta_8 \\ \delta_9 & 0 & \delta_{10} & \delta_{11} \end{bmatrix},$$

则第 4 轮的输入差分为

$$\begin{bmatrix} 0 & * & * & * \\ 0 & * & * & * \\ 0 & * & * & * \\ 0 & * & * & * \end{bmatrix},$$

从而第 3 轮的输入差分为

$$\begin{bmatrix} 0 & * & * & * \\ * & 0 & * & * \\ * & * & 0 & * \\ * & * & * & 0 \end{bmatrix}.$$

这与上面的分析矛盾. 故该命题中的 4 轮差分是不可能的. □

4.4 零相关线性分析的基本原理

零相关线性密码分析由 Bogdanov 等[9] 提出. 尽管从定义上看, 不可能差分与零相关线性掩码均与算法 S 盒相关, 但在实际分析时, S 盒的性质很难被用于构造这些区分器, 用于实际分析的不可能差分和零相关线性掩码与算法的 S 盒几乎不相关, 区分器的形式由密码算法的线性组件决定.

通过对现有算法的总结可以发现, 判断 $\alpha \to \beta$ 是否为 $r_1 + r_2$ 轮密码结构 $\mathcal{E}$ 的零相关线性掩码, 其流程可归结如下.

Step 1: 根据线性传播规则, 进行正向 r_1 轮加密, 得到第 r_1 轮的输出掩码集 Δ_E;

Step 2: 根据掩码传播规则, 进行反向 r_2 轮解密, 得到第 r_2 轮的输出掩码集 Δ_D;

Step 3: 判断是否存在线性变换 $\mathcal{L}$, 使得 $\mathcal{L}(\Delta_E \oplus \Delta_D)$ 为一个非零变量. 若存在, 则 $\alpha \to \beta$ 是零相关线性掩码.

上述第 3 步实际上就是在求解线性方程组 $\Delta_E = \Delta_D$. 因此, 若有线性变换 $\mathcal{L}$ 使得 $\mathcal{L}(\Delta_E \oplus \Delta_D)$ 为一个非零变量, 则该方程显然无解.

例 4.7 (轮函数为双射的 Feistel 结构 5 轮零相关线性掩码) $(0, \alpha) \to (0, \alpha)$ 是轮函数为双射的 Feistel 结构 5 轮零相关线性掩码, 其中 $\alpha \neq 0$.

证明 参考图 4.5. 首先从加密方向研究掩码的传播特性:

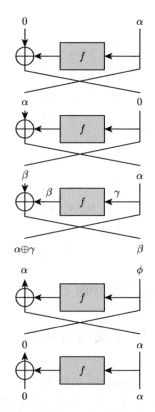

图 4.5　轮函数为双射的 Feistel 结构 5 轮零相关线性掩码

假设输入掩码为 $(0, \alpha)$. 则根据 Feistel 结构特点可知, 第 1 轮的输出掩码为 $(\alpha, 0)$. 由于轮函数是置换, 因此当 f 的输出存在非零掩码 α 时, 输入一定存在非零掩码 β. 从而第 2 轮的输出掩码为 (β, α), 其中 $\beta \neq 0$. 同样, 当轮函数输出存在非零掩码 β 时, 输入一定存在非零掩码 γ. 从而第 3 轮的输出掩码为 $\Delta_E = (\alpha \oplus \gamma, \beta)$.

其次, 从解密方向看掩码的传播:

假设第 5 轮的输出掩码为 $(0, \alpha)$, 则第 4 轮的输出掩码为 $(0, \alpha)$. 从而第 3 轮的输出掩码必定为 $\Delta_D = (\alpha, \phi)$.

故 $\Delta_E \oplus \Delta_D = (\gamma, \beta \oplus \phi)$. 令 $\mathcal{L}$ 对应的矩阵为 $L = \begin{bmatrix} I_b & 0 \end{bmatrix}$, 则

$$\mathcal{L}(\Delta_E \oplus \Delta_D) = \begin{bmatrix} I_b & 0 \end{bmatrix} \begin{bmatrix} \gamma \\ \beta \oplus \phi \end{bmatrix} = \gamma.$$

注意到 γ 恒非零, 从而命题得证.   □

从以上例子可以看出, 5 轮 Feistel 结构的不可能差分和零相关线性掩码之间存在一定的类似性. 后续章节我们将进一步研究这种内在的类似性.

同样, 4 轮 AES 算法有很多形式各异的零相关线性掩码. 我们给出其中一条:

例 4.8 (AES 算法 4 轮零相关线性掩码)

$$\begin{bmatrix} \delta & 0 & 0 & 0 \\ 0 & 0 & 0 & 0 \\ 0 & 0 & 0 & 0 \\ 0 & 0 & 0 & 0 \end{bmatrix} \xrightarrow{4} \begin{bmatrix} 0 & \delta_0 & \delta_1 & \delta_2 \\ \delta_3 & \delta_4 & \delta_5 & 0 \\ \delta_6 & \delta_7 & 0 & \delta_8 \\ \delta_9 & 0 & \delta_{10} & \delta_{11} \end{bmatrix}$$

是 4 轮 AES 算法 (最后一轮不包含列混合变换) 的零相关线性掩码, 其中 $\delta \neq 0$, $\delta_i \in \mathbb{F}_2^8$ 为任意掩码.

该性质的证明与 4 轮不可能差分类似, 此处不再赘述.

有关零相关线性分析的优化技术可以参考文献 [7, 8, 11].

4.5 积分攻击的基本原理

积分攻击是选择明文攻击的一种, 由 Knudsen 等[29] 在总结 Square 攻击[17]、Saturation 攻击[33] 和 Multiset 攻击[10] 的基础上提出的一种密码分析方法, 该方法是继差分密码分析和线性密码分析后, 密码学界公认的最有效的密码分析方法之一. Square 攻击是由 Daemen 等针对分组密码 SQUARE 算法提出的一种攻击方法, 这种攻击方法更多地与算法的结构有关, 只需要算法采用的非线性变换是满射, 而与算法部件的具体取值关系不大. 作为主要分析针对面向字节运算算法安全性的密码分析方法, Square 攻击从其出现就受到了学术界广泛关注. 2001 年, Lucks 在分析 Twofish 算法的安全性时, 首次将 Square 攻击的思想和方法用于 Feistel 类密码, 提出了 Saturation 攻击; 同年, Biryukov 和 Shamir 在分析 SPN 结构安全性时提出了 Multiset 攻击, 并指出, 对于一个 4 轮 SPN 密码而言, 即使算法采用的 S 盒和线性变换都不公开, 利用 Multiset 攻击的思想, 仍可恢复出一个与原算法等价的算法.

积分攻击的最主要环节是寻找积分区分器. 在寻找一个算法的积分区分器时, 通常只需算法的非线性组件是双射即可. 因此传统积分攻击的方法对基于比特运算设计的密码算法 (如 PRESENT 算法) 是无效的. 鉴于此, Z'aba 等在 FSE 2008 上首次提出了基于比特的积分攻击方法, 其实质就是一种计数的方法. 通过确定特定比特位上元素出现次数的奇偶性来确定该比特位上所有值的异或值, 并由此判断该位置上比特的平衡性[60].

在特征为 2 的有限域上, 高阶差分就是在一个特定的线性子空间上求和. 因此, 积分与高阶差分存在紧密关联, 通常积分被认为是一种高阶差分, 而高阶差分又与布尔函数的代数次数紧密关联. 所以, 构造积分区分器可通过计算布尔函数的代数次数得到. Todo 在 EUROCRYPT 2015 上提出的布尔函数的可分性[51] 本质上是一种计算布尔函数代数次数的方法, 故自提出起就受到了密码学界的广泛关注, 得到了一系列比较好的密码分析结果.

积分攻击通过对满足特定形式的明文加密, 然后对密文求和 (称之为积分), 通过积分值的不随机性将一个密码算法与随机置换区分开.

定义 4.3 (积分) 函数 $f(x)$ 在集合 V 上的积分定义为

$$\int_V f = \sum_{x \in V} f(x).$$

通常在找到 r 轮积分区分器后, 为方便攻击, 我们需要将区分器的轮数进行扩展. 这就是高阶积分的概念:

定义 4.4 (高阶积分) 设 $f: A_1 \times A_2 \times \cdots \times A_k \to G, V_i \subseteq A_i, i = 1, 2, \cdots, k.$ 则 f 在 $V_1 \times V_2 \times \cdots \times V_k$ 上的 k 阶积分定义为

$$\int_{V_1 \times V_2 \times \cdots \times V_k} f = \sum_{x_1 \in V_1} \sum_{x_2 \in V_2} \cdots \sum_{x_k \in V_k} f(x_1, x_2, \cdots, x_k).$$

例 4.9 若对任意常数 c_1, c_2 和 c_3, f 的一阶积分为 $\sum_x f(x, c_1, c_2, c_3) = 0.$ 则 f 的二阶积分为

$$\sum_x \sum_y f(x, y, c_2, c_3) = \sum_y \left(\sum_x f(x, y, c_2, c_3) \right) = 0.$$

积分攻击的主要目的就是找到特定的集合 V, 对于相应的密文 $c(x)(x \in V)$, 计算相应的积分值 $\int_V c(x).$

计算积分值通常有如下三种方法: 一是传统经验判断方法; 二是代数方法; 三是基于比特积分所采用的计数方法.

经验判断法

我们给出以下若干定义. 这些定义是 Daemen 等分析 Square 密码安全性时提出的, 其中术语 "集合" 中的元素可以重复, 这也就是后来 "Multiset 攻击" 名称的由来.

定义 4.5 如果定义在 $\mathbb{F}_{2^b}$ 上的集合 $A = \{x_i | 0 \leqslant i \leqslant 2^b - 1\}$ 对任意 $i \neq j$, 均有 $x_i \neq x_j$, 则称 A 为 $\mathbb{F}_{2^b}$ 上的活跃集; 如果定义在 $\mathbb{F}_{2^b}$ 上的集合 $B = \{x_i | 0 \leqslant i \leqslant 2^b - 1\}$ 满足 $\sum_{i=0}^{2^b - 1} x_i = 0$, 则称 B 为 $\mathbb{F}_{2^b}$ 上的平衡集; 如果定义在 $\mathbb{F}_{2^b}$ 上的集合 $C = \{x_i | 0 \leqslant i \leqslant 2^b - 1\}$, 对任意 i 均有 $x_i = x_0$, 则称 C 为 $\mathbb{F}_{2^b}$ 上的稳定集.

下面给出上述集合的一些常用性质, 也即寻找一个算法积分区分器时所遵循的基本原则.

性质 4.1 不同性质字集间的运算满足如下性质:

(1) 活跃/稳定字集通过双射 (如可逆 S 盒, 密钥加) 后, 仍然是活跃/稳定的.

(2) 平衡字集通过非线性双射, 通常无法确定其性质.

(3) 活跃字集与活跃字集的和不一定为活跃字集, 但一定是平衡字集; 活跃字集与稳定字集的和仍然为活跃字集; 两个平衡字集的和为平衡字集.

证明 我们只给出活跃字集的和为平衡字集的证明, 其他性质的证明比较简单, 请读者自行完成. 设 $X = \{x_i | 0 \leqslant i \leqslant 2^b - 1\}$ 和 $Y = \{y_j | 0 \leqslant j \leqslant 2^b - 1\}$ 均为活跃字集, 则

$$\sum_{i=0}^{2^b - 1} (x_i \oplus y_i) = \sum_{i=0}^{2^b - 1} x_i \oplus \sum_{i=0}^{2^b - 1} y_i = \sum_{x \in \mathbb{F}_{2^b}} x \oplus \sum_{y \in \mathbb{F}_{2^b}} y = 0,$$

即 X 和 Y 的和为平衡字集. □

上述性质中, 第二条是寻找积分区分器的瓶颈. 如果能确定平衡集通过 S 盒后的性质, 那就有可能寻找到更多轮数的积分区分器. 这就是代数方法和计数器方法所研究的内容.

下面我们首先介绍 AES 算法 3 轮积分区分器, 其中 A, B 和 C 分别代表活跃字集、平衡字集和稳定字集.

例 4.10 (AES 算法 3 轮积分区分器) 若 AES 算法的输入只有一个活跃字节, 其他字节都是稳定字节, 则第 3 轮输出的每个字节都是平衡字节.

证明 不失一般性, 假设 AES 算法的输入为

$$\begin{bmatrix} A & C & C & C \\ C & C & C & C \\ C & C & C & C \\ C & C & C & C \end{bmatrix},$$

根据性质 4.1, 第 1 轮的输出为

$$\begin{bmatrix} A & C & C & C \\ A & C & C & C \\ A & C & C & C \\ A & C & C & C \end{bmatrix},$$

从而第 2 轮的输出为

$$\begin{bmatrix} A & A & A & A \\ A & A & A & A \\ A & A & A & A \\ A & A & A & A \end{bmatrix},$$

根据性质 4.1, 密钥加、S 盒和行移位运算保持字节的活跃性, 故第 3 轮行移位运算后的状态依然为

$$\begin{bmatrix} A & A & A & A \\ A & A & A & A \\ A & A & A & A \\ A & A & A & A \end{bmatrix},$$

从而第 3 轮的输出为

$$\begin{bmatrix} B & B & B & B \\ B & B & B & B \\ B & B & B & B \\ B & B & B & B \end{bmatrix}.$$

因此第 3 轮输出的每个字节都是平衡字节.   □

例 4.11 (AES 算法 4 轮积分区分器)   在 AES 算法 3 轮积分区分器基础上, 利用高阶积分的方法, 可以得到如下 4 轮积分区分器, 输入明文为如下形式:

$$P = \begin{bmatrix} x & C_4 & C_8 & C_{12} \\ C_1 & y & C_9 & C_{13} \\ C_2 & C_6 & z & C_{14} \\ C_3 & C_7 & C_{11} & w \end{bmatrix}, \tag{4.1}$$

其中 (x, y, z, w) 遍历 $\mathbb{F}_{2^8}^4$, C_i 均为常数. 根据 AES 算法的加密流程可知, 第 2 轮

的输入为

$$P^* = \begin{bmatrix} x^* & D_4 & D_8 & D_{12} \\ y^* & D_5 & D_9 & D_{13} \\ z^* & D_6 & D_{10} & D_{14} \\ w^* & D_7 & D_{11} & D_{15} \end{bmatrix},$$

其中 (x^*, y^*, z^*, w^*) 遍历 $\mathbb{F}_{2^8}^4$. D_i 均为常数. 根据 AES 算法 3 轮积分区分器可知, 对于 (y^*, z^*, w^*) 的任意一组取值, P^* 经过 3 轮加密后每个字节均平衡. 因此如果按照式 (4.1) 选择明文, 则第 4 轮输出的每个字节均为平衡字节. 这就是 AES 算法 4 轮高阶积分区分器.

代数方法

在经验判断时, 由于是整体看待一个集合, 因此对其中不同元素的性质考虑较少. 比如通常只能确定 $A \oplus A = B$, 并不能刻画出更细致的性质. 代数方法从元素的角度来研究积分的性质, 基于代数方法构造积分区分器通常有两种方法: 一是基于有限域上多项式的方法; 二是基于布尔函数可分性的方法.

基于有限域上多项式的代数方法. 这类方法主要基于如下两个定理[32]:

定理 4.1 设 $f(x) = \sum_{i=0}^{q-1} a_i x^i \in \mathbb{F}_q[x]$, 其中 q 是某个素数的方幂, 则

$$\sum_{x \in \mathbb{F}_q} f(x) = -a_{q-1}.$$

定理 4.2 若 $f(x) = \sum_{i=0}^{q-1} a_i x^i \in \mathbb{F}_q[x]$ 是置换多项式, 则 $a_{q-1} = 0$.

定理 4.1说明, 要确定某个字节是否平衡, 可以通过研究该字节和相应明文之间的多项式函数的最高项系数来判定. 实际上, 经验判断法可看作代数方法的特殊形式, 如活跃集对应了置换多项式, 平衡则对应了多项式最高项系数为 0.

基于上述思想, 我们在 FSE 2009 上提出了高次积分[46,47] 的概念:

定义 4.6 (高次积分) 函数 $f(x)$ 在集合 V 上的 i 次积分定义为

$$\int_V (f, i) = \sum_{x \in V} x^i f(x).$$

利用高次积分可以给出积分攻击和插值攻击的理论联系, 从理论上讲, 积分攻击可以看作插值攻击的特例.

基于可分性质的代数方法. 可分性质是由日本学者 Todo 在 EUROCRYPT 2015 上提出的[51]. 该概念一经提出, 立即引起了密码学界的关注, 并迅速成为密码学研究的热点. 下面介绍基于可分性质构造积分区分器的基本原理, 更高阶的方法与技术读者可阅读相关文献.

定义 4.7 (可分性质)　令 $X \subseteq \mathbb{F}_2^n$ 是一个多重集合, 整数 k 介于 0 和 n 之间. 若对一切次数小于 k 的布尔函数 f, 均有 $\sum_{x \in X} f(x) = 0$, 则称 X 具有可分性质 $\mathcal{D}_k^n$.

在上述定义中取 $k = 2$, 此时集合 X 中元素求和为 0. 因此, 可分性 $\mathcal{D}_2^n$ 是集合平衡的推广, 利用可分性可以得到比平衡更细致的性质.

性质 4.2 (可分性传播)　设集合 X 具有可分性 $\mathcal{D}_k^n$, S 是一个 d 次向量布尔函数. 则集合 $Y = \{S(x) | x \in X\}$ 具有可分性 $\mathcal{D}_{\lceil k/d \rceil}^n$, 其中 $\lceil \cdot \rceil$ 表示上取整函数.

由于本书主要考虑密码结构的性质, 故只介绍可分性的一些基本概念, 更多细节参见文献 [19, 25, 45, 51, 58, 59].

计数方法

基于计数方法求积分值的方法最早由 Z'aba 等提出. 由于在基于比特运算的密码算法中, 经验判断法和代数方法很难实施, 因此 Z'aba 等在 FSE 2008 上提出了基于比特的积分攻击, 实际上就是一种特殊的计数方法.

令 $f^{(i)}(x)$ 和 $a^{(i)}$ 分别表示 $f(x)$ 和 a 的第 i 分量, 则 $f^{(i)}(x), a^{(i)} \in \{0, 1\}$. 在 $\mathbb{F}_{2^n}$ 上, 若 $\int_V f(x) = a$, 则 $\int_V f^{(i)}(x) = a^{(i)}$. 这表明, 要确定 $a^{(i)}$ 的值, 我们只需知道在序列 $(f^{(i)}(x))$ 中不同元素出现次数 N 的奇偶性: 若 N 为偶数, 则 $a^{(i)} = 0$; 对于 N 为奇数的情形, 通常不能确定相应位置是否平衡.

为了计算序列中元素重复次数的奇偶性, Z'aba 等在文献 [60] 中给出了序列不同模式的定义, 以及这些序列模式在加密过程中的传播规律. 根据这些定义和规律, 我们就可以构造密码算法的积分区分器了.

在实际分析中, 更常用的一种计数方法通常基于如下事实: 对于任意 δ, 多重集合 $X = \{f(x) \oplus f(x \oplus \delta) | x \in \mathbb{F}_2^n\}$ 中的元素总成对出现, 因此 X 一定是平衡集. 进一步, X 经过任意非线性变换后, 其元素也一定成对出现, 从而 X 经过任意非线性变换后仍然是平衡集. 关于这个性质, 我们将在后续分析 ARIA 算法安全性时用到.

4.6　中间相遇攻击的基本原理

中间相遇攻击[15] 是一种典型的时空折中权衡攻击, 该方法通过预计算并存储一个规模相对较小的表来实施密钥恢复攻击. 预计算并存储的这个表一般称为中间相遇区分器. 假设加密方案为 $c = E_{K_2} \circ E_{K_1}(m)$, 其中密码算法 $E_K(\cdot)$ 的分组长度为 t 比特, 密钥长度为 k 比特, 则在给定明密文对 (m, c) 的前提下, 通过穷尽搜索得到密钥 (K_1, K_2) 的复杂度为 2^{2k}. 通过等式变形可得

$$E_{K_2}^{-1}(c) = E_{K_1}(m),$$

从而利用如下方法获取密钥:

首先穷搜密钥 K_1, 并存储相应的 $E_{K_1}(m)$ 的值. 这一步时间复杂度为 2^k 次加密, 存储复杂度为 2^k. 第二步穷搜 K_2 的值, 计算 $E_{K_2}^{-1}(c)$ 的值, 并与表 $E_{K_1}(m)$ 中的值对比. 一旦 $E_{K_2}^{-1}(c)$ 的值在表 $E_{K_1}(m)$ 中, 则 (K_1, K_2) 是正确密钥的候选值, 否则是错误密钥. 第二步时间复杂度为 2^k, 因此整个攻击的时间复杂度为 $2^k + 2^k = 2^{k+1}$, 存储复杂度为 2^k.

在上述攻击中, 攻击者验证的等式是 $E_{K_2}^{-1}(c) = E_{K_1}(m)$, 即攻击只需要一对已知明密文. 通过增加已知明密文对的数目, 该攻击可做如下推广: 在预计算部分, 攻击者事先构造一个表 $T_{K_1,i} = E_{K_1}(m_i)$; 在密钥恢复阶段, 攻击者验证 $E_{K_2}^{-1}(c_j)$ 是否均在 $T_{K_1,i}$ 的某一行中. 若成立, 则 (K_1, K_2) 可作为正确密钥的候选值; 否则作为错误密钥删除.

直观上看, 构造表 $T_{K_1,i} = E_{K_1}(m_i)$ 需要穷尽搜索种子密钥 K 的值. 但实际上, 由于密码设计基于混淆和扩散原则, 当迭代轮数较少时, 算法未必能达到充分混淆与扩散, 因此真正构造出来的表, 其大小一般都比密钥规模小. 还有一点需要指出的是, 尽管我们形式上用了等式 $E_{K_2}^{-1}(c) = T_{K_1,i} = E_{K_1}(m_i)$, 但实际上 $E_{K_1}(m)$ 可能只是由明文和密文的某些字节或比特构成的局部映射, 未必是全部密文; 另外 K_1 也未必是算法加密密钥, 有可能是由加密密钥算出来的其他值.

该攻击用到了表 $T_{K_1,i}$, 因此攻击需要的存储复杂度为 $2^{\#K_1}$, 即决定局部映射的参数个数决定了该攻击的存储复杂度.

下面我们以 AES 算法为例, 进一步说明上述技术原理与方法.

例 4.12 (AES 算法 3 轮中间相遇区分器) 令 $\begin{bmatrix} x & c & c & c \\ c & c & c & c \\ c & c & c & c \\ c & c & c & c \end{bmatrix}$ 为 AES 算法的

输入, 其中 $x \in \mathbb{F}_2^8$, c 表示常数, 但不同位置值未必相等. 若将第 3 轮输出的第 11 字节写成关于 x 的函数, 即记 $C_{11}^{(3)} = f(x)$, 则映射 f 由 9 个参数字节唯一确定.

证明 根据 AES 算法的加密流程可知, 经过第 1 轮变换后的状态可以写成如下形式:

$$\begin{bmatrix} 2S(x) \oplus \alpha_1 & c & c & c \\ S(x) \oplus \alpha_2 & c & c & c \\ S(x) \oplus \alpha_3 & c & c & c \\ 3S(x) \oplus \alpha_4 & c & c & c \end{bmatrix},$$

其中 α_i 为常数. 同上, c 也是常数, 但不同位置未必相等.

进一步可以计算出第 2 轮变换的输出:

$$\begin{cases} C_{11}^{(2)} = 2S(2S(x) \oplus \alpha_1) \oplus \alpha_5, \\ C_{22}^{(2)} = S(3S(x) \oplus \alpha_4) \oplus \alpha_6, \\ C_{33}^{(2)} = 2S(S(x) \oplus \alpha_3) \oplus \alpha_7, \\ C_{44}^{(2)} = S(S(x) \oplus \alpha_2) \oplus \alpha_8. \end{cases}$$

由于

$$C_{11}^{(3)} = 2S(C_{11}^{(2)}) \oplus 3S(C_{22}^{(2)}) \oplus S(C_{33}^{(2)}) \oplus S(C_{44}^{(2)}) \oplus K_{11}^{(3)},$$

因此, $\left(\alpha_1, \alpha_2, \cdots, \alpha_8, K_{11}^{(3)}\right)$ 这 9 个常数唯一决定了映射 $x \to C_{11}^{(3)}$.

对于随机情形, $x \to C_{11}^{(3)}$ 的映射共有 $(2^8)^{2^8} = 2^{2048}$ 个; 但对 3 轮 AES 算法而言, $x \to C_{11}^{(3)}$ 这个映射由 9 个字节决定, 相当于所有可能映射的 $\dfrac{2^{9 \times 8}}{2^{2048}} = 2^{-1976}$. 因此这条性质能够将 3 轮 AES 算法与随机置换区分开. $\qquad\qquad\square$

通过对 3 轮 AES 的分析可知, 构造上述区分器的关键点在于确认部分明文与部分密文构成映射所需参数数目. 只有当参数数目较少时, 上述性质才能构成一个有效的区分器; 当参数数目足够大时, 上述性质则无法构成有效区分器.

中间相遇攻击一直被视为较为有效的攻击方法之一, 更多的研究成果可以参考文献 [14, 20–23, 26, 31, 38, 49, 50].

参 考 文 献

[1] Biham E, Shamir A. Differential cryptanalysis of DES-like cryptosystems[C]. CRYPTO 1990. LNCS, 537, Springer, 1990: 2-21.

[2] Biham E, Shamir A. Differential Cryptanalysis of the Data Encryption Standard[M]. New York: Springer, 1993.

[3] Biham E, Shamir A. Differential cryptanalysis of DES-like cryptosystems[J]. Journal of Cryptology, 1991, 4(1): 3-72.

[4] Biham E, Biryukov A, Shamir A. Cryptanalysis of skipjack reduced to 31 rounds using impossible differentials[C]. EUROCRYPT 1999. LNCS, 1592, Springer, 1999: 12-23.

[5] Biham E, Biryukov A, Shamir A. Miss in the middle attacks on IDEA and khufu[C]. FSE 1999. LNCS, 1636, Springer, 1999: 124-138.

[6] Biryukov A, Canniere C, Quisquater M. On multiple linear approximations[C]. CRYPTO 2004. LNCS, 3152, Springer, 2004: 1-22.

[7]   Bogdanov A, Geng H, Wang M, et al. Zero-correlation linear cryptanalysis with FFT and improved attacks on ISO standards camellia and CLEFIA[C]. SAC 2013. LNCS, 8282, Springer, 2013: 306-323.

[8]   Bogdanov A, Leander G, Nyberg K, et al. Integral and multidimensional linear distinguishers with correlation zero[C]. ASIACRYPT 2012. LNCS, 7658, Springer, 2012: 244-261.

[9]   Bogdanov A, Rijmen V. Linear hulls with correlation zero and linear cryptanalysis of block ciphers[J]. Designs, Codes and Cryptography, 2014, 70(3): 369-383.

[10] Biryukov A, Shamir A. Structural cryptanalysis of SASAS[C]. EUROCRYPT 2001. LNCS, 2045, Springer, 2001: 394-405.

[11] Bogdanov A, Wang M. Zero correlation linear cryptanalysis with reduced data complexity[C]. FSE 2012. LNCS, 7549, Springer, 2012: 29-48.

[12] Beyne T, Rijmen V. Differential cryptanalysis in the Fixed-Key model[C]. CRYPTO 2022. LNCS, 13509, Springer, 2022: 687-716.

[13] Beyne T. Linear cryptanalysis of FF3-1 and FEA[C]. CRYPTO 2021. LNCS, 12825, Springer, 2021: 41-69.

[14] Bao Z, Dong X, Guo J, et al. Automatic search of meet-in-the-middle preimage attacks on AES-like Hashing[C]. EUROCRYPT 2021. LNCS, 12696, Springer, 2021: 771-804.

[15] Demirci H, Selcuk A. A meet-in-the-middle attack on 8-round AES[C]. FSE 2008. LNCS, 5086, Springer, 2008: 116-126.

[16] Dinur I, Dunkelman O, Keller N, et al. Efficient detection of high probability statistical properties of cryptosystems via surrogate differentiation[C]. EUROCRYPT 2023. LNCS, 14007, Springer, 2023: 98-127.

[17] Daemen J, Knudsen L, Rijmen V. The block cipher square[C]. FSE 1997. LNCS, 1267, Springer, 1997: 149-165.

[18] Daemen J, Rijmen V. The wide trail design strategy[C]. IMACC. LNCS, 2260. Springer, 2001: 222-238.

[19] Derbez P, Lambin B. Fast MILP models for division property[J]. IACR Transactions on Symmetric Cryptology, 2022, (2): 289-321.

[20] Dong X, Hua J, Sun S, et al. Meet-in-the-middle attacks revisited: Key-recovery, collision, and preimage attacks[C]. CRYPTO 2021. LNCS, 12827, Springer, 2021: 278-308.

[21] Deng Y, Jin C, Li R. Meet in the middle attack on type-1 Feistel construction[C]. Inscrypt 2017. LNCS, 10726, Springer, 2017: 427-444.

[22] Guo J, Ling S, Rechberger C, et al. Advanced meet-in-the-middle preimage attacks: First results on full tiger, and improved results on MD4 and SHA-2[C]. ASIACRYPT 2010. LNCS, 6477, Springer, 2010: 56-75.

[23] Guo J, Jean J, Nikolic I, et al. Meet-in-the-middle attacks on generic Feistel constructions[C]. ASIACRYPT 2014. LNCS, 8873, Springer, 2014: 458-477.

[24] Hermelin M, Cho J, Nyberg K. Multidimensional extension of Matsui's algorithm 2[C]. FSE 2009. LNCS, 5665, Springer, 2009: 209-227.

[25] Hao Y, Leander G, Meier W, et al. Modeling for three-subset division property without unknown subset[C]. EUROCRYPT 2020. LNCS, 12105, Springer, 2020: 466-495.

[26] Hou Q, Dong X, Qin L, et al. Automated meet-in-the-middle attack goes to Feistel[C]. ASIACRYPT 2023. LNCS, 14440, Springer, 2023: 370-404.

[27] Knudsen L. Truncated and higher order differentials[C]. FSE 1994. LNCS, 1008, Springer, 1994: 196-211.

[28] Knudsen L. DEAL - a 128-bit block cipher[R]. AES Proposal, 1998.

[29] Knudsen L, Wagner D. Integral cryptanalysis[C]. FSE 2002. LNCS, 2365, Springer, 2022: 112-127.

[30] Kim J, Hong S, Sung J, et al. Impossible differential cryptanalysis for block cipher structures[C]. INDOCRYPT 2003. LNCS, 2904, Springer, 2003: 82-96.

[31] Liu F, Sarkar S, Wang G, et al. Algebraic meet-in-the-middle attack on lowMC[C]. ASIACRYPT 2022. LNCS, 13791, Springer, 2022: 225-255.

[32] Lidl R, Niederreiter H. Finite Fields: Encyclopedia of Mathematics and Its Applications[M]. Cambridge: Cambridge University Press, 1997.

[33] Lucks S. The saturation attack - A bait for twofish[C]. FSE 2001. LNCS, 2355, Springer, 2001: 1-15.

[34] Lai X. Higher order derivatives and differential cryptanalysis[C]. Communications and Cryptography: Two Sides of One Tapestry. Springer, 1994: 227-233.

[35] Lai X, Massey J, Murphy S. Markov ciphers and differential cryptanalysis[C]. EUROCRYPT 1991. LNCS, 547, Springer, 1991: 17-38.

[36] Liu Y, Zhang W, Sun B, et al. The phantom of differential characteristics[J]. Designs, Codes and Cryptography, 2020, (88): 2289-2311.

[37] Luo Y, Lai X, Wu Z, et al. A unified method for finding impossible differentials of block cipher structures[J]. Information Sciences, 2014, 263: 211-220.

[38] Lu J, Zhou W. Improved meet-in-the-middle attack on 10 rounds of the AES-256 block cipher[J]. Designs, Codes and Cryptography, 2024, (92): 957-973.

[39] Ling Q, Cui T, Hu H, et al. Finding impossible differentials in ARX ciphers under weak keys[J]. IACR Transactions on Symmetric Cryptology, 2024, (1): 326-356.

[40] Matsui M. Linear cryptanalysis method for DES cipher[C]. EUROCRYPT 1993. LNCS, 765, Springer, 1993: 386-397.

[41] Mouha N, Wang Q, Gu D, et al. Differential and linear cryptanalysis using mixed-integer linear programming[C]. Inscrypt 2011. LNCS, 7537, Springer, 2011: 57-76.

[42] Matsui M. The first experimental cryptanalysis of the data encryption standard[C]. CRYPTO 1994. LNCS, 839, Springer, 1994: 1-11.

[43] Sasaki Y, Todo Y. New impossible differential search tool from design and cryptanalysis aspects - revealing structural properties of several ciphers[C]. EUROCRYPT 2017. LNCS, 10212, Springer 2017: 185-215.

[44] Sun L, Gérault D, Wang W, et al. On the usage of deterministic (related-key) truncated differentials and multidimensional linear approximations for SPN ciphers[J]. IACR Transactions on Symmetric Cryptology, 2020, (3): 262-287.

[45] Sun B, Hai X, Zhang W, et al. New observation on division property[J]. Science China Information Sciences, 2017, (60): 98102.

[46] Sun B, Qu L, Li C. New cryptanalysis of block ciphers with low algebraic degree[C]. FSE 2009. LNCS, 5665, Springer, 2009: 180-192.

[47] Sun B, Li R, Qu L, et al. SQUARE attack on block ciphers with low algebraic degree[J]. Science China Information Sciences, 2010, (53): 1988-1995.

[48] Sun B, Xiang Z, Dai Z, et al. Feistel-like structures revisited: Classification and cryptanalysis[C]. CRYPTO 2024. LNCS, 14923, Springer, 2024: 275-304.

[49] Sasaki Y. Integer linear programming for three-subset meet-in-the-middle attacks: Application to GIFT[C]. IWSEC 2018. LNCS, 11049, Springer, 2018: 227-243.

[50] Shi D, Sun S, Derbez P, et al. Programming the demirci-selcuk meet-in-the-middle attack with constraints[C]. ASIACRYPT 2018. LNCS, 11273, Springer, 2018: 3-34.

[51] Todo T. Structural evaluation by generalized integral property[C]. EUROCRYPT 2015. LNCS, 9056, Springer, 2015: 287-314.

[52] Wang X, Yu H. How to break MD5 and other Hash functions[C]. EUROCRYPT 2005. LNCS, 3494, Springer, 2005: 19-35.

[53] Wang X, Lai X, Feng D, et al. Cryptanalysis of the Hash functions MD4 and RIPEMD[C]. EUROCRYPT 2005. LNCS, 3494, Springer, 2005: 1-18.

[54] Wang X, Yin L, Yu H. Finding collisions in the full SHA-1[C]. CRYPTO 2005. LNCS, 3621, Springer, 2005: 17-36.

[55] Wang X, Yu H, Yin L. Efficient collision search attacks on SHA-0[C]. CRYPTO 2005. LNCS, 3621, Springer, 2005: 1-16.

[56] Wu W, Zhang L, Zhang L, et al. Security analysis of the GF-NLFSR structure and four-cell block cipher[C]. ICICS 2009. LNCS, 5927, Springer, 2009: 17-31.

[57] Wu S, Wang M. Automatic search of truncated impossible differentials for word-oriented block ciphers[C]. INDOCRYPT 2012. LNCS, 7668, Springer, 2012: 283-302.

[58] Wang Q, Hao Y, Todo Y, et al. Improved division property based cube attacks exploiting algebraic properties of superpoly[C]. CRYPTO 2018. LNCS, 10991, Springer, 2018: 275-305.

[59] Xiang Z, Zhang W, Bao Z, et al. Applying MILP method to searching integral distinguishers based on division property for 6 lightweight block ciphers[C]. ASIACRYPT 2016. LNCS, 10031, Springer, 2016: 648-678.

[60] Z'aba M, Raddum H, Henricksen M, et al. Bit-pattern based integral attack[C]. FSE 2008. LNCS, 5086, Springer, 2008: 363-381.

第 5 章　特征矩阵分析法

我们已在第 2 章中指出, 所谓密码结构, 就是利用小规模变换/置换来构造大规模变换/置换的一整套运算逻辑组合 $\mathcal{E}$. 实际设计算法所采用的这套运算逻辑组合一般由便于计算机实现的逻辑构成, 比如模加和异或等. 在后续研究中, 我们将进一步细化, 将结构中所有非线性运算和线性运算剥离, 并限制上述逻辑运算组合为线性运算, 从而在形式上得到本书所研究的一类特殊密码结构:

当线性逻辑组合 $\mathcal{E}$ 反复调用某个线性逻辑组合子集 $\mathcal{F}$ 时, 称 $\mathcal{E} = \mathcal{F}^r$ 为迭代密码结构, 有时也称 $\mathcal{F}$ 为迭代密码结构. 为了能够从数学上精确研究密码结构的性质, 我们给出如下密码结构的数学定义:

定义 5.1 (密码结构)　假设 t, m 均为正整数, 且 $t < m$, $\mathbb{B}(t)$ 表示所有 $\mathbb{F}_2^t$ 上的变换/置换集合. 设 $X, Y \in \mathbb{F}_2^m$, 利用 t 比特变换/置换构造 m 比特变换/置换的线性逻辑记作 $Y = E_{f_1, \cdots, f_l}(X)$, 其中 $f_i \in \mathbb{B}(t)$. 我们称 $\mathcal{E} = \{E_{f_1, \cdots, f_l} | f_i \in \mathbb{B}(t)\}$ 为密码结构.

我们需要对上述定义中的 "线性" 进行解释. 一般情况下, 必须先给定群运算才能定义线性运算. 举例而言, 对于 $\mathbb{F}_2^n$ 而言, 我们一般将其看作 $\mathbb{F}_2$ 上的向量空间, 故其线性运算为 "异或", 即 "$x \oplus y$"; 另一方面, 很多时候我们可以将 $\mathbb{F}_2^n$ 中的元素看作模 2^n 环 $\mathbb{Z}_{2^n}$ 中的元素, 此时的线性运算则变为 "模加", 即 $x + y \mod 2^n$. 显然, 异或运算是 $\mathbb{F}_2^n$ 上的线性运算, 但看作 $\mathbb{Z}_{2^n}$ 上的变换时, 异或运算是非线性运算; 同理, 模加运算是 $\mathbb{Z}_{2^n}$ 上的线性运算, 但却是 $\mathbb{F}_2^n$ 中的非线性运算. 如无特殊说明, 以下讨论的线性运算是指 $\mathbb{F}_2$ 向量空间上的异或运算.

在分析密码算法 E 的安全性时, 有很多分析方法并不考虑算法非线性部件的细节. 此时, 我们可以定义由密码算法 E 导出的密码结构 $\mathcal{E}^E$:

定义 5.2 (密码算法导出的密码结构)[7]　给定密码算法 E, 将 E 的非线性组件跑遍所有可能的变换/置换, 线性部件保持不变, 所得到的算法集合称为由密码算法 E 导出的密码结构, 记作 $\mathcal{E}^E$.

定义 5.3 (密码结构的性质)　若密码结构 $\mathcal{E} = \{E_{f_1, \cdots, f_l} | f_i \in \mathbb{B}(t)\}$ 中的每个实例均具有性质 P, 则称 P 是结构 $\mathcal{E}$ 的性质.

如定义 2.3 所示, 若密码结构 $\mathcal{E}$ 中的每个实例均可逆, 则密码结构 $\mathcal{E}$ 可逆; 同样地, $\alpha \to \beta$ 是密码结构 $\mathcal{E}$ 的不可能差分, 当且仅当 $\alpha \to \beta$ 是 $\mathcal{E}$ 中的每个实例

的不可能差分; $\alpha \to \beta$ 是密码结构 $\mathcal{E}$ 的零相关线性壳, 当且仅当 $\alpha \to \beta$ 是 $\mathcal{E}$ 中的每个实例的零相关线性壳.

例 4.5 给出的轮函数为双射的 5 轮 Feistel 结构不可能差分, 其证明并未利用到轮函数的细节; 例 4.8 给出的 4 轮 AES 算法零相关线性壳, 其证明也未利用到 S 盒的细节, 因此这是 AES 算法导出的密码结构 $\mathcal{E}^{\text{AES}}$ 的零相关线性性质; 3 轮 AES 中间相遇区分器的构造也未利用到 S 盒的细节, 故亦为 AES 算法导出的密码结构 $\mathcal{E}^{\text{AES}}$ 的性质.

根据定义, 若要证明密码结构不满足某个特定的性质, 只需构造出该结构中的一个实例不满足该性质即可. 这一点在后续章节将会进一步深入研究.

需要特别指出的是, 作为算法唯一的非线性部件, 很多密码算法中只有一个 S 盒, 比如 AES 算法. AES 算法每轮 16 个字节均使用同一个 S 盒, 但是, 在进入 S 盒之前, 这些状态均会和轮密钥做异或运算, 若记 $S_k(x) = S(x \oplus k)$, 在密钥是独立随机情形下, 可以认为 16 个 S_k 是独立的. 因此, 在研究由 AES 算法导出的密码结构时, 我们总是假定不同位置的 S 盒是相互独立的.

如上所述, 尽管没有用到具体 S 盒内部细节, 但例 6.6 利用特殊位置 S 盒是相同的这一条件, 构造了 ARIA 算法的 3 轮积分区分器. 因此, 这不是密码结构 $\mathcal{E}^{\text{ARIA}}$ 的 3 轮积分区分器.

5.1 矩阵分析的基本原理

对于本章接下来的研究, χ-函数是一个重要工具. 在这一节中, 我们给出 χ-函数的定义和基本性质[8,16]. χ-函数将 $\mathbb{F}_{2^b}^m$ 上的任意元素映射到 $\mathbb{F}_2^m$ 上, 具体定义如下:

定义 5.4 (χ-函数) 令 $\theta : \mathbb{F}_{2^b} \to \mathbb{F}_2$ 定义为

$$\theta(x) = \begin{cases} 0, & \text{若 } x = 0, \\ 1, & \text{若 } x \neq 0. \end{cases}$$

则 $\chi : \mathbb{F}_{2^b}^m \to \mathbb{F}_2^m$ 定义为

$$\chi(x_0, x_1, \cdots, x_{m-1}) = (\theta(x_0), \theta(x_1), \cdots, \theta(x_{m-1})).$$

设 $0 \leqslant i \leqslant m - 1$, 则 $\chi_i : \mathbb{F}_{2^b}^m \to \mathbb{F}_2$ 定义为

$$\chi_i(x_0, x_1, \cdots, x_{m-1}) = \theta(x_i).$$

在截断差分分析中, 往往只考虑在某个位置是不是有差分, 而不考虑差分的具体值, 而 χ-函数刚好可以刻画这一点. 对于 $\Delta \in \mathbb{F}_{2^b}^m$, $\chi_i(\Delta) = 1$ 的含义是差分 Δ 在位置 i 的差分值非零.

定义 5.5 (特征矩阵)　设 f 为 $\mathbb{F}_2^m$ 到 $\mathbb{F}_2^n$ 的映射:

$$(y_0, y_1, \cdots, y_{n-1}) = f(X) = (f_0(X), f_1(X), \cdots, f_{n-1}(X)),$$

其中 $X = (x_0, x_1, \cdots, x_{m-1})$, $f_j(X)$ 为 y_j 关于 $(x_0, x_1, \cdots, x_{m-1})$ 的代数正规型. 则 f 的特征矩阵 $P_f = [p_{ij}]$ 为 $\mathbb{F}_2$ 上的一个 $n \times m$ 矩阵:

- 若 x_j 在 $f_i(X)$ 的表达式中出现, 即 $f_i(X)$ 的值与 x_j 相关, 则 $p_{ij} = 1$;
- 若 x_j 不在 $f_i(X)$ 的表达式中出现, 即 $f_i(X)$ 的值与 x_j 不相关, 则 $p_{ij} = 0$.

例 5.1　令 f 和 g 为按如下方式定义的 $\mathbb{F}_2^3 \to \mathbb{F}_2^2$ 和 $\mathbb{F}_2^2 \to \mathbb{F}_2^2$ 布尔函数:

$$f : \begin{cases} y_0 = x_0 + x_1 x_2, \\ y_1 = x_0 x_2, \end{cases} \qquad g : \begin{cases} z_0 = y_0 + y_1, \\ z_1 = y_0, \end{cases}$$

则 f 和 g 的特征矩阵分别为 $P_f = \begin{bmatrix} 1 & 1 & 1 \\ 1 & 0 & 1 \end{bmatrix}$ 和 $P_g = \begin{bmatrix} 1 & 1 \\ 1 & 0 \end{bmatrix}$.

根据定义, 特征矩阵的第 i 行为 1 的位置表示计算第 i 个输出需要知道的自变量值, 比如 P_f 的第 1 行均为 1, 故计算 y_0 必须知道 x_0, x_1, x_2 的值. 特征矩阵的第 j 列为 1 的位置表示第 j 个输入可能影响到的输出变量, 比如通过观察 P_g 的第 2 列可知, y_1 仅影响到 z_0 的值.

定义 5.6 (偏序)　设 $P = [p_{ij}]$ 和 $Q = [q_{ij}]$ 均为 $n \times m$ 特征矩阵, 若对任意 i 和 j 均满足 $p_{ij} = 1 \Rightarrow q_{ij} = 1$, 则记作 $P \preceq Q$.

可以验证, $p_{ij} = 1 \Rightarrow q_{ij} = 1$ 与 $q_{ij} = 0 \Rightarrow p_{ij} = 0$ 是等价的. 另外, 如果将 P 和 Q 的元素看作整数 0 和 1, 则 $P \preceq Q$ 当且仅当对一切 i 和 j, 均有 $p_{ij} \leqslant q_{ij}$.

定义 5.7 (特征矩阵的乘法)　设特征矩阵 $P = [p_{ij}] \in \mathbb{F}_2^{n \times m}$, $Q = [q_{ij}] \in \mathbb{F}_2^{m \times t}$, 则 P 和 Q 的乘法 $U = PQ = [u_{ij}]$ 为 $n \times t$ 矩阵, 其元素定义为

$$u_{ij} = (p_{i1} q_{1j}) | (p_{i2} q_{2j}) | \cdots | (p_{im} q_{mj}),$$

其中 "|" 表示逻辑 "或运算", 即 $a|b = 0$ 当且仅当 $a = b = 0$.

验证可知, 上述定义的特征矩阵乘法满足乘法的结合率, 即 $(P_1 P_2) P_3 = P_1 (P_2 P_3)$, 因此当特征矩阵为方阵时, 我们可以定义特征矩阵的方幂: $P^n = P P^{n-1}$.

定理 5.1 (复合函数的特征矩阵)　设 $f : \mathbb{F}_2^m \to \mathbb{F}_2^n$ 和 $g : \mathbb{F}_2^n \to \mathbb{F}_2^t$ 的特征矩阵分别为 P_f 和 P_g, $g \circ f : \mathbb{F}_2^m \to \mathbb{F}_2^t$ 定义为 $(g \circ f)(X) = g(f(X))$, 则 $g \circ f$ 的特征矩阵 $P_{g \circ f}$ 满足

$$P_{g \circ f} \preceq P_g P_f.$$

证明 只需证明若矩阵 $P_{g\circ f}$ 的 (i,j) 元素为 1, 则矩阵 $P_g P_f$ 的 (i,j) 元素为 1.

根据特征矩阵的定义, $P_{g\circ f}$ 的 (i,j) 元素为 1, 表示存在 w, 使得 $p_{iw} = q_{wj} = 1$, 从而 $p_{iw} q_{wj} = 1$. 又根据定义 5.7, $P_g P_f$ 的 (i,j) 元素

$$(p_{i1}q_{1j})|(p_{i2}q_{2j})|\cdots|(p_{im}q_{mj})$$

的值为 1. □

以例 5.1 为例, 易得 $g\circ f$ 为

$$\begin{cases} z_0 = x_0 + x_0 x_2 + x_1 x_2, \\ z_1 = x_0 + x_1 x_2. \end{cases}$$

在这个例子中, $P_{g\circ f} = P_g P_f = \begin{bmatrix} 1 & 1 \\ 1 & 0 \end{bmatrix} \begin{bmatrix} 1 & 1 & 1 \\ 1 & 0 & 1 \end{bmatrix} = \begin{bmatrix} 1 & 1 & 1 \\ 1 & 1 & 1 \end{bmatrix}$.

下面的例子说明, 对于两个布尔函数 f 和 g, $P_{g\circ f} \neq P_g P_f$ 是可能的.

例 5.2 令 $f(x_0, x_1, x_2) = \begin{bmatrix} 1 & 1 & 1 \\ 0 & 1 & 1 \\ 0 & 0 & 1 \end{bmatrix} \begin{bmatrix} x_0 \\ x_1 \\ x_2 \end{bmatrix}$, $g(y_0, y_1, y_2) = \begin{bmatrix} 1 & 0 & 0 \\ 0 & 1 & 0 \\ 1 & 1 & 1 \end{bmatrix} \begin{bmatrix} y_0 \\ y_1 \\ y_2 \end{bmatrix}$.

经计算,

$$P_{g\circ f} = \begin{bmatrix} 1 & 1 & 1 \\ 0 & 1 & 1 \\ 1 & 0 & 1 \end{bmatrix}.$$

该矩阵为 P_f 和 P_g 按传统意义上的乘积, 这与特征矩阵的乘积

$$P_g P_f = \begin{bmatrix} 1 & 1 & 1 \\ 0 & 1 & 1 \\ 1 & 1 & 1 \end{bmatrix}$$

是不同的.

当函数的变量较多, 且 f 和 g 都是非线性函数时, $P_{g\circ f} \neq P_g P_f$ 意味着函数复合后有些变量消除了, 由于 n 元布尔函数的个数为 2^{2^n}, 故发生变量消除的可能性很低 ($\leqslant 2^{2^{n-1}}/2^{2^n} = 2^{-2^{n-1}}$). 因此, 除非精心设计, 对于非线性函数 f 和 g, 我们一般认为 $P_{g\circ f} = P_g P_f$.

定义 5.8 (本原指数[9])　设 $P \in \mathbb{F}_2^{n \times n}$, 则满足 $P^r = [1]_{n \times n}$ 的最小正整数 r 称为 P 的本原指数, 记作 $r = R(P)$. 若不存在 r 使得 $P^r = [1]_{n \times n}$, 则规定 P 的本原指数为无穷大, 即 $R(P) = \infty$.

例 5.3　考虑矩阵 $M_1 = \begin{bmatrix} 1 & 1 \\ 0 & 1 \end{bmatrix}$, 对任意 $r \geqslant 1$, 总有 $M_1^r = M_1$. 故 $R(M_1) = \infty$; 考虑矩阵 $M_2 = \begin{bmatrix} 1 & 1 \\ 1 & 0 \end{bmatrix}$, 则 $M_2^2 = \begin{bmatrix} 1 & 1 \\ 1 & 1 \end{bmatrix}$, 故 $R(M_2) = 2$.

以上我们建立了基于比特的特征矩阵分析方法. 由于很多实际算法是基于字节设计的, 因此, 我们可以将上述基于比特的模型平移至基于字节的情形, 用来刻画特定输出字节是否与某个输入字节相关.

5.2　密码算法的全扩散

全扩散特性是安全密码算法的最基本要求: 密码算法的每个密文比特均与每个明文比特相关.

定义 5.9　设迭代分组密码 $E^{(r)}$ 的轮函数为 E, 则满足 $E^{(r)}$ 达到全扩散的最小正整数 r 称为 E 的全扩散轮数.

全扩散轮数对设置密码算法的迭代轮数至关重要. 一个比较流行的方法就是通过测试来确定算法的全扩散轮数: 从 $r = 1$ 开始, 测试 $E^{(r)}$ 是否达到全扩散. 若 $E^{(r)}$ 没有达到全扩散, 则测试 $E^{(r+1)}$ 是否达到全扩散. 重复该步骤, 直到 $E^{(r)}$ 达到全扩散为止. 下面介绍如何利用特征矩阵方法刻画密码算法的全扩散轮数.

用 5.1 节特征矩阵的语言解释, 也就是说, 将密码算法 $E^{(r)}$ 的输出 Y 看作输入 X 的向量布尔函数, 则全扩散要求 $E^{(r)}$ 的特征矩阵为全 1 矩阵.

首先, 轮函数的特征矩阵 P_E 可以刻画一轮变换输出和输入是否相关, 因此, P_E^r 可以刻画 r 轮迭代后输出与输入是否相关的问题. 下面我们以 SPN 算法为例, 研究如何求出轮函数的特征矩阵.

假定 $n = bt$ 比特的输入被分成 t 个 b 比特块, 每一块通过一个 $b \times b$ 的 S 盒, 则下面两个引理显然成立:

引理 5.1　假设 n 比特输入为 $X = (x_0, x_1, \cdots, x_{t-1}) \in (\mathbb{F}_2^b)^t$, 输出定义为

$$(y_0, y_1, \cdots, y_{t-1}) = (S_0(x_0 \oplus k_0), S_1(x_1 \oplus k_1), \cdots, S_{t-1}(x_{t-1} \oplus k_{t-1})),$$

其中 S_i 为 $b \times b$ 的 S 盒. 记上述变换为 $\mathcal{S}$, 则 $\mathcal{S}$ 的特征矩阵为

$$P_{\mathcal{S}} = \begin{bmatrix} P_{S_0} & & & \\ & P_{S_1} & & \\ & & \ddots & \\ & & & P_{S_{t-1}} \end{bmatrix},$$

其中 P_{S_i} 为第 i 个 S 盒 S_i 的特征矩阵.

引理 5.2 设 SPN 结构密码非线性层为 $\mathcal{S}$, 线性层可表示为二元矩阵 P, 一轮变换为 $\mathcal{R} = P \circ \mathcal{S}$. 则 $\mathcal{R}$ 的特征矩阵满足

$$P_{\mathcal{R}} \preceq PP_{\mathcal{S}}.$$

一般而言, 上述定理中偏序均取等号, 即 $P_{\mathcal{R}} = PP_{\mathcal{S}}$. 因此我们有如下定理:

定理 5.2 设 SPN 结构密码轮函数的特征矩阵为 $P_{\mathcal{R}}$, 则该算法的全扩散轮数至少为 $P_{\mathcal{R}}$ 的本原指数 $R(P_{\mathcal{R}})$.

在绝大部分情况下, SPN 结构密码算法的全扩散轮数为 $R(P_{\mathcal{R}})$. 下面我们详细介绍如何用特征矩阵法求 AES 算法的全扩散轮数.

首先, 经计算, S 盒的特征矩阵为 8×8 的全 1 矩阵, 为方便起见, 我们记为 $[1]_8$; 从而, S 盒替代层的特征矩阵为 16×16 的块矩阵 M_S: 块矩阵对角线元素均为 $[1]_8$, 其余元素均为 $[0]_8$.

行移位操作只是将字节的位置发生改变, 因此, 行移位对应于一个 16×16 块置换矩阵 M_{SR}: 块元素或者是 8 阶单位矩阵, 或者是 8 阶零矩阵.

乘以有限域上元素 2 对应于如下矩阵:

$$M_2 = \begin{bmatrix} 0 & 0 & 0 & 0 & 0 & 0 & 0 & 1 \\ 1 & 0 & 0 & 0 & 0 & 0 & 0 & 1 \\ 0 & 1 & 0 & 0 & 0 & 0 & 0 & 0 \\ 0 & 0 & 1 & 0 & 0 & 0 & 0 & 1 \\ 0 & 0 & 0 & 1 & 0 & 0 & 0 & 1 \\ 0 & 0 & 0 & 0 & 1 & 0 & 0 & 0 \\ 0 & 0 & 0 & 0 & 0 & 1 & 0 & 0 \\ 0 & 0 & 0 & 0 & 0 & 0 & 1 & 0 \end{bmatrix}.$$

乘以有限域上元素 3 对应于

$$M_3 = \begin{bmatrix} 1 & 0 & 0 & 0 & 0 & 0 & 0 & 1 \\ 1 & 1 & 0 & 0 & 0 & 0 & 0 & 1 \\ 0 & 1 & 1 & 0 & 0 & 0 & 0 & 0 \\ 0 & 0 & 1 & 1 & 0 & 0 & 0 & 1 \\ 0 & 0 & 0 & 1 & 1 & 0 & 0 & 1 \\ 0 & 0 & 0 & 0 & 1 & 1 & 0 & 0 \\ 0 & 0 & 0 & 0 & 0 & 1 & 1 & 0 \\ 0 & 0 & 0 & 0 & 0 & 0 & 1 & 1 \end{bmatrix}.$$

从而 AES 算法针对 32 比特的列混合变换对应的矩阵为

$$M_{MC} = \begin{bmatrix} M_2 & M_3 & I_8 & I_8 \\ I_8 & M_2 & M_3 & I_8 \\ I_8 & I_8 & M_2 & M_3 \\ M_3 & I_8 & I_8 & M_2 \end{bmatrix}.$$

因此, AES 算法针对 4 个 32 比特的列混合变换对应于如下分块矩阵

$$M_{MC}^* = \begin{bmatrix} M_{MC} & & & \\ & M_{MC} & & \\ & & M_{MC} & \\ & & & M_{MC} \end{bmatrix}.$$

综上可得一轮 AES 算法的特征矩阵为 $M_{AES} = M_{MC}^* M_{SR} M_S$. 经过简单计算可知, $M_{AES} \neq [1]_{128}$, $M_{AES}^2 = [1]_{128}$, 从而 AES 算法的全扩散轮数为 2.

　　利用特征矩阵法, 我们不但能够计算算法的全扩散轮数, 而且当没有达到全扩散的时候, 通过特征矩阵中的 0 元素可以判断 y_j 与哪些 x_i 不相关. 对 SPN 结构更多的安全性评估研究可以参考文献 [2,11,13,19].

5.3　密码结构的全扩散

　　5.2 节讨论了密码算法全扩散的概念及计算问题, 下面我们研究密码结构的全扩散概念及计算问题.

　　定义 5.10　令 $FDR(E)$ 表示密码算法 E 的全扩散轮数. 则密码结构 $\mathcal{E}$ 的全扩散轮数定义为

$$FDR(\mathcal{E}) = \min\{FDR(E) | E \in \mathcal{E}\}.$$

上述定义表明, 密码结构的全扩散轮数等于该结构中所有算法实例全扩散轮数的下界. 因此, 在采用结构 $\mathcal{E}$ 设计具体密码算法时, 迭代轮数至少应为 $FDR(\mathcal{E})$, 否则所得密码算法一定是不安全的.

由于一个密码结构中存在大量的密码算法实例, 因此, 通过逐个计算算法实例的全扩散轮数得到密码结构的全扩散轮数是不实际的. 在设计具体密码算法时, 我们一般要求 S 盒输入每一比特变化会影响到所有的输出比特, 即要求 S 盒的特征矩阵为全 1 矩阵, 以 AES 算法 S 盒为例, 有

$$
P_S = \begin{bmatrix}
1 & 1 & 1 & 1 & 1 & 1 & 1 & 1 \\
1 & 1 & 1 & 1 & 1 & 1 & 1 & 1 \\
1 & 1 & 1 & 1 & 1 & 1 & 1 & 1 \\
1 & 1 & 1 & 1 & 1 & 1 & 1 & 1 \\
1 & 1 & 1 & 1 & 1 & 1 & 1 & 1 \\
1 & 1 & 1 & 1 & 1 & 1 & 1 & 1 \\
1 & 1 & 1 & 1 & 1 & 1 & 1 & 1 \\
1 & 1 & 1 & 1 & 1 & 1 & 1 & 1
\end{bmatrix} = [1]_8.
$$

由于对任意 b 比特 S 盒均有 $P_S \preceq [1]_b$, 故有

定理 5.3 设 $\mathcal{E}$ 为一个迭代密码结构. 将一轮变换中 S 盒特征矩阵设置成 $[1]_b$ 后得到的一轮变换的特征矩阵为 $P_{[1]}$. 则对任意一轮实例 $E \in \mathcal{E}$, 均有 $P_E \preceq P_{[1]}$, 从而 $\mathcal{E}$ 的全扩散轮数不超过 $P_{[1]}$ 的本原指数.

该定理给出了一个估计密码结构全扩散轮数的方法, 通过计算大量实例, 我们发现上述估计值与精确值是一致的.

密码结构的全扩散轮数也可以利用符号计算的方式得到, 详情参见 [12]. 对密码结构或算法扩散性的更多研究可以参考文献 [1, 3–5, 14, 15, 17, 18].

5.4 AES-128 密钥扩展算法的不完全性

5.4.1 AES-128 密钥扩展算法描述

密钥扩展算法是分组密码的重要组成部分. 假设用 $(E, \mathcal{KS}, K_0)$ 表示一个分组密码算法, 其中 E 为加密算法, $\mathcal{KS}$ 表示密钥扩展算法, K_0 为种子密钥. $\mathcal{KS}$ 通过其轮函数 $\mathcal{F}$ 将 K_0 扩展成 r 轮子密钥:

$$
\mathcal{KS}(K_0) = (K_0, \cdots, K_r),
$$

其中 $K_{i+1} = \mathcal{F}(K_i)$. 对许多算法而言, 密钥扩展算法是可逆的, 即给定 K_{i+1}, 我们可以通过 $\mathcal{F}$ 的逆 $\mathcal{F}^{-1}$ 计算出 K_i. 从而我们可以定义密钥扩展算法的逆:

$$\mathcal{KS}^{-1}(K_r) = (K_r, \cdots, K_0),$$

其中 $K_i = \mathcal{F}^{-1}(K_{i+1})$. 这说明, 我们可以利用 $\mathcal{KS}$ 从 K_0 开始计算 $K_0, K_1, \cdots,$ K_r, 也可以利用 $\mathcal{KS}^{-1}$ 从 K_r 开始计算 $K_r, \cdots, K_1, K_0$. 因此, $(E, \mathcal{KS}, K_0)$ 和 $(E, \mathcal{KS}^{-1}, K_r)$ 是等价的. AES 算法密钥扩展的等价形式可进一步参考文献 [6].

在设计文档中, AES 算法设计者指出了 AES 算法密钥扩展算法的设计准则, 其中第三条和第四条分别是扩散性和非线性性:

扩散性主要指种子密钥会全扩散到轮密钥中, **非线性性**主要指算法具有足够的非线性性, 从种子密钥差分很难确定轮密钥差分. 我们将详细说明, 针对 AES-128 算法而言, 上述两条性质实际上并不满足. 下面, 我们首先介绍 AES-128 算法的密钥扩展算法, 由于轮常数不影响分析, 此处介绍我们忽略轮常数.

首先, 令

$$K^{(r)} = \begin{bmatrix} k_0^{(r)} & k_4^{(r)} & k_8^{(r)} & k_{12}^{(r)} \\ k_1^{(r)} & k_5^{(r)} & k_9^{(r)} & k_{13}^{(r)} \\ k_2^{(r)} & k_6^{(r)} & k_{10}^{(r)} & k_{14}^{(r)} \\ k_3^{(r)} & k_7^{(r)} & k_{11}^{(r)} & k_{15}^{(r)} \end{bmatrix}$$

是 AES-128 算法的第 r 轮轮密钥, 其中 $K^{(0)}$ 表示种子密钥. 记 $\mathcal{F}$ 是 AES-128 算法的密钥扩展算法的轮变换, 则根据 $\mathcal{F}$ 的流程, $K^{(r+1)}$ 的第一列值为

$$\begin{bmatrix} k_0^{(r+1)} \\ k_1^{(r+1)} \\ k_2^{(r+1)} \\ k_3^{(r+1)} \end{bmatrix} = \begin{bmatrix} k_0^{(r)} \oplus S(k_{13}^{(r)}) \\ k_1^{(r)} \oplus S(k_{14}^{(r)}) \\ k_2^{(r)} \oplus S(k_{15}^{(r)}) \\ k_3^{(r)} \oplus S(k_{12}^{(r)}) \end{bmatrix},$$

进一步可以计算 $K^{(r+1)}$ 的后三列值为

$$\begin{bmatrix} k_4^{(r+1)} & k_8^{(r+1)} & k_{12}^{(r+1)} \\ k_5^{(r+1)} & k_9^{(r+1)} & k_{13}^{(r+1)} \\ k_6^{(r+1)} & k_{10}^{(r+1)} & k_{14}^{(r+1)} \\ k_7^{(r+1)} & k_{11}^{(r+1)} & k_{15}^{(r+1)} \end{bmatrix} = \begin{bmatrix} k_4^{(r)} \oplus k_0^{(r+1)} & k_8^{(r)} \oplus k_4^{(r+1)} & k_{12}^{(r)} \oplus k_8^{(r+1)} \\ k_5^{(r)} \oplus k_1^{(r+1)} & k_9^{(r)} \oplus k_5^{(r+1)} & k_{13}^{(r)} \oplus k_9^{(r+1)} \\ k_6^{(r)} \oplus k_2^{(r+1)} & k_{10}^{(r)} \oplus k_6^{(r+1)} & k_{14}^{(r)} \oplus k_{10}^{(r+1)} \\ k_7^{(r)} \oplus k_3^{(r+1)} & k_{11}^{(r)} \oplus k_7^{(r+1)} & k_{15}^{(r)} \oplus k_{11}^{(r+1)} \end{bmatrix}.$$

因此, 按照字节之间是否相关, 密钥扩展算法 $\mathcal{F}$ 基于字节的特征矩阵如下:

$$
P_{\mathcal{F}} = \begin{bmatrix}
1 & 0 & 0 & 0 & 0 & 0 & 0 & 0 & 0 & 0 & 0 & 0 & 0 & 1 & 0 & 0 \\
0 & 1 & 0 & 0 & 0 & 0 & 0 & 0 & 0 & 0 & 0 & 0 & 0 & 0 & 1 & 0 \\
0 & 0 & 1 & 0 & 0 & 0 & 0 & 0 & 0 & 0 & 0 & 0 & 0 & 0 & 0 & 1 \\
0 & 0 & 0 & 1 & 0 & 0 & 0 & 0 & 0 & 0 & 0 & 0 & 1 & 0 & 0 & 0 \\
1 & 0 & 0 & 0 & 1 & 0 & 0 & 0 & 0 & 0 & 0 & 0 & 0 & 1 & 0 & 0 \\
0 & 1 & 0 & 0 & 0 & 1 & 0 & 0 & 0 & 0 & 0 & 0 & 0 & 0 & 1 & 0 \\
0 & 0 & 1 & 0 & 0 & 0 & 1 & 0 & 0 & 0 & 0 & 0 & 0 & 0 & 0 & 1 \\
0 & 0 & 0 & 1 & 0 & 0 & 0 & 1 & 0 & 0 & 0 & 0 & 1 & 0 & 0 & 0 \\
1 & 0 & 0 & 0 & 1 & 0 & 0 & 0 & 1 & 0 & 0 & 0 & 0 & 1 & 0 & 0 \\
0 & 1 & 0 & 0 & 0 & 1 & 0 & 0 & 0 & 1 & 0 & 0 & 0 & 0 & 1 & 0 \\
0 & 0 & 1 & 0 & 0 & 0 & 1 & 0 & 0 & 0 & 1 & 0 & 0 & 0 & 0 & 1 \\
0 & 0 & 0 & 1 & 0 & 0 & 0 & 1 & 0 & 0 & 0 & 1 & 1 & 0 & 0 & 0 \\
1 & 0 & 0 & 0 & 1 & 0 & 0 & 0 & 1 & 0 & 0 & 0 & 1 & 1 & 0 & 0 \\
0 & 1 & 0 & 0 & 0 & 1 & 0 & 0 & 0 & 1 & 0 & 0 & 0 & 1 & 1 & 0 \\
0 & 0 & 1 & 0 & 0 & 0 & 1 & 0 & 0 & 0 & 1 & 0 & 0 & 0 & 1 & 1 \\
0 & 0 & 0 & 1 & 0 & 0 & 0 & 1 & 0 & 0 & 0 & 1 & 1 & 0 & 0 & 1
\end{bmatrix}.
$$

上述矩阵中 (i, j) 元素的值为 1 说明 $k_i^{(r+1)}$ 与 $k_j^{(r)}$ 相关.

可以验证, AES-128 算法的密钥扩展算法是可逆的, 且其逆如下:

$$
\begin{aligned}
K^{(r-1)} &= \mathcal{F}^{-1}(K^{(r)}) \\
&= \begin{bmatrix}
k_0^{(r)} \oplus S(k_9^{(r)} \oplus k_{13}^{(r)}) & k_0^{(r)} \oplus k_4^{(r)} & k_4^{(r)} \oplus k_8^{(r)} & k_8^{(r)} \oplus k_{12}^{(r)} \\
k_1^{(r)} \oplus S(k_{10}^{(r)} \oplus k_{14}^{(r)}) & k_1^{(r)} \oplus k_5^{(r)} & k_5^{(r)} \oplus k_9^{(r)} & k_9^{(r)} \oplus k_{13}^{(r)} \\
k_2^{(r)} \oplus S(k_{11}^{(r)} \oplus k_{15}^{(r)}) & k_2^{(r)} \oplus k_6^{(r)} & k_6^{(r)} \oplus k_{10}^{(r)} & k_{10}^{(r)} \oplus k_{14}^{(r)} \\
k_3^{(r)} \oplus S(k_8^{(r)} \oplus k_{12}^{(r)}) & k_3^{(r)} \oplus k_7^{(r)} & k_7^{(r)} \oplus k_{11}^{(r)} & k_{11}^{(r)} \oplus k_{15}^{(r)}
\end{bmatrix}.
\end{aligned}
$$

类似可得密钥扩展算法逆的特征矩阵 $P_{\mathcal{F}^{-1}}$:

$$P_{\mathcal{F}^{-1}} = \begin{bmatrix} 1 & 0 & 0 & 0 & 0 & 0 & 0 & 0 & 0 & 1 & 0 & 0 & 0 & 1 & 0 & 0 \\ 0 & 1 & 0 & 0 & 0 & 0 & 0 & 0 & 0 & 0 & 1 & 0 & 0 & 0 & 1 & 0 \\ 0 & 0 & 1 & 0 & 0 & 0 & 0 & 0 & 0 & 0 & 0 & 1 & 0 & 0 & 0 & 1 \\ 0 & 0 & 0 & 1 & 0 & 0 & 0 & 0 & 0 & 0 & 0 & 0 & 1 & 0 & 0 & 0 \\ 1 & 0 & 0 & 0 & 1 & 0 & 0 & 0 & 0 & 0 & 0 & 0 & 0 & 0 & 0 & 0 \\ 0 & 1 & 0 & 0 & 0 & 1 & 0 & 0 & 0 & 0 & 0 & 0 & 0 & 0 & 0 & 0 \\ 0 & 0 & 1 & 0 & 0 & 0 & 1 & 0 & 0 & 0 & 0 & 0 & 0 & 0 & 0 & 0 \\ 0 & 0 & 0 & 1 & 0 & 0 & 0 & 1 & 0 & 0 & 0 & 0 & 0 & 0 & 0 & 0 \\ 0 & 0 & 0 & 0 & 1 & 0 & 0 & 1 & 0 & 0 & 0 & 0 & 0 & 0 & 0 & 0 \\ 0 & 0 & 0 & 0 & 0 & 1 & 0 & 0 & 1 & 0 & 0 & 0 & 0 & 0 & 0 & 0 \\ 0 & 0 & 0 & 0 & 0 & 0 & 1 & 0 & 0 & 0 & 1 & 0 & 0 & 0 & 0 & 0 \\ 0 & 0 & 0 & 0 & 0 & 0 & 0 & 1 & 0 & 0 & 0 & 1 & 0 & 0 & 0 & 0 \\ 0 & 0 & 0 & 0 & 0 & 0 & 0 & 0 & 1 & 0 & 0 & 0 & 1 & 0 & 0 & 0 \\ 0 & 0 & 0 & 0 & 0 & 0 & 0 & 0 & 0 & 1 & 0 & 0 & 0 & 1 & 0 & 0 \\ 0 & 0 & 0 & 0 & 0 & 0 & 0 & 0 & 0 & 0 & 1 & 0 & 0 & 0 & 1 & 0 \\ 0 & 0 & 0 & 0 & 0 & 0 & 0 & 0 & 0 & 0 & 0 & 1 & 0 & 0 & 0 & 1 \end{bmatrix}.$$

5.4.2 AES-128 密钥扩展算法分析

经过计算可得:

定理 5.4 AES-128 密钥扩展算法 $\mathcal{F}$ 及其逆 $\mathcal{F}^{-1}$ 的本原指数分别为

$$\begin{cases} R(P_{\mathcal{F}}) = 5, \\ R(P_{\mathcal{F}^{-1}}) = 12. \end{cases}$$

定理 5.4 说明, 即使 AES-128 的密钥扩展算法能够达到全扩散, 其逆不可能达到全扩散. 其原因在于, $R(P_{\mathcal{F}^{-1}}) = 12$ 表明 $\mathcal{F}^{-1}$ 至少需要 12 轮才能达到全扩散, 但 AES-128 算法只有 10 轮.

$R(P_{\mathcal{F}^{-1}}) = 12$ 同时说明, 对 AES-128 算法的密钥扩展算法而言, 一定存在概率为 1 的截断差分. 经计算可知, $(P_{\mathcal{F}^{-1}}^{10})_{0,4} = 0$. 这说明, 第 10 轮密钥的首字节与种子密钥的第 4 字节无关, 故以下 10 轮截断差分的概率为 1:

$$\begin{bmatrix} 0 & * & 0 & 0 \\ 0 & 0 & 0 & 0 \\ 0 & 0 & 0 & 0 \\ 0 & 0 & 0 & 0 \end{bmatrix} \xrightarrow{\mathcal{KS}^{-1}} \begin{bmatrix} 0 & * & * & * \\ * & * & * & * \\ * & * & * & * \\ * & * & * & * \end{bmatrix},$$

其中符号 $*$ 代表 $\mathbb{F}_2^8$ 的任意值.

通过更细致的分析可以发现:

定理 5.5 令 $\mathcal{F}$ 为 AES-128 的密钥扩展算法, $\mathcal{F}^{-1}$ 为其逆. 则对任意整数 r 均有 $P_{\mathcal{F}^{-r}} \neq [1]$, 即无论迭代多少轮, $\mathcal{F}^{-1}$ 均不可能达到全扩散.

我们通过给出 $\mathcal{F}^{-(11+4r)}$ 的如下概率为 1 的截断差分来说明该定理的正确性, 其中 r 为任意正整数, δ_0 为任意 8 比特非零差分, $a,b,c,d \in \mathbb{F}_2^8$ 也是非零差分:

$$\begin{bmatrix} \delta_0 & 0 & 0 & 0 \\ 0 & 0 & 0 & 0 \\ 0 & 0 & 0 & 0 \\ 0 & 0 & 0 & 0 \end{bmatrix} \xrightarrow{\mathcal{F}^{-(11+4r)}} \begin{bmatrix} a & a & a & a \\ b & 0 & b & 0 \\ c & c & 0 & 0 \\ d & 0 & 0 & 0 \end{bmatrix}.$$

该差分按轮传播情况如下:

$$\begin{bmatrix} \delta_0 & 0 & 0 & 0 \\ 0 & 0 & 0 & 0 \\ 0 & 0 & 0 & 0 \\ 0 & 0 & 0 & 0 \end{bmatrix} \xrightarrow{\mathcal{F}^{-1}} \begin{bmatrix} \delta_0 & \delta_0 & 0 & 0 \\ 0 & 0 & 0 & 0 \\ 0 & 0 & 0 & 0 \\ 0 & 0 & 0 & 0 \end{bmatrix} \xrightarrow{\mathcal{F}^{-1}} \begin{bmatrix} \delta_0 & 0 & \delta_0 & 0 \\ 0 & 0 & 0 & 0 \\ 0 & 0 & 0 & 0 \\ 0 & 0 & 0 & 0 \end{bmatrix}$$

$$\xrightarrow{\mathcal{F}^{-1}} \begin{bmatrix} \delta_0 & \delta_0 & \delta_0 & \delta_0 \\ 0 & 0 & 0 & 0 \\ 0 & 0 & 0 & 0 \\ \delta_1 & 0 & 0 & 0 \end{bmatrix} \xrightarrow{\mathcal{F}^{-1}} \begin{bmatrix} \delta_0 & 0 & 0 & 0 \\ 0 & 0 & 0 & 0 \\ 0 & 0 & 0 & 0 \\ \delta_1 & \delta_1 & 0 & 0 \end{bmatrix} \xrightarrow{\mathcal{F}^{-1}} \begin{bmatrix} \delta_0 & \delta_0 & 0 & 0 \\ 0 & 0 & 0 & 0 \\ 0 & 0 & 0 & 0 \\ \delta_1 & 0 & \delta_1 & 0 \end{bmatrix}$$

$$\xrightarrow{\mathcal{F}^{-1}} \begin{bmatrix} \delta_0 & 0 & \delta_0 & 0 \\ 0 & 0 & 0 & 0 \\ \delta_2 & 0 & 0 & 0 \\ \delta_1 & \delta_1 & \delta_1 & \delta_1 \end{bmatrix} \xrightarrow{\mathcal{F}^{-1}} \begin{bmatrix} \delta_0 & \delta_0 & \delta_0 & \delta_0 \\ 0 & 0 & 0 & 0 \\ \delta_2 & \delta_2 & 0 & 0 \\ \delta_3 & 0 & 0 & 0 \end{bmatrix} \xrightarrow{\mathcal{F}^{-1}} \begin{bmatrix} \delta_0 & 0 & 0 & 0 \\ 0 & 0 & 0 & 0 \\ \delta_2 & 0 & \delta_2 & 0 \\ \delta_3 & \delta_3 & 0 & 0 \end{bmatrix}$$

$$\xrightarrow{\mathcal{F}^{-1}} \begin{bmatrix} \delta_0 & \delta_0 & 0 & 0 \\ \delta_4 & 0 & 0 & 0 \\ \delta_2 & \delta_2 & \delta_2 & \delta_2 \\ \delta_3 & 0 & \delta_3 & 0 \end{bmatrix} \xrightarrow{\mathcal{F}^{-1}} \begin{bmatrix} \delta_0 & 0 & \delta_0 & 0 \\ \delta_4 & \delta_4 & 0 & 0 \\ \delta_5 & 0 & 0 & 0 \\ \delta_3 & \delta_3 & \delta_3 & \delta_3 \end{bmatrix} \xrightarrow{\mathcal{F}^{-1}} \begin{bmatrix} \delta_0 & \delta_0 & \delta_0 & \delta_0 \\ \delta_4 & 0 & \delta_4 & 0 \\ \delta_5 & \delta_5 & 0 & 0 \\ \delta_6 & 0 & 0 & 0 \end{bmatrix}$$

$$\xrightarrow{\mathcal{F}^{-1}} \begin{bmatrix} \delta_7 & 0 & 0 & 0 \\ \delta_4 & \delta_4 & \delta_4 & \delta_4 \\ \delta_5 & 0 & \delta_5 & 0 \\ \delta_6 & \delta_6 & 0 & 0 \end{bmatrix} \xrightarrow{\mathcal{F}^{-1}} \begin{bmatrix} \delta_7 & \delta_7 & 0 & 0 \\ \delta_8 & 0 & 0 & 0 \\ \delta_5 & \delta_5 & \delta_5 & \delta_5 \\ \delta_6 & 0 & \delta_6 & 0 \end{bmatrix} \xrightarrow{\mathcal{F}^{-1}} \begin{bmatrix} \delta_7 & 0 & \delta_7 & 0 \\ \delta_8 & \delta_8 & 0 & 0 \\ \delta_9 & 0 & 0 & 0 \\ \delta_6 & \delta_6 & \delta_6 & \delta_6 \end{bmatrix}$$

$$\xrightarrow{\mathcal{F}^{-1}} \begin{bmatrix} \delta_7 & \delta_7 & \delta_7 & \delta_7 \\ \delta_8 & 0 & \delta_8 & 0 \\ \delta_9 & \delta_9 & 0 & 0 \\ \delta_{10} & 0 & 0 & 0 \end{bmatrix}.$$

根据第 11 轮到第 15 轮的传播情况可知, 上述差分传播形式每 4 轮重复一次, 因此, 无论迭代多少轮, AES-128 密钥扩展算法的逆都不可能达到全扩散.

前面我们讨论过 P_{fr} 与 P_f^r 的关系, 指出在随机情况下两者相等. 那么, 为什么对 AES-128 的密钥扩展算法而言, 两者差距如此之大? 仔细研究 AES-128 的密钥扩展算法不难发现, 该算法的非线性变换很少, 大部分变换是线性的, 而对于线性函数 f, P_{fr} 与 P_f^r 并不相等. 这说明, 当一个非线性系统中线性因素很多时, 利用特征矩阵分析得到的结果不够精确, 需进一步深入研究. 或者说, 当利用特征矩阵分析密码算法得到的性质与实际相差较大时, 可以考虑对算法组件的线性性质进行挖掘.

定理 5.5 说明, 尽管从形式上看, AES-128 算法的密钥扩展算法达到了全扩散, 但实际上该算法并没有达到全扩散效果. 该定理同时说明, 我们在研究一个算法时, 不仅要研究算法本身, 还必须充分研究其逆算法性质.

全扩散是密码学中比较经典的概念之一. 但是通过上文分析可以发现, 即使密码算法能够达到全扩散, 算法仍然可能存在任意轮概率为 1 的截断差分, 这并不是我们所希望看到的. 这启发我们对全扩散这个概念重新定义, 使得当算法迭代轮数超过全扩散轮数后, 算法不存在概率为 1 的截断差分. 在 CRYPTO 2024 上我们做了一些尝试, 感兴趣的读者可参阅 [10].

参 考 文 献

[1] Bao Z, Guo J, List E. Extended truncated-differential distinguishers on round-reduced AES[J]. IACR Transactions on Symmetric Cryptology, 2020, (3): 197-261.

[2] Cui T, Mao Y, Yang Y, et al. Congruent differential cluster for binary SPN ciphers[J]. IEEE Transactions on Information Forensics and Security, 2024, (19): 2385-2397.

[3] Fouque P, Jean J, Peyrin T. Structural evaluation of AES and chosen-key distinguisher of 9-round AES-128[C]. CRYPTO 2013. LNCS, 8042, Springer, 2013: 183-203.

[4] Grassi L, Rechberger C, Ronjom S. A new structural-differential property of 5-round AES[C]. EUROCRYPT 2017. LNCS, 10211, Springer, 2017: 289-317.

[5] Hu K, Peyrin T, Wang M. Finding all impossible differentials when considering the DDT[C]. SAC 2022. LNCS, 13742, Springer, 2022: 285-305.

[6] Leurent G, Pernot C. New representations of the AES key schedule[C]. EUROCRYPT 2021. LNCS, 12696, Springer, 2021: 54-84.

[7] Sun B, Liu Z, Rijmen V, et al. Links among impossible differential, integral and zero correlation linear cryptanalysis[C]. CRYPTO 2015. LNCS, 9215, Springer, 2015: 95-115.

[8] Shen X, Liu G, Sun B, et al. Impossible differentials of SPN ciphers[C]. Inscrypt 2016. LNCS, 10143, Springer, 2016: 47-63.

[9] Sun B, Liu M, Guo J, et al. Provable security evaluation of structures against impossible differential and zero correlation linear cryptanalysis[C]. EUROCRYPT 2016. LNCS, 9665, Springer, 2016: 196-213.

[10] Sun B, Xiang Z, Dai Z, et al. Feistel-like structures revisited: Classification and cryptanalysis[C]. CRYPTO 2024. LNCS, 14923, Springer, 2024: 275-304.

[11] Sun L, Gerault D, Wang W, et al. On the usage of deterministic (related-key) truncated differentials and multidimensional linear approximations for SPN ciphers[J]. IACR Transactions on Symmetric Cryptology, 2020, (3): 262-287.

[12] Suzaki T, Minematsu K. Improving the generalized Feistel[C]. FSE 2010. LNCS, 6147, Springer, 2010: 19-39.

[13] Wang Q, Jin C. Bounding the length of impossible differentials for SPN block ciphers[J]. Designs, Codes and Cryptography, 2021, (89): 2477-2493.

[14] Wang Q, Jin C. More accurate results on the provable security of AES against impossible differential cryptanalysis[J]. Designs, Codes and Cryptography, 2019, (87): 3001-3018.

[15] Xie X, Tian T. Structural evaluation of AES-like ciphers against mixture differential cryptanalysis[J]. Designs, Codes and Cryptography, 2023, (91): 3881-3899.

[16] Yang Y, Shen X, Sun B. Out of non-linearity: Search impossible differentials by the bitwise characteristic matrix[C]. ISPEC 2021. LNCS, 13107, Springer, 2021: 69-89.

[17] Yang D, Qi W, Chen H. Provable security against impossible differential and zero correlation linear cryptanalysis of some Feistel structures[J]. Designs, Codes and Cryptography, 2019, (87): 2683-2700.

[18] Zhang K, Wang S, Lai X, et al. Impossible differential cryptanalysis and a security evaluation framework for AND-RX ciphers[J]. IEEE Transactions on Information Theory, 2024, 70, (8): 6025-6040.

[19] Zhang W, Cao M, Guo J, et al. Improved security evaluation of SPN block ciphers and its applications in the single-key attack on SKINNY[J]. IACR Transactions on Symmetric Cryptology, 2019, (4): 171-191.

第 6 章　SPN 结构的设计与分析

如前文所言, 尽管在设计具体密码算法时可能只会采用 1 个或很少几个 S 盒以降低实现代价, 但在密码结构的定义中, 不同位置的 S 盒均是独立的. 比如 5 轮 AES 算法中 $16 \times 5 = 80$ 个 S 盒均相同, 但在相应的结构中, 这 80 个 S 盒是相互独立的. 本章讨论如下一类特殊 SPN 结构的设计与分析:

该 SPN 结构的分组长度为 nb 比特, 明文、密文以及中间状态均被分为 n 个 b 比特字, 混淆层为 n 个 b 比特 S 盒的并置, 扩散层 P 为 $\mathbb{F}_{2^b}^{n \times n}$ 上的可逆矩阵. r 轮扩散层为 P 的 SPN 结构在本书中记作 $\mathcal{E}_{SP}^{(r)}$, 在轮数明确的情况下, 可简记为 $\mathcal{E}_{SP}$.

6.1　SPN 结构针对差分和线性攻击的设计与分析

无论是密码算法还是密码结构, 首要考虑的问题都是安全问题, 安全问题中最关键的一点是算法的全扩散问题.

定义 6.1 (示性矩阵)　设 $P = [p_{ij}] \in \mathbb{F}_{2^b}^{n \times n}$, 其示性矩阵

$$P^* = \chi(P) = [p_{ij}^*] \in \mathbb{F}_2^{n \times n}$$

定义如下: $p_{ij}^* = \theta(p_{ij})$, 即若 $p_{ij} = 0$, 则 $p_{ij}^* = 0$; 若 $p_{ij} \neq 0$, 则 $p_{ij}^* = 1$.

对于 $P \in \mathbb{F}_2^{n \times n}$ 的情形, 前面给出了矩阵 P 的本原指数定义. 下面我们定义扩域上矩阵 $P \in \mathbb{F}_{2^b}^{n \times n}$ 的本原指数:

定义 6.2 (本原指数)　设 $P = [p_{ij}] \in \mathbb{F}_{2^b}^{n \times n}$, 其示性矩阵 P^* 的本原指数定义为 P 的本原指数, 也记作 $R(P)$.

定理 6.1　设 $P = [p_{ij}] \in \mathbb{F}_{2^b}^{n \times n}$ 为 SPN 结构 $\mathcal{E}_{SP}$ 的线性扩散层, 则 $\mathcal{E}_{SP}$ 是安全结构的必要条件是 P 的本原指数满足 $R(P) < +\infty$.

证明　用反证法. 假如 $(P^*)^r = [q_{ij}]$, 其中对某个 i 和 j 而言, $q_{ij} = 0$. 则改变输入第 i 字节时, r 轮结构输出的第 j 字节不会发生改变, 从而结构存在概率为 1 的 r 轮截断差分 $e_i \to d_j$, 其中 e_i 表示只有第 i 个字节非零的向量, d_j 表示第 j 个字节为 0 的向量. 但对于随机置换而言, $e_i \to d_j$ 成立的概率为 2^{-b}. 　□

线性扩散层示性矩阵的本原指数为正整数, 说明只要非线性部分选取得当, 且迭代轮数足够, 所设计的算法一般不大可能具有较大的安全问题. 在实际设计算法时, 我们希望算法能够通过迭代较少的轮数达到我们所需的安全性, 这就要

求线性扩散层具有较强的扩散能力. 下面介绍的分支数即能衡量 SPN 结构抵抗差分攻击和线性攻击的能力.

定义 6.3 (汉明重量) 设 $X = (x_0, x_1, \cdots, x_{n-1}) \in \mathbb{F}_{2^b}^n$. 则向量 X 的汉明重量定义为

$$H_b(X) = \#\{i | x_i \neq 0, i = 0, 1, \cdots, n-1\}.$$

假设 $\mathcal{E}_{SP}$ 的输入差分为 $\Delta_I \in \mathbb{F}_{2^b}^n$, 则在输入的 n 个字节中, 有 $H_b(\Delta_I)$ 个字节具有非零差分, 这 $H_b(\Delta_I)$ 个非零差分均要通过 S 盒, 由于 SPN 结构中的 S 盒均是双射, 故 S 盒输出差分 Δ_O 满足 $H_b(\Delta_O) = H_b(\Delta_I)$.

S 盒输出差分 Δ_O 经过线性扩散层 P 后, 下一轮的输入差分为 $P\Delta_O$, 从而下一轮输入差分非零的 S 盒有 $H_b(P\Delta_O)$ 个. 这说明, 连续两轮 $\mathcal{E}_{SP}$ 结构中, 至少有

$$H_b(\Delta_I) + H_b(P\Delta_O) = H_b(\Delta_O) + H_b(P\Delta_O)$$

个 S 盒的输入差分非零.

为了衡量连续两轮 $\mathcal{E}_{SP}$ 在最糟糕情况下输入差分非零 S 盒的个数, 对于一般二元矩阵, 我们可以给出如下差分分支数的定义:

定义 6.4 (差分分支数) 设 $P \in \mathbb{F}_2^{nb \times nb}$ 为 SPN 结构 $\mathcal{E}_{SP}$ 的线性扩散层, 混淆层的 S 盒规模为 b 比特, 称

$$\mathcal{B}_b(P) = \min_{0 \neq X \in \mathbb{F}_2^{nb}} \{H_b(X) + H_b(PX)\}$$

为 P 的差分分支数.

类似地, 线性分支数刻画了在最糟糕情况下连续两轮 SPN 结构输入掩码非零的 S 盒个数:

定义 6.5 (线性分支数) 设 $P \in \mathbb{F}_2^{nb \times nb}$ 为 SPN 结构 $\mathcal{E}_{SP}$ 的线性扩散层, 混淆层的 S 盒规模为 b 比特, 称

$$\mathcal{B}_b(P^{\mathrm{T}}) = \min_{0 \neq X \in \mathbb{F}_2^{nb}} \{H_b(X) + H_b(P^{\mathrm{T}}X)\}$$

为 P 的线性分支数.

由于当 $H_b(X) = 1$ 时, $H_b(PX) \leqslant n$ 总成立. 因此有

$$\mathcal{B}_b(P) = \min_{0 \neq X \in \mathbb{F}_2^{nb}} \{H_b(X) + H_b(PX)\} \leqslant n + 1.$$

定义 6.6 对于 $P \in \mathbb{F}_2^{nb \times nb}$, 若 $\mathcal{B}_b(P) = n + 1$, 则称 P 为 MDS 矩阵.

　　需要特别指出的是, 线性变换的分支数只有在衡量两轮 SPN 结构活跃 S 盒数目时才能发挥效果, 比如:

　　(1) ARIA 算法设计评估报告中认为, ARIA 算法线性变换的分支数为 8, 优于 AES 算法的 5, 故 ARIA 算法积分区分器的轮数比 AES 算法低[2]. 实际上, 到目前为止, ARIA 算法和 AES 算法最长积分区分器的轮数均为 4 轮[4,5], 尽管两者分支数不同, 但积分区分器轮数相当.

　　(2) 很多 Feistel 类结构密码算法设计时采用了 SPN 型轮函数, 而且轮函数的线性扩散层为 MDS 变换. 比如 SM4 算法, 轮函数的扩散层为分支数是 5 的 MDS 矩阵. 但是, 在评估 SM4 算法抵抗差分和线性攻击时, 该指标并未发挥直接作用. 在 Feistel 类算法中采用 MDS 矩阵的深层次原理还有待进一步研究.

　　例 6.1　AES 算法列混合矩阵 $P : \mathbb{F}_{2^8}^4 \to \mathbb{F}_{2^8}^4$ 定义如下:

$$
P = \begin{bmatrix} 02 & 03 & 01 & 01 \\ 01 & 02 & 03 & 01 \\ 01 & 01 & 02 & 03 \\ 03 & 01 & 01 & 02 \end{bmatrix} = \begin{bmatrix} 0e & 0b & 0d & 09 \\ 09 & 0e & 0b & 0d \\ 0d & 09 & 0e & 0b \\ 0b & 0d & 09 & 0e \end{bmatrix}^{-1},
$$

其中 $01, 02, 03$ 均为 $\mathbb{F}_{2^8}$ 中的元素, 从而 P 可以写成 32×32 的二元矩阵 (见 5.2 节). 可以验证, 针对 8 比特字节, P 是 MDS 矩阵.

　　例 6.2　SM4 算法线性扩散层 $L : \mathbb{F}_2^{32} \to \mathbb{F}_2^{32}$ 定义如下:

$$
Y = L(X) = X \oplus (X \lll 2) \oplus (X \lll 10) \oplus (X \lll 18) \oplus (X \lll 24),
$$

可以验证, 上述线性变换针对 8 比特字节是 MDS 变换, 但针对 4 比特字节, 该变换并不是 MDS 变换.

　　根据上文分析可知, $\mathcal{E}_{SP}$ 中使用 MDS 矩阵可以使连续两轮具有最多的活跃差分 S 盒. 根据定义, 若 $P \in \mathbb{F}_{2^b}^{n \times n}$ 为 MDS 矩阵, 由于 $\mathbb{F}_{2^b}$ 中元素可以写成 $b \times b$ 的二元矩阵, 故 P 一定可写成 $bn \times bn$ 的二元矩阵. 此时若将 P 按 b 比特进行分块, 根据 MDS 矩阵的性质, 则每一个 $b \times b$ 的子块均非零, 故有:

　　性质 6.1　若 P 为 MDS 矩阵, 则 P 的本原指数为 1.

　　满足特定密码学性质的 MDS 矩阵的构造是密码设计的重要内容, 感兴趣的读者可进一步阅读相关文献.

6.2　SPN 结构针对不可能差分攻击的可证明安全

　　本节介绍 SPN 结构针对不可能差分和零相关线性分析的可证明安全, 其主要技术手段是给出最长不可能差分和零相关线性路径的轮数. 具体细节参考 [7].

6.2.1 对偶结构

前面已经介绍过, 差分传播和线性传播具有某些特定的对偶性质, 但对具体算法而言差分传播与线性传播并不等同. 下面我们介绍对偶结构的概念, 利用对偶结构, 可以建立不可能差分与零相关线性掩码的一些等价关系.

定义 6.7 令 $\mathcal{E}_{SP}^{(r)}$ 为一个 r 轮扩散层为 P 的迭代 SPN 结构. 则称 $\mathcal{E}_{S(P^{-1})^{\mathrm{T}}}^{(r)}$ 为 $\mathcal{E}_{SP}^{(r)}$ 的对偶结构, 在 r 上下文明确的前提下, 可简记为 $\mathcal{E}_{SP}^{\perp} = \mathcal{E}_{S(P^{-1})^{\mathrm{T}}}$.

定理 6.2 $\alpha \to \beta$ 是结构 $\mathcal{E}_{SP}^{(r)}$ 的不可能差分, 当且仅当 $\alpha \to \beta$ 是其对偶结构 $\mathcal{E}_{S(P^{-1})^{\mathrm{T}}}^{(r)}$ 的零相关线性壳.

在给出该定理详细证明之前, 我们先解释一下该定理的具体内涵. 该定理表明, 如果对于结构 $\mathcal{E}_{SP}^{(r)}$ 中的任意一个算法实例而言, $\alpha \to \beta$ 均是不可能差分, 则结构 $\mathcal{E}_{S(P^{-1})^{\mathrm{T}}}^{(r)}$ 中的任意算法实例对应于掩码 $\alpha \to \beta$ 的相关性均为 0; 其逆否命题即是说, 如果对于结构 $\mathcal{E}_{S(P^{-1})^{\mathrm{T}}}^{(r)}$ 中的某一个算法实例而言, $\alpha \to \beta$ 对应的相关性非零, 则结构 $\mathcal{E}_{SP}^{(r)}$ 中一定存在某个算法实例, 使得 $\alpha \to \beta$ 是该实例的可能差分. 我们首先给出如下两个引理:

引理 6.1 (连接引理) 设 $0 \neq u \in \mathbb{F}_2^b$ 和 $0 \neq v \in \mathbb{F}_2^b$, $x, y \in \mathbb{F}_2^b$ 为任意值. 则

(1) 一定存在 $\mathbb{F}_2^b$ 上的映射 S_1, 满足 $c_{S_1}(u \to v) = 1$;

(2) 一定存在 $\mathbb{F}_2^b$ 上的映射 S_2, 使得

$$\begin{cases} S_2(x) = y, \\ S_2(x \oplus u) = y \oplus v, \end{cases}$$

从而 S_2 满足 $S_2(x) \oplus S_2(x \oplus u) = v$, 即 (u, v) 是 S_2 可能的差分.

证明 (1) 由于 u 和 v 均为 $\mathbb{F}_2^b$ 中的非零元, 故可分别扩充为 $\mathbb{F}_2^b$ 的两组基

$$(u, u_1, u_2, \cdots, u_{b-1}), \quad (v, v_1, v_2, \cdots, v_{b-1}).$$

按如下方式定义 $\mathbb{F}_2^b$ 上线性变换 $\mathcal{L}$:

$$\begin{cases} \mathcal{L}(v) = u, \\ \mathcal{L}(v_i) = u_i, \quad i = 1, 2, \cdots, b-1. \end{cases}$$

令 L^{T} 为 $\mathcal{L}$ 对应的 $b \times b$ 二元矩阵, 定义 $S_1(x) = Lx$, 则

$$\sum_{x \in \mathbb{F}_2^b} u^{\mathrm{T}} x \oplus v^{\mathrm{T}} S_1(x) = \sum_{x \in \mathbb{F}_2^b} u^{\mathrm{T}} x \oplus v^{\mathrm{T}} Lx = \sum_{x \in \mathbb{F}_2^b} (u \oplus L^{\mathrm{T}} v)^{\mathrm{T}} x = 0,$$

从而 S_1 在 (u, v) 处的相关性为 1.

(2) 满足 $S_2(x) = y, S_2(x \oplus u) = y \oplus v$ 的映射的存在性是显然的. 并且 $S_2(x) \oplus S_2(x \oplus u) = v$. □

该引理是分析结构密码学性质的重要依据之一. 需要特别指出的是, 该引理并未要求 S_1 和 S_2 的可逆性. 实际上, 我们既能构造可逆的实例, 也能构造不可逆的实例, 可根据实际需求具体构造.

下面, 我们给出定理 6.2 的证明:

证明 参考图 6.1, 证明可以分为如下两个部分.

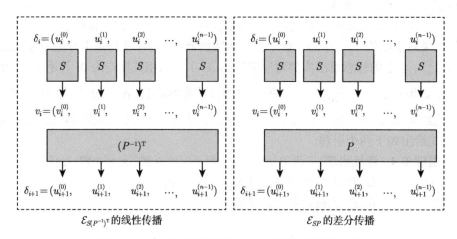

图 6.1 $\mathcal{E}_{SP}^{\perp}$ 的线性传播与 $\mathcal{E}_{SP}$ 的差分传播示意图

(1) 首先证明, 若 $\delta_0 \to \delta_r$ 是密码结构 $\mathcal{E}_{SP}^{\perp}$ 中某个实例 E 的非零相关线性掩码, 其中 $\delta_i \in (\mathbb{F}_2^b)^n$, $c(\delta_0^{\mathrm{T}} X \oplus \delta_r^{\mathrm{T}} E(X)) \neq 0$, 则我们总能构造出 $\mathcal{E}_{SP}$ 的一个实例 E', 使得对应的差分是可能的, 即存在 x, 使得 $E'(x) \oplus E'(x \oplus \delta_0) = \delta_r$.

若 $\delta_0 \to \delta_r$ 是 $E \in \mathcal{E}_{SP}^{\perp}$ 的非零相关线性掩码, 则一定存在如下一条非零相关的线性路径:

$$\delta_0 \to \cdots \to \delta_i \to \cdots \to \delta_r.$$

参照图 6.1, 考虑对偶结构 $\mathcal{E}_{SP}^{\perp}$, 令 $\delta_i = \left(u_i^{(0)}, u_i^{(1)}, \cdots, u_i^{(n-1)}\right)$ 为第 i 轮 S 层的输入掩码, $v_i = \left(v_i^{(0)}, v_i^{(1)}, \cdots, v_i^{(n-1)}\right)$ 为相应的输出掩码. 因为 S 盒为双射, 故

$$H_b(\delta_i) = H_b(v_i).$$

另一方面, 根据线性传播规律有

$$v_i = \left(\left(P^{-1}\right)^{\mathrm{T}}\right)^{\mathrm{T}} \delta_{i+1} = P^{-1}\delta_{i+1},$$

即 $\delta_{i+1} = Pv_i$.

由于 $H_b(\delta_i) = H_b(v_i)$, 根据连接引理, 对于任意 $(x_i, x_i \oplus \delta_i)$ 我们能够构造出满足差分传播 $\delta_i \to v_i$ 的 S 层, 从而有 $x_{i+1} = P \circ S(x_i)$, $x_{i+1} \oplus \delta_{i+1} = P \circ S(x_i \oplus \delta_i)$. 进一步构造出满足差分路径

$$\delta_0 \to \cdots \to \delta_i \to \cdots \to \delta_r$$

的算法实例 $E' \in \mathcal{E}_{SP}$: $E'(x_0) \oplus E'(x_0 \oplus \delta_0) = x_r \oplus (x_r \oplus \delta_r) = \delta_r$.

(2) 下面证明若 $\delta_0 \to \delta_r$ 是密码结构 $\mathcal{E}_{SP}$ 中实例 E 的可能差分, 其中 $\delta_i \in (\mathbb{F}_2^b)^n$, 则我们总能构造出另一个实例 $E' \in \mathcal{E}_{SP}^{\perp}$, 使得对应的相关性非零.

若 $\delta_0 \to \delta_r$ 是 $E \in \mathcal{E}_{SP}$ 的可能差分, 则一定存在如下一条差分传播链:

$$\delta_0 \to \cdots \to \delta_i \to \cdots \to \delta_r.$$

参照图 6.1, 考虑结构 $\mathcal{E}_{SP}$, 令 $u_i = \left(u_i^{(0)}, u_i^{(1)}, \cdots, u_i^{(n-1)}\right)$ 为第 i 轮 S 层的输入差分, $v_i = \left(v_i^{(0)}, v_i^{(1)}, \cdots, v_i^{(n-1)}\right)$ 为相应的输出差分. 则根据差分传播的规律

$$\delta_{i+1} = Pv_i,$$

即

$$v_i = P^{-1}\delta_{i+1} = \left(\left(P^{-1}\right)^{\mathrm{T}}\right)^{\mathrm{T}} \delta_{i+1}.$$

考虑到 $\chi(\delta_i) = \chi(v_i)$, 根据连接引理, 我们能够构造出 $c_{S_i}(\delta_i \to v_i) = 1$ 的线性函数 S_i 作为 S 层. 由于线性函数的复合仍然是线性函数, 将 r 个轮函数进行复合即得满足线性路径

$$\delta_0 \to \cdots \to \delta_i \to \cdots \to \delta_r$$

的 r 轮算法实例 $E' \in \mathcal{E}_{SP}^{\perp}$, 满足 $c_{E'}(\delta_0 \to \delta_r) = 1$.

综合上述两个部分可知定理成立. □

根据定义, SPN 结构的对偶结构仍为 SPN 结构, 故寻找 SPN 结构零相关线性掩码可等价为寻找其对偶结构的不可能差分, 从而从技术上讲, 寻找 SPN 结构的零相关线性掩码与不可能差分本质上是相同的. 由于不可能差分分析出现年代比零相关线性分析要早得多, 因此不可能差分相关理论与技术发展也相对成熟. 上述定理说明, 在评估密码结构 $\mathcal{E}_{SP}$ 抵抗零相关线性密码分析安全性的时候, 我们无须针对零相关线性密码分析开发新的理论与技术, 只需将成熟的不可能差分密码分析理论与技术应用于 $\mathcal{E}_{SP}^{\perp}$ 即可, 从而简化了评估流程.

尽管定理 6.2 给出了寻找结构零相关线性掩码和寻找对偶结构不可能差分之间的等价关系, 但在实际分析算法安全性时, 人们可能会更加关注一个密码结构自身零相关线性掩码和不可能差分之间的关系. 鉴于此, 我们研究了密码结构及其对偶结构之间一种特殊的等价关系.

定义 6.8　若方阵 P 满足 $P^{\mathrm{T}}P = I$, 即 $P^{-1} = P^{\mathrm{T}}$, 则称 P 为正交矩阵.

当 P 是正交矩阵时, $\mathcal{E}_{S(P^{-1})^{\mathrm{T}}} = \mathcal{E}_{SP}$, 即 $\mathcal{E}_{SP}$ 的对偶结构即为该结构本身. 根据定理 6.2, 此时 $\mathcal{E}_{SP}$ 的任意不可能差分 $\alpha \to \beta$ 同时也是 $\mathcal{E}_{SP}$ 的零相关线性掩码, 反之亦成立.

推论 6.1　若结构 $\mathcal{E}_{SP}$ 的 P 置换为正交矩阵, 则 $\mathcal{E}_{SP}$ 的零相关线性掩码与不可能差分等价.

韩国加密标准 ARIA 算法采用了 SPN 结构, 其线性层可以用如下 16×16 的二元矩阵表示, 从而容易验证, $P^{\mathrm{T}}P = I$, 即 P 为正交矩阵. 根据上述推论, ARIA 算法结构不可能差分和零相关线性掩码是等价的.

$$P = \begin{bmatrix} 0&0&0&1&1&0&1&0&1&1&0&0&0&1&1&0 \\ 0&0&1&0&0&1&0&1&1&1&0&0&1&0&0&1 \\ 0&1&0&0&1&0&1&0&0&0&1&1&1&0&0&1 \\ 1&0&0&0&0&1&0&1&0&0&1&1&0&1&1&0 \\ 1&0&1&0&0&1&0&0&1&0&0&1&0&0&1&1 \\ 0&1&0&1&1&0&0&0&0&1&1&0&0&0&1&1 \\ 1&0&1&0&0&0&0&1&0&1&1&0&1&1&0&0 \\ 0&1&0&1&0&0&1&0&1&0&0&1&1&1&0&0 \\ 1&1&0&0&1&0&0&1&0&1&0&0&1&0&1 \\ 1&1&0&0&0&1&1&0&0&0&0&1&1&0&1&0 \\ 0&0&1&1&0&1&1&0&1&0&0&0&0&1&0&1 \\ 0&0&1&1&1&0&0&1&0&1&0&0&1&0&1&0 \\ 0&1&1&0&0&0&1&1&0&1&0&1&1&0&0&0 \\ 1&0&0&1&0&0&1&1&1&0&1&0&0&1&0&0 \\ 1&0&0&1&1&1&0&0&0&1&0&1&0&0&1&0 \\ 0&1&1&0&1&1&0&0&1&0&1&0&0&0&0&1 \end{bmatrix}.$$

推论 6.2　若 $\mathcal{E}_{SP}$ 的线性扩散层采用比特置换, 则 $\mathcal{E}_{SP}$ 的零相关线性掩码与不可能差分等价.

证明　比特置换的矩阵表示为置换矩阵, 而对置换矩阵 P 而言, $P^{-1} = P^{\mathrm{T}}$ 恒成立, 即置换矩阵一定是正交矩阵.　　　　　　　　　　　　　　　□

轻量级密码 PRESENT 算法采用了 SPN 结构, 为方便实现, 该算法的线性变换采用比特置换来实现. 因此根据上述推论, PRESENT 算法结构不可能差分和零相关线性掩码是等价的.

需要强调的是, 上述结论仅说明 PRESENT 算法的结构不可能差分和零相关线性掩码等价, 并非指 PRESENT 算法的不可能差分和零相关线性掩码等价. 若构造不可能差分和零相关线性掩码时考虑了 S 盒的细节, 则结论未必成立. 实际上, 由于 PRESENT 算法 S 盒规模较小, 部分性质可以被用来构造 PRESENT 算法轮数更长的不可能差分和零相关线性掩码, 但这些都不是 PRESENT 算法结构的不可能差分和零相关线性掩码.

6.2.2 SPN 结构不可能差分轮数的上界

对于给定的密码结构, 我们可以尝试找出所有不可能差分. 但考虑到不可能差分输入和输出的可能性太多, 穷尽搜索是不切实际的. 本节从可证明安全的角度, 首先将 SPN 结构不可能差分的存在性问题规约为特殊形式不可能差分的存在性问题, 在此基础上给出 SPN 结构不可能差分轮数的上界, 从而给出 SPN 结构针对不可能差分攻击的可证明安全.

密码结构的不可能差分本质上就是与 S 盒无关的不可能差分, 即无论对哪一个具体的 S 盒, 相应的差分都是不可能差分. 反之, 若存在某个算法使得一条差分是可能的, 则该差分的可能性与具体算法相关.

假设 $\alpha \to \beta$ 是 $\mathcal{E}_{SP}^{(r)}$ 的可能差分, 即 $\alpha \to \beta$ 是 $\mathcal{E}_{SP}^{(r)}$ 中某个算法实例的差分. 根据连接引理可知, 只要 $\chi(\alpha') = \chi(\alpha)$ 和 $\chi(\beta') = \chi(\beta)$, 则

$$\alpha \xrightarrow{\mathcal{E}^S} \alpha' \xrightarrow{\mathcal{E}^{PS\cdots SP}} \beta' \xrightarrow{\mathcal{E}^S} \beta$$

是 $\mathcal{E}_{SP}^{(r)}$ 的可能差分. 因此, 对任意满足 $\chi(\alpha^*) = \chi(\alpha)$ 和 $\chi(\beta^*) = \chi(\beta)$ 的 α^*, β^* 而言,

$$\alpha^* \xrightarrow{\mathcal{E}^S} \alpha' \xrightarrow{\mathcal{E}^{PS\cdots SP}} \beta' \xrightarrow{\mathcal{E}^S} \beta^*$$

仍然是 $\mathcal{E}_{SP}^{(r)}$ 可能的差分.

因此, 为了验证一个 SPN 结构是否存在 r 轮不可能差分, 只需对非零 S 盒的差分任取一个非零值验证即可, 从而总测试量为 $(2^m - 1) \times (2^m - 1) \approx 2^{2m}$ 条候选差分, 其中 m 为 S 盒的数目. 比如对 AES 算法而言, $m = 16$, 从而总测试量大约为 2^{32} 条差分. 实际上, 这个复杂度还能进一步降低. 我们首先考虑 1 轮 SPN 结构:

引理 6.2 假设 $n \leqslant 2^{b-1} - 1$. 若 $\alpha_1 \to \beta_1$ 和 $\alpha_2 \to \beta_2$ 均是 1 轮 SPN 结构

$\mathcal{E}_{SP}^{(1)}$ 的可能差分, 其中 $P \in \mathbb{F}_{2^b}^{n \times n}$. 则一定存在 α 和 β 满足如下等式:

$$\begin{cases} \chi(\alpha) = \chi(\alpha_1) | \chi(\alpha_2), \\ \chi(\beta) = \chi(\beta_1) | \chi(\beta_2), \end{cases}$$

且 $\alpha \to \beta$ 是 $\mathcal{E}_{SP}^{(1)}$ 的可能差分, 其中 "$|$" 表示逻辑 "或" 运算.

　　证明　首先, 由于 $\alpha_1 \to \beta_1$ 和 $\alpha_2 \to \beta_2$ 均为 $\mathcal{E}_{SP}^{(1)}$ 的可能差分, 因此, 存在 $\alpha_1^*, \alpha_2^*, \chi(\alpha_1^*) = \chi(\alpha_1), \chi(\alpha_2^*) = \chi(\alpha_2)$, 使得如下差分成立:

$$\begin{cases} \alpha_1 \xrightarrow{S} \alpha_1^* \xrightarrow{P} \beta_1, \\ \alpha_2 \xrightarrow{S} \alpha_2^* \xrightarrow{P} \beta_2. \end{cases}$$

　　对任意 $\lambda \in \mathbb{F}_{2^b}^*$, 由于 $\chi(\lambda\alpha_2^*) = \chi(\alpha_2)$, 因此 $\alpha_2 \xrightarrow{S} \lambda\alpha_2^* \xrightarrow{P} \lambda\beta_2$ 也是 $\mathcal{E}_{SP}^{(1)}$ 的可能差分.

　　不失一般性, 令

$$\begin{cases} \alpha_1^* = (x_{w_1}^{(1)}, x_{r_1}^{(1)}, 0_{n-r_1-w_1}), \\ \alpha_2^* = (x_{w_1}^{(2)}, 0_{r_1}, x_{n-r_1-w_1}^{(2)}), \\ \beta_1 = (y_{w_2}^{(1)}, y_{r_2}^{(1)}, 0_{n-r_2-w_2}), \\ \beta_2 = (y_{w_2}^{(2)}, 0_{r_2}, y_{n-r_2-w_2}^{(2)}), \end{cases}$$

其中 $0_t = \underbrace{0 \cdots 0}_{t}$, $x_r^{(i)}, y_r^{(i)} \in (\mathbb{F}_{2^b}^*)^r$. 令

$$\begin{cases} x_{w_1}^{(1)} = (a_0^{(1)}, \cdots, a_{w_1-1}^{(1)}), \\ x_{w_1}^{(2)} = (a_0^{(2)}, \cdots, a_{w_1-1}^{(2)}), \\ y_{w_2}^{(1)} = (b_0^{(1)}, \cdots, b_{w_2-1}^{(1)}), \\ y_{w_2}^{(2)} = (b_0^{(2)}, \cdots, b_{w_2-1}^{(2)}). \end{cases}$$

　　进一步, 令

$$\Lambda = \left\{ \frac{a_0^{(1)}}{a_0^{(2)}}, \cdots, \frac{a_{w_1-1}^{(1)}}{a_{w_1-1}^{(2)}}, \frac{b_0^{(1)}}{b_0^{(2)}}, \cdots, \frac{b_{w_2-1}^{(1)}}{b_{w_2-1}^{(2)}} \right\}.$$

由于 $\#\Lambda \leqslant w_1 + w_2 \leqslant n + n = 2n \leqslant 2 \times (2^{b-1} - 1) = 2^b - 2$, 因此 $\mathbb{F}_{2^b}^* \setminus \Lambda$ 是一个非空集. 从而, 对于 $\lambda \in \mathbb{F}_{2^b}^* \setminus \Lambda$, 总有

$$
\begin{cases}
\chi(\alpha_1^* \oplus \lambda\alpha_2^*) = \chi(\alpha_1^*|\alpha_2^*), \\
\chi(\beta_1 \oplus \lambda\beta_2) = \chi(\beta_1|\beta_2),
\end{cases}
$$

这就说明

$$
\alpha_1|\alpha_2 \xrightarrow{S} \alpha_1^* \oplus \lambda\alpha_2^* \xrightarrow{P} \beta_1 \oplus \lambda\beta_2
$$

是 $\mathcal{E}_{SP}^{(1)}$ 的可能差分.

因此, 令 $\alpha = \alpha_1^* \oplus \lambda\alpha_2^*$, $\beta = \beta_1 \oplus \lambda\beta_2$ 即可满足定理要求. □

对很多密码算法而言, $n \leqslant 2^{b-1} - 1$ 总成立, 比如 AES 算法和 ARIA 算法中 $n = 16$, $b = 8$. 利用数学归纳法, 同时考虑到最后一轮只有 S 盒层, 我们有

推论 6.3 设 $\mathcal{E}_{SP}^{(r)}$ 是 r 轮 SPN 结构, 其中扩散层 $P \in \mathbb{F}_{2^b}^{n \times n}$, $n \leqslant 2^{b-1} - 1$. 若 $\alpha_1 \to \beta_1$ 和 $\alpha_2 \to \beta_2$ 均为 $\mathcal{E}_{SP}^{(r)}$ 的可能差分, 则 $\alpha_1|\alpha_2 \to \beta_1|\beta_2$ 也是 $\mathcal{E}_{SP}^{(r)}$ 的可能差分.

若 $(x_0, 0, \cdots, 0) \to (y_0, 0, \cdots, 0)$ 和 $(0, x_1, 0, \cdots, 0) \to (0, y_1, 0, \cdots, 0)$ 均是 $\mathcal{E}_{SP}^{(r)}$ 的可能差分, 其中 x_0, x_1, y_0, y_1 均非零. 根据推论 6.3,

$$
(x_0, x_1, 0, \cdots, 0) \to (y_0, y_1, 0, \cdots, 0)
$$

是 $\mathcal{E}_{SP}^{(r)}$ 的可能差分. 换言之, 若 $(x_0, x_1, 0, \cdots, 0) \to (y_0, y_1, 0, \cdots, 0)$ 是 $\mathcal{E}_{SP}^{(r)}$ 的不可能差分, 则 $(x_0, 0, \cdots, 0) \to (y_0, 0, \cdots, 0)$ 和 $(0, x_1, 0, \cdots, 0) \to (0, y_1, 0, \cdots, 0)$ 中至少有一个是 $\mathcal{E}_{SP}^{(r)}$ 的不可能差分. 从而有如下定理:

定理 6.3 设 $\mathcal{E}_{SP}^{(r)}$ 是 r 轮 SPN 结构, 其中扩散层 $P \in \mathbb{F}_{2^b}^{n \times n}$, $n \leqslant 2^{b-1} - 1$. 则 $\mathcal{E}_{SP}^{(r)}$ 存在不可能差分, 当且仅当 $\mathcal{E}_{SP}^{(r)}$ 存在满足 $H_b(\alpha) = H_b(\beta) = 1$ 的不可能差分 $\alpha \to \beta$, 其中 $H_b(X)$ 表示 X 的汉明重量.

对于 SPN 结构而言, 对任意满足 $H_b(\alpha) = H_b(\beta) = 1$ 的 (α, β), 我们可以利用中间相错法检测 $\alpha \to \beta$ 是否为不可能差分. 根据定理 6.3, 检测 SPN 结构是否存在不可能差分的复杂度可进一步由 $\mathcal{O}(2^{2m})$ 降低为 $\mathcal{O}(m^2)$, 其中 m 为 1 轮 SPN 结构中 S 盒的数目.

前文已经指出, 给定 $\mathbb{F}_2^n$ 上的函数 f, 无论迭代多少次, $f \circ f \circ \cdots \circ f$ 一定存在不可能差分, 即对于具体的一个迭代函数, 其不可能差分的轮数不存在上界. 另一方面, 尽管对于给定的轮函数, 迭代 r 轮的密码算法一定存在不可能差分, 但这些差分一般与密钥紧密相关. 作为区分器, 一般要求其与密钥无关, 因此, 我们关注的是 "与密钥无关的不可能差分". 故从结构上讲, 不可能差分轮数的上界是可能存在的.

定理 6.4　设 $\mathcal{E}^r$ 是一个 r 轮迭代 SPN 密码结构. 若 $\mathcal{E}^r$ 不存在输入和输出皆非零的不可能差分, 则当 $h \geqslant r$ 时, $\mathcal{E}^h$ 不存在输入和输出皆非零的不可能差分.

证明　只需证明 $\mathcal{E}^{r+1}$ 不存在不可能差分即可.

首先, $\mathcal{E}^r$ 不存在不可能差分, 即是说, 对任意 $\alpha \to \beta$, 存在实例 $E^r \in \mathcal{E}^r$ 以及输入 x 使得

$$E^r(x) \oplus E^r(x \oplus \alpha) = \beta.$$

设 α_0 和 β_0 为任意非零差分. 一方面, 存在实例 $E^r \in \mathcal{E}^r$ 以及输入 x 使得

$$E^r(x) \oplus E^r(x \oplus \alpha_0) = \beta_0.$$

另一方面, 对于 S 盒层, 根据连接引理, 对于给定的 $y = E^r(x)$, 存在 S 盒的并置 S, 使得 $S(y) \oplus S(y \oplus \beta_0) = \beta_0$.

令 $E = S \circ E^r$. 则

$$E(x) \oplus E(x \oplus \alpha_0) = S \circ E^r(x) \oplus S \circ E^r(x \oplus \alpha_0) = S(y) \oplus S(y \oplus \beta_0) = \beta_0.$$

因此, 任意给定的非零差分 α_0 和 β_0, 总存在 $\mathcal{E}^{r+1}$ 的实例 E, 使得 $\alpha_0 \to \beta_0$ 是该实例的差分. 此即说明, 任意 $\alpha_0 \to \beta_0$ 都不是 $\mathcal{E}^{r+1}$ 的不可能差分, 即 $\mathcal{E}^{r+1}$ 不存在输入输出皆非零的不可能差分. □

上文已经说到, 我们可以用理论推导或者工具判断的方法确定 SPN 结构最长不可能差分的轮数. 由于结构的不可能差分与 S 盒细节无关, 因此其长度和形式均由 P 置换决定. 下面, 我们将给出 SPN 结构不可能差分的长度与 P 置换的联系. 引理 6.2说明, 若 $\beta = P\alpha$, 则存在 α_0 和 β_0 使得 $\chi(\alpha_0) = \chi(\alpha)$, $\chi(\beta_0) = \chi(\beta)$, 且 $\alpha_0 \to \beta_0$ 是 1 轮 SPN 结构的可能差分.

定理 6.5　(SPN 结构不可能差分轮数上界)　设 $\mathcal{E}^{(r)}_{SP}$ 是 r 轮 SPN 结构, 其中扩散层 $P \in \mathbb{F}^{n \times n}_{2^b}$, $n \leqslant 2^{b-1} - 1$. 令 $R_1(P)$ 和 $R_{-1}(P)$ 分别为 P 和 P^{-1} 的本原指数. 则当 $r \geqslant R_1(P) + R_{-1}(P) + 1$ 时, $\mathcal{E}^{(r)}_{SP}$ 不存在不可能差分. 换言之, $\mathcal{E}^{(r)}_{SP}$ 最长不可能差分的轮数 $r \leqslant R_1(P) + R_{-1}(P)$.

证明　根据引理 6.2 和推论 6.3, 对任意满足 $H_b(\alpha_1) = 1$ 的差分 $\alpha_1 \in (\mathbb{F}^b_2)^n$, 总存在满足 $H_b(\beta_1) = n$ 的 $\beta_1 \in (\mathbb{F}^b_2)^n$, 使得 $\alpha_1 \to \beta_1$ 是 $R_1(P)$ 轮加密 $\mathcal{E}_{SP}$ 的可能差分; 同样, 对任意满足 $H_b(\alpha_2) = 1$ 的 $\alpha_2 \in (\mathbb{F}^b_2)^n$, 总存在满足 $H_b(\beta_2) = n$ 的 $\beta_2 \in (\mathbb{F}^b_2)^n$, 使得 $\alpha_2 \to \beta_2$ 是 $R_{-1}(P)$ 轮解密 $\mathcal{E}_{SP}$ 的可能差分.

因为 $\chi(\beta_1) = \chi(\beta_2) = (1, 1, \cdots, 1)$, 故 $\beta_1 \to \beta_2$ 是 S 层 $\mathcal{E}^S$ 的可能差分. 因此, $\alpha_1 \to \alpha_2$ 是 $R_1(P) + R_{-1}(P) + 1$ 轮 $\mathcal{E}_{SP}$ 的可能差分, 见图 6.2. 从而根据定理 6.4可知, 当 $r \geqslant R_1(P) + R_{-1}(P) + 1$ 时, $\mathcal{E}^{(r)}_{SP}$ 不存在不可能差分. □

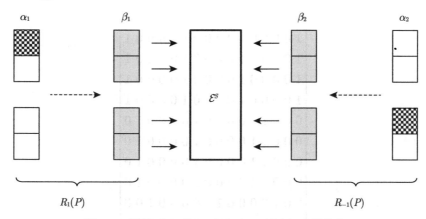

图 6.2 构造 $\mathcal{E}_{SP}$ 的 $R_1(P) + R_{-1}(P) + 1$ 轮差分

典型应用 1. 高级加密标准 AES 算法是一个典型的 SPN 型分组密码算法. 将 AES 算法中 4×4 的状态看作 $\mathbb{F}_{2^8}^{16}$ 中的向量, 则 P 置换 (行移位和列混合的复合) 可以写成 $\mathbb{F}_{2^8}$ 上 16×16 的矩阵:

$$P = \begin{bmatrix}
2 & 0 & 0 & 0 & 0 & 3 & 0 & 0 & 0 & 0 & 1 & 0 & 0 & 0 & 0 & 1 \\
1 & 0 & 0 & 0 & 0 & 2 & 0 & 0 & 0 & 0 & 3 & 0 & 0 & 0 & 0 & 1 \\
1 & 0 & 0 & 0 & 0 & 1 & 0 & 0 & 0 & 0 & 2 & 0 & 0 & 0 & 0 & 3 \\
3 & 0 & 0 & 0 & 0 & 1 & 0 & 0 & 0 & 0 & 1 & 0 & 0 & 0 & 0 & 2 \\
0 & 0 & 0 & 1 & 2 & 0 & 0 & 0 & 0 & 3 & 0 & 0 & 0 & 0 & 1 & 0 \\
0 & 0 & 0 & 1 & 1 & 0 & 0 & 0 & 2 & 0 & 0 & 0 & 0 & 3 & 0 \\
0 & 0 & 0 & 3 & 1 & 0 & 0 & 0 & 1 & 0 & 0 & 0 & 0 & 2 & 0 \\
0 & 0 & 0 & 2 & 3 & 0 & 0 & 0 & 1 & 0 & 0 & 0 & 0 & 1 & 0 \\
0 & 0 & 1 & 0 & 0 & 0 & 1 & 2 & 0 & 0 & 0 & 3 & 0 & 0 \\
0 & 0 & 3 & 0 & 0 & 0 & 1 & 1 & 0 & 0 & 0 & 2 & 0 & 0 \\
0 & 0 & 2 & 0 & 0 & 0 & 3 & 1 & 0 & 0 & 0 & 1 & 0 & 0 \\
0 & 0 & 1 & 0 & 0 & 0 & 2 & 3 & 0 & 0 & 0 & 1 & 0 & 0 \\
0 & 3 & 0 & 0 & 0 & 1 & 0 & 0 & 0 & 1 & 2 & 0 & 0 & 0 \\
0 & 2 & 0 & 0 & 0 & 3 & 0 & 0 & 0 & 1 & 1 & 0 & 0 & 0 \\
0 & 1 & 0 & 0 & 0 & 2 & 0 & 0 & 0 & 3 & 1 & 0 & 0 & 0 \\
0 & 1 & 0 & 0 & 0 & 1 & 0 & 0 & 0 & 2 & 3 & 0 & 0 & 0
\end{bmatrix}.$$

P 的示性矩阵为

$$P^* = \begin{bmatrix} 1&0&0&0&0&1&0&0&0&0&1&0&0&0&0&1 \\ 1&0&0&0&0&1&0&0&0&0&1&0&0&0&0&1 \\ 1&0&0&0&0&1&0&0&0&0&1&0&0&0&0&1 \\ 1&0&0&0&0&1&0&0&0&0&1&0&0&0&0&1 \\ 0&0&0&1&1&0&0&0&0&1&0&0&0&0&1&0 \\ 0&0&0&1&1&0&0&0&0&1&0&0&0&0&1&0 \\ 0&0&0&1&1&0&0&0&0&1&0&0&0&0&1&0 \\ 0&0&0&1&1&0&0&0&0&1&0&0&0&0&1&0 \\ 0&0&1&0&0&0&0&1&1&0&0&0&0&1&0&0 \\ 0&0&1&0&0&0&0&1&1&0&0&0&0&1&0&0 \\ 0&0&1&0&0&0&0&1&1&0&0&0&0&1&0&0 \\ 0&0&1&0&0&0&0&1&1&0&0&0&0&1&0&0 \\ 0&1&0&0&0&0&1&0&0&0&0&1&1&0&0&0 \\ 0&1&0&0&0&0&1&0&0&0&0&1&1&0&0&0 \\ 0&1&0&0&0&0&1&0&0&0&0&1&1&0&0&0 \\ 0&1&0&0&0&0&1&0&0&0&0&1&1&0&0&0 \end{bmatrix},$$

经过计算得

$$(P^*)^2 = \begin{bmatrix} 1&1&1&1&1&1&1&1&1&1&1&1&1&1&1&1 \\ 1&1&1&1&1&1&1&1&1&1&1&1&1&1&1&1 \\ 1&1&1&1&1&1&1&1&1&1&1&1&1&1&1&1 \\ 1&1&1&1&1&1&1&1&1&1&1&1&1&1&1&1 \\ 1&1&1&1&1&1&1&1&1&1&1&1&1&1&1&1 \\ 1&1&1&1&1&1&1&1&1&1&1&1&1&1&1&1 \\ 1&1&1&1&1&1&1&1&1&1&1&1&1&1&1&1 \\ 1&1&1&1&1&1&1&1&1&1&1&1&1&1&1&1 \\ 1&1&1&1&1&1&1&1&1&1&1&1&1&1&1&1 \\ 1&1&1&1&1&1&1&1&1&1&1&1&1&1&1&1 \\ 1&1&1&1&1&1&1&1&1&1&1&1&1&1&1&1 \\ 1&1&1&1&1&1&1&1&1&1&1&1&1&1&1&1 \\ 1&1&1&1&1&1&1&1&1&1&1&1&1&1&1&1 \\ 1&1&1&1&1&1&1&1&1&1&1&1&1&1&1&1 \\ 1&1&1&1&1&1&1&1&1&1&1&1&1&1&1&1 \\ 1&1&1&1&1&1&1&1&1&1&1&1&1&1&1&1 \end{bmatrix},$$

从而 $R_1(P) = 2$, 这说明 AES 算法正向加密两轮可以达到全扩散; 同理可得, 对于解密而言, $R_{-1}(P) = 2$, 即 AES 算法在解密时也是两轮达到全扩散. 因此可得如下性质:

推论 6.4 AES 算法导出的密码结构 $\mathcal{E}^{\mathrm{AES}}$ 不存在 $r \geqslant 5$ 轮的不可能差分. 换言之, 除非考虑算法 S 盒的细节, 否则 AES 算法不存在 5 轮或超过 5 轮的不可能差分.

在密码分析中, 区分器的轮数是十分重要的参数. 因此, 推论 6.4 说明, 利用不可能差分对 AES 算法进行分析, 除非充分挖掘 S 盒的有用信息, 否则很难有本质性突破.

典型应用 2. 韩国加密标准 ARIA 算法也是典型的 SPN 型算法, 其线性变换 P 满足 $P = P^{-1}$. 计算可知

$$(P^*)^2 = \begin{bmatrix} 1&1&1&1&1&1&1&1&1&1&1&1&1&1&1&1 \\ 1&1&1&1&1&1&1&1&1&1&1&1&1&1&1&1 \\ 1&1&1&1&1&1&1&1&1&1&1&1&1&1&1&1 \\ 1&1&1&1&1&1&1&1&1&1&1&1&1&1&1&1 \\ 1&1&1&1&1&1&1&1&1&1&1&1&1&1&1&1 \\ 1&1&1&1&1&1&1&1&1&1&1&1&1&1&1&1 \\ 1&1&1&1&1&1&1&1&1&1&1&1&1&1&1&1 \\ 1&1&1&1&1&1&1&1&1&1&1&1&1&1&1&1 \\ 1&1&1&1&1&1&1&1&1&1&1&1&1&1&1&1 \\ 1&1&1&1&1&1&1&1&1&1&1&1&1&1&1&1 \\ 1&1&1&1&1&1&1&1&1&1&1&1&1&1&1&1 \\ 1&1&1&1&1&1&1&1&1&1&1&1&1&1&1&1 \\ 1&1&1&1&1&1&1&1&1&1&1&1&1&1&1&1 \\ 1&1&1&1&1&1&1&1&1&1&1&1&1&1&1&1 \\ 1&1&1&1&1&1&1&1&1&1&1&1&1&1&1&1 \\ 1&1&1&1&1&1&1&1&1&1&1&1&1&1&1&1 \end{bmatrix},$$

因此 $R_1(P) = R_{-1}(P) = 2$, 这说明与 AES 算法类似, 无论是加密还是解密, 两轮 ARIA 算法可达全扩散. 根据定理 6.5 有

性质 6.2 ARIA 算法导出的密码结构 $\mathcal{E}^{\mathrm{ARIA}}$ 不存在 $r \geqslant 5$ 轮的不可能差分. 换言之, 除非考虑算法 S 盒的细节, 否则 ARIA 算法不存在 5 轮或超过 5 轮的不可能差分.

无论是 AES 算法还是 ARIA 算法, 对于其导出的密码结构 $\mathcal{E}^{\mathrm{AES}}$ 和 $\mathcal{E}^{\mathrm{ARIA}}$ 而言, 我们都已经找到了 4 轮不可能差分和 4 轮零相关线性掩码. 因此, 上述定理

说明, 在不考虑 S 盒细节的情况下, 目前对 AES 算法和 ARIA 算法的不可能差分和零相关线性攻击的结果很难得到本质的改进.

典型应用 3. 由于评估 $\mathcal{E}_{SP}$ 针对零相关线性分析的安全性可通过评估 $\mathcal{E}_{SP}^{\perp}$ 针对不可能差分攻击的安全性来实施, 故给出 $\mathcal{E}_{SP}^{\perp}$ 针对不可能差分攻击的可证明安全即可给出 $\mathcal{E}_{SP}$ 针对零相关线性分析的可证明安全. 根据定理 6.2, 我们有如下定理:

定理 6.6　设 $\mathcal{E}_{SP}^{(r)}$ 是 r 轮 SPN 结构, 其中扩散层 $P \in \mathbb{F}_{2^b}^{n \times n}$, $n \leqslant 2^{b-1} - 1$. 则 $\mathcal{E}_{SP}^{(r)}$ 存在零相关线性掩码, 当且仅当 $\mathcal{E}_{SP}^{(r)}$ 存在满足 $H_b(\alpha) = H_b(\beta) = 1$ 的零相关线性掩码 $\alpha \to \beta$, 其中 $H_b(X)$ 表示 X 的汉明重量.

定理 6.7 (SPN 结构零相关线性掩码轮数上界)　设 $\mathcal{E}_{SP}^{(r)}$ 是 r 轮 SPN 结构, 其中扩散层 $P \in \mathbb{F}_{2^b}^{n \times n}$, $n \leqslant 2^{b-1} - 1$. 令 $R_1(P)$ 和 $R_{-1}(P)$ 分别为 P 和 P^{-1} 的本原指数. 则当 $r \geqslant R_1(P) + R_{-1}(P) + 1$ 时, $\mathcal{E}_{SP}^{(r)}$ 不存在零相关线性掩码. 换言之, $\mathcal{E}_{SP}^{(r)}$ 最长零相关线性掩码轮数 $r \leqslant R_1(P) + R_{-1}(P)$.

本节最后, 我们再次强调, 上述结论均是针对密码结构而言的, 对于算法而言, 这些界有可能会被提升. 比如, Kuznyechik 算法[10] 是俄罗斯标准算法之一. 该算法也属于 SPN 结构密码算法, 其分组长度为 128 比特, S 盒规模为 8 比特字节, 算法扩散层由 $\mathbb{F}_{2^8}$ 上分支数为 17 的 16×16 矩阵构成, 故中间状态为 16 个字节. 根据性质 6.1和定理 6.5, 我们有

性质 6.3　若 $\mathcal{E}_{SP}$ 中扩散层 P 为有限域上的 MDS 矩阵, 则该结构最长不可能差分轮数为 2.

根据性质 6.3, Kuznyechik 算法导出的密码结构只有 2 轮不可能差分. 文献 [11] 指出, 针对 Kuznyechik 在内的很多算法, 通过考虑其 S 盒的差分传播性质, 可以将不可能差分的轮数从 2 轮提升至 3 轮甚至更多轮. 由于本书只关注密码结构, 相关细节请读者参考 [11].

6.3　SPN 结构针对中间相遇攻击的可证明安全

一个密码算法通常可以看作从明文空间 $\mathbb{F}_2^n$ 到密文空间 $\mathbb{F}_2^n$ 的一个函数, 而且这个函数由密钥控制.

令 $\mathbb{N} = \{0, 1, 2, \cdots\}$ 为自然数集, $\mathcal{N}$ 为 $\mathbb{N}$ 的幂集, 即 $\mathcal{N}$ 包含了 $\mathbb{N}$ 的所有子集. 为了刻画函数与哪些变量相关, 我们引入函数的变量子集表示法来表示一个函数 f 所涉及的变量, 并进一步研究其性质:

(1) 若 f 为常数, 则用空集 $\varnothing$ 表示 f 的变量集;

(2) 若 f 只和 t 个变量 $x_{i_0}, \cdots, x_{i_{t-1}}$ 相关, 即 f 可以写成 $f(x_{i_0}, \cdots, x_{i_{t-1}})$ 的形式, 则用集合 $\{i_0, \cdots, i_{t-1}\}$ 来表示 f 的变量集.

函数 f 的变量子集表示用符号 V_f 表示. 若 $V_f \subseteq V_g$, 则定义偏序 $f \preccurlyeq g$. 向量函数 $F = (f_0, \cdots, f_{n-1})$ 的变量子集表示定义为 $V_F = (V_{f_0}, \cdots, V_{f_{n-1}}) \in \mathcal{N}^n$. 令 F 和 G 为两个向量函数, 若对所有 $i = 0, \cdots, n-1$, 均有 $f_i \preccurlyeq g_i$, 则定义偏序 $F \preccurlyeq G$.

例 6.3 布尔函数 $f_1 = x_0x_1 \oplus x_1x_3 \oplus x_4$ 和 $f_2 = x_0x_1 \oplus x_3 \oplus x_4 \oplus 1$ 可用集合 $V_{f_1} = V_{f_2} = \{0, 1, 3, 4\} \in \mathcal{N}$ 表示, 布尔函数 $g = x_0 \oplus x_1x_2 \oplus c_0$ 可以用集合 $V_g = \{0, 1, 2\} \in \mathcal{N}$ 表示, 其中 $c_0 \in \mathbb{F}_2$ 为常数.

由上例可以发现, 布尔函数与其变量子集表示之间并无一一对应关系. 一个变量子集可以对应多个不同的布尔函数, 这是因为变量子集表示仅仅刻画了函数与哪些变量相关, 并未刻画这些相关性的细节.

我们首先研究布尔函数经过 S 盒和 P 置换后的性质[12], 以下两条性质显然:

引理 6.3 令 $V = (v_0, v_1, \cdots, v_{n-1}) \in \mathcal{N}^n$, 即 $v_i \subseteq \mathbb{N}$. S 层为 n 个固定 S 盒的并置. 则,

(1) 若 V 和 $S(V)$ 分别是 S 层的输入和输出, 记 $S(V) = (u_0, u_1, \cdots, u_{n-1}) \in \mathcal{N}^n$, 则 $u_i \subseteq v_i$, $i = 0, 1, \cdots, n-1$;

(2) 若 V 和 $P(V) = (w_0, w_1, \cdots, w_{n-1})$ 分别为线性层的输入和输出, 则

$$w_i \subseteq \bigcup_{j, p_{ij} \neq 0} v_j.$$

证明 (1) 显然 $v_i (i = 0, 1, \cdots, n-1)$ 经过 S 盒后, 变量不会增多, 故 $u_i \subseteq v_i (i = 0, 1, \cdots, n-1)$. 下面我们讨论 u_i 和 v_i 不等的情形. 在这种情况下, 必有某个输入变量经过 S 盒后被抵消了. m 个变量构成的布尔函数共有 2^{2^m} 个, 故在 m 个变量的布尔函数空间中随机选择一个函数, 该函数是一个 $m-1$ 元布尔函数的概率为 $2^{2^{m-1}}/2^{2^m} = 2^{-2^{m-1}}$, 当 m 较大时, 这是一个可忽略的概率. 从结构角度看, 对任意 V 而言, 我们总能构造满足 $S(V) = V$ 的实例. 因此, 我们一般均认为 $S(V) = V$.

(2) 经过线性变换后, 某一分量是其余若干分量的线性组合, 因此其变换不会超过相应分量所含变量的并集. $\square$

实际上, 在构造中间相遇攻击区分器时, 最重要的一步是中间状态与轮函数的异或运算. 显然, 常数和密钥异或, 其结果仍然是常数. 因此, $\varnothing$ 异或密钥后还是 $\varnothing$.

下面考虑非常数情形. 首先看一个例子: 令 $f = x_0x_1 \oplus x_0x_2 \oplus x_1x_2$, 其变量子集表示为 $V_f = \{0, 1, 2\}$, 将密钥 k 和 f 做异或运算:

$$f \oplus k = x_0x_1 \oplus x_0x_2 \oplus x_1x_2 \oplus k.$$

考虑到密钥 k 的值未知, 因此精确写出 $f \oplus k$ 的表达式不可能. 我们必须通过遍历密钥 k 的所有值来预计算 $f \oplus k$ 的值. 因此, 我们可以将 k 看作一个新的变量 x_3, 从而考虑如下函数:

$$g = x_0 x_1 \oplus x_0 x_2 \oplus x_1 x_2 \oplus x_3.$$

这说明, 若 f 为非常值函数, 设 $V_f = (v_0, v_1, \cdots, v_{t-1})$, 则异或密钥后相当于添加了一个新的变量. 因此 $V \oplus K = (w_0, w_1, \cdots, w_{n-1})$ 可按如下方式计算:

$$w_i = \begin{cases} v_i, & \text{若 } v_i = \varnothing, \\ v_i \cup \{d_i\}, \text{ 其中 } d_i \notin \cup v_i, & \text{若 } v_i \neq \varnothing. \end{cases}$$

下面, 利用变量子集表示重新研究例 4.12 中 3 轮 AES 算法的中间相遇区分器:

为方便起见, 下面我们用 $0, 1, 2, \cdots$ 进行标号, 而不是采用 AES 设计文档中的双下标表示. 假设活跃字节为第一个字节 x_0, 从而可以用如下矩阵表示输入:

$$X^{(0)} = \begin{bmatrix} \{0\} & \varnothing & \varnothing & \varnothing \\ \varnothing & \varnothing & \varnothing & \varnothing \\ \varnothing & \varnothing & \varnothing & \varnothing \\ \varnothing & \varnothing & \varnothing & \varnothing \end{bmatrix},$$

状态 $X^{(0)}$ 经过 S 层的输出 $Y^{(0)}$ 和线性层后的输出 $Z^{(0)}$ 分别为

$$Y^{(0)} = \begin{bmatrix} \{0\} & \varnothing & \varnothing & \varnothing \\ \varnothing & \varnothing & \varnothing & \varnothing \\ \varnothing & \varnothing & \varnothing & \varnothing \\ \varnothing & \varnothing & \varnothing & \varnothing \end{bmatrix}, \quad Z^{(0)} = \begin{bmatrix} \{0\} & \varnothing & \varnothing & \varnothing \\ \{0\} & \varnothing & \varnothing & \varnothing \\ \{0\} & \varnothing & \varnothing & \varnothing \\ \{0\} & \varnothing & \varnothing & \varnothing \end{bmatrix}.$$

根据上文讨论, 在经过密钥加层后, 我们可以用如下矩阵来表示输出状态:

$$X^{(1)} = \begin{bmatrix} \{0, 1\} & \varnothing & \varnothing & \varnothing \\ \{0, 2\} & \varnothing & \varnothing & \varnothing \\ \{0, 3\} & \varnothing & \varnothing & \varnothing \\ \{0, 4\} & \varnothing & \varnothing & \varnothing \end{bmatrix}.$$

同理, 经过第 2 轮的 S 层、线性层和密钥加层后的输出状态分别为

$$
Y^{(1)} = \begin{bmatrix} \{0,1\} & \varnothing & \varnothing & \varnothing \\ \{0,2\} & \varnothing & \varnothing & \varnothing \\ \{0,3\} & \varnothing & \varnothing & \varnothing \\ \{0,4\} & \varnothing & \varnothing & \varnothing \end{bmatrix},
$$

$$
Z^{(1)} = \begin{bmatrix} \{0,1\} & \{0,4\} & \{0,3\} & \{0,2\} \\ \{0,1\} & \{0,4\} & \{0,3\} & \{0,2\} \\ \{0,1\} & \{0,4\} & \{0,3\} & \{0,2\} \\ \{0,1\} & \{0,4\} & \{0,3\} & \{0,2\} \end{bmatrix}
$$

和

$$
X^{(2)} = \begin{bmatrix} \{0,1,5\} & \{0,4,9\} & \{0,3,13\} & \{0,2,17\} \\ \{0,1,6\} & \{0,4,10\} & \{0,3,14\} & \{0,2,18\} \\ \{0,1,7\} & \{0,4,11\} & \{0,3,15\} & \{0,2,19\} \\ \{0,1,8\} & \{0,4,12\} & \{0,3,16\} & \{0,2,20\} \end{bmatrix}.
$$

令

$$
\begin{cases} A_0 = \{0,1,2,3,4,5,10,15,20\}, \\ A_1 = \{0,1,2,3,4,8,9,14,19\}, \\ A_2 = \{0,1,2,3,4,7,12,13,18\}, \\ A_3 = \{0,1,2,3,4,6,11,16,17\}. \end{cases}
$$

则第 3 轮密钥加后的状态为

$$
X^{(3)} = \begin{bmatrix} A_0 \cup \{21\} & A_1 \cup \{25\} & A_2 \cup \{29\} & A_3 \cup \{33\} \\ A_0 \cup \{22\} & A_1 \cup \{26\} & A_2 \cup \{30\} & A_3 \cup \{34\} \\ A_0 \cup \{23\} & A_1 \cup \{27\} & A_2 \cup \{31\} & A_3 \cup \{35\} \\ A_0 \cup \{24\} & A_1 \cup \{28\} & A_2 \cup \{32\} & A_3 \cup \{36\} \end{bmatrix}.
$$

可以观察到

$$
\#A_0 = \#A_1 = \#A_2 = \#A_3 = 9.
$$

故第 3 轮密钥加后, 第 1 个字节含有 $\#(A_0 \cup \{21\}) = 10$ 个变量. 由于 $\{0\}$ 表示活跃字节 x_0, 故第 1 字节由 9 个参数决定. 同理, 每个输出字节均可看作关于 x_0 的带有 9 个 8 比特字节参数的函数.

假设结构 $\mathcal{E}$ 的输入状态被分为 n 个 b 比特字节, 给定轮数 r 及 $\{0, 1, \cdots, n-1\}$ 的子集 T, 利用如下算法即可得到 r 轮输出的第 i 个字节 C_i 的变量子集表示 V_i. 进一步,

$$\#\{t \in V_i | t \geqslant n\}$$

即为输入字节集 $\{x_i | i \in T\}$ 到第 i 个输出字节 C_i 所构成映射中的参数个数.

算法 1   计算密码结构的中间相遇区分器.

输入   迭代轮数 R_0, 输入的变量子集表示 V_0, 输出字节位置 z.

输出   从 $V_0 = \left(v_0^{(0)}, \cdots, v_{n-1}^{(0)} \right)$ 定义的明文到密文 z 所构成映射的参数个数.

  For $r = 0, 1, \cdots, R_0 - 1$

    $V_{r+1} = PV_r$, 其中 $v_j^{(r+1)} = \bigcup_{i, p_{i,j} \neq 0} v_i^{(r)}$;

    For $i = 0, 1, \cdots, n-1$

      If $v_i^{(r+1)} \neq \varnothing$

        在 $v_i^{(r+1)}$ 中增加一个新变量.

      Else

        保持 $v_i^{(r+1)}$ 不变.

  计算 $v_z^{(R_0)}$ 中元素个数 N.

返回 $N - \# \cup_j v_j^{(0)}$.

因此, 我们只需运行 $2^n - 1$ 次上述算法, 就可找到相应算法的所有中间相遇区分器. 此处 n 表示分块数, 比如 AES 算法的分块数为 16, 当 n 不是很大时, 在个人电脑上运行是可行的.

给定输入明文的活跃字节, 根据上文讨论, 我们可以找到每个输出密文的变量子集表示形式, 从而可以进一步计算出中间相遇区分器中参数的个数. 对于给定的算法, 我们据此就可以给出算法针对中间相遇攻击的可证明安全. 下面我们从有效区分器轮数上界的角度进一步考虑可证明安全模型.

定义 $\theta : \mathcal{N} \to \mathbb{N}$:

$$\theta(a) = \begin{cases} 0, & a = \varnothing, \\ 1, & a \neq \varnothing. \end{cases}$$

则 $X = (a_0, a_1, \cdots, a_{n-1}) \in \mathcal{N}^n$ 的截断模式定义为

$$\chi(X) \triangleq (\theta(a_0), \theta(a_1), \cdots, \theta(a_{n-1})) \in \mathbb{N}^n.$$

X 的汉明重量定义为 X 的非空分量的数目, 即

$$H(X) = \#\{i|a_i \neq \varnothing, 0 \leqslant i \leqslant n-1\},$$

X 的支撑定义为所有非空分量的位置集合:

$$\mathrm{supp}(X) = \{i|a_i \neq \varnothing, 0 \leqslant i \leqslant n-1\}.$$

令 $G_1, G_2 \in \mathbb{N}^{n \times n}$, $\alpha = (a_0, a_1, \cdots, a_{n-1})$, $\beta = (b_0, b_1, \cdots, b_{n-1}) \in \mathbb{N}^n$. 则张量积 $\alpha \otimes \beta$ 定义如下:

$$\alpha \otimes \beta = (a_0 b_0, a_1 b_1, \cdots, a_{n-1} b_{n-1}).$$

(G_1, G_2) 的 (α, β) 重量定义为

$$(G_1, G_2)(\alpha, \beta) = H_1\left((G_1\alpha) \otimes (G_2^{\mathrm{T}}\beta)\right).$$

下面对输入和输出进行建模.

输入建模. 在构造中间相遇区分器时, 通常将明文分为活跃、常数两个部分. 根据上文讨论, 我们有如下两种建模形式:

第一种模型就是用函数的变量子集表示建模. 即用 $\mathcal{N}^n$ 中的向量 V 来表示输入, 读者可参考上述 3 轮 AES 算法状态描述过程. 第二种方法利用了向量的截断模式, 即

$$\alpha = \chi(V) = (\alpha_0, \alpha_1, \cdots, \alpha_{n-1}) \in \mathbb{N}^n,$$

即若第 i 个输入字节为常数, 则 $\alpha_i = 0$; 否则 $\alpha_i = 1$.

输出建模. 与输入建模类似, 我们用 $\mathbb{N}$ 上的向量 β 表示输出: 若作为输出分量考虑, 则该分量为 1. 否则, 不考虑即为 0. 下面用例子来说明.

例 6.4　对于减轮 AES 算法, 考虑密文 c_{11} 作为明文 p_{00} 的函数. 则输入和输出分别为

$$\alpha = \begin{bmatrix} \underline{1} & 0 & 0 & 0 \\ 0 & 0 & 0 & 0 \\ 0 & 0 & 0 & 0 \\ 0 & 0 & 0 & 0 \end{bmatrix} \quad \text{和} \quad \beta = \begin{bmatrix} 0 & 0 & 0 & 0 \\ 0 & \underline{1} & 0 & 0 \\ 0 & 0 & 0 & 0 \\ 0 & 0 & 0 & 0 \end{bmatrix}.$$

定义 6.9（(α, β)-度）　令 $\alpha, \beta \in \mathbb{N}^n$ 分别为 r 轮 SPN 结构 $\mathcal{E}_{SP}$ 的输入和输出截断模式. 称将 α 对应的明文映射到 β 对应密文这个映射中的参数个数为 r 轮 $\mathcal{E}_{SP}$ 的 (α, β)-度, 记作 $\mathrm{Deg}_r(\alpha, \beta)$.

下面讨论 $\mathrm{Deg}_r(\alpha, \beta)$ 的计算.

根据上文讨论, 经过 S 层和 P 层不会增加参数个数, 非空集与密钥加会增加一个参数, 基于该观察可得如下定理:

定理 6.8　设 F 为一个 SPN 结构的轮函数, 依次由 S 层、P 层和密钥加层复合而成. 令 $\alpha \in \mathbb{N}^n$ 为输入截断模式, 则 1 轮变换可由 $H(\chi(P)\alpha)$ 个参数确定.

我们在此强调, 上述矩阵乘法是通过自然数集 $\mathbb{N}$ 上的加法和乘法来定义的, 因此上述运算中的加法为算术加法, 比如 $1 + 1 = 2$.

根据算法 1, 我们有如下定理:

定理 6.9　令 $V_0 \in \mathcal{N}^n$ 为一个 SPN 型结构输入的变量子集表示, $V_r \in \mathcal{N}^n$ 为第 r 轮的输出变量子集表示, P 为定义在 $\mathbb{F}_{2^b}$ 的矩阵. 则

$$\chi(V_r) = \chi\left(\chi^r(P)\chi(V_0)\right).$$

事实上, 在构造中间相遇区分器时, 我们只需要部分输出字节, 并不需要全部密文. 下面讨论对于部分输出情形, 我们如何计算参数个数.

为了确定输出的第 i 字节, 我们必须知道 P 的第 i 行支撑所对应的元素. 显然, 这些元素是 $P^{\mathrm{T}} e_i$ 的支撑, 其中 e_i 是单位矩阵的第 i 列.

引理 6.4　令 $\beta \in \mathbb{N}^n$ 为 r 轮 SPN 结构的输出, 其中 $P \in \mathbb{F}_{2^b}^{n \times n}$. 则对于明文 $m = (m_0, m_1, \cdots, m_{n-1})$, 为了计算 β 对应的密文, 我们必须知道 m_j, 其中

$$j \in \mathrm{supp}\left(\chi^r(P^{\mathrm{T}})\beta\right).$$

进一步, 我们有如下定理:

定理 6.10　令 $\mathcal{E}_{SP}$ 是一个 r 轮 SPN 结构, 线性层 $P \in \mathbb{F}_{2^b}^{n \times n}$, $G = \chi(P)$ 为 P 的示性矩阵. 令 α 和 β 分别为输入和输出模式, 则

$$\mathrm{Deg}_r(\alpha, \beta) = \sum_{i=1}^{r-1} (G^i, G^{r-i})(\alpha, \beta).$$

证明　首先注意到, 第 i 轮的输入为 $G^i \alpha$. 从解密方向看, 为了计算出 β, 我们必须知道第 $r - 1$ 轮中 $G^{\mathrm{T}} \beta$ 所对应支撑位置的值. 一般而言, 需要知道第 i 轮中 $(G^{\mathrm{T}})^{r-i}\beta$ 所对应支撑位置的值来计算 β. 因此, 为了从 α 计算出 β, 我们必须知道 $G^i \alpha$ 和 $(G^{\mathrm{T}})^{r-i}\beta$ 所对应支撑的重复位置.

根据定理 6.8, 在经过第 i 轮后, 参数个数将增加

$$H_1(G^i \alpha \otimes (G^{\mathrm{T}})^{r-i}\beta) = (G^i, G^{r-i})(\alpha, \beta).$$

因此, 从 α 到 β 的映射所含参数个数为

$$\text{Deg}_r(\alpha, \beta) = \sum_{i=1}^{r-1} (G^i, G^{r-i})(\alpha, \beta). \qquad \square$$

密码的可证明安全模型一般不关注具体区分器形式, 感兴趣的是最长区分器轮数的界. 显然, 在中间相遇攻击中, 我们关注的是在任意给定输入 α 和输出 β 的前提下, 有效区分器的最长轮数 r, 下面给出中间相遇攻击有效区分器轮数上界.

引理 6.5 令 E 是一个 nb 比特 r 轮 SPN 结构, 其线性层 $P \in \mathbb{F}_{2^b}^{n \times n}$, $R(P)$ 为 P 的本原指数. 对任意向量 $\alpha, \beta \in \mathbb{N}^n$ 和 $r \geqslant 2R(P) + 1$, 记 $\Delta = r - 2R(P)$, 则

$$\text{Deg}_r(\alpha, \beta) = \text{Deg}_{2R(P)}(\alpha, \beta) + \Delta n.$$

进一步, 注意到 $\text{Deg}_{2R(P)}(\alpha, \beta) > n$, 故当 $r \geqslant 2R(P) + 1$ 时, 总有

$$\text{Deg}_r(\alpha, \beta) > (\Delta + 1)n \geqslant 2n.$$

证明 根据本原指数的定义, 对于 $t \geqslant R(P)$, 总有 $\chi(P^t) = \chi(P^{R(P)})$. 从而当 $r \geqslant 2R(P)$ 时, 对任意非零向量 α 和 β, 根据定理 6.10, 有

$$
\begin{aligned}
& \text{Deg}_r(\alpha, \beta) \\
= {} & (P, P^{r-1})(\alpha, \beta) + \cdots + (P^{R(P)-1}, P^{r-R(P)+1})(\alpha, \beta) \\
& + (P^{R(P)}, P^{r-R(P)})(\alpha, \beta) + \cdots + (P^{r-R(P)}, P^{R(P)})(\alpha, \beta) \\
& + (P^{r-R(P)+1}, P^{R(P)-1})(\alpha, \beta) + \cdots + (P^{r-1}, P)(\alpha, \beta) \\
= {} & (P, P^{2R(P)-1})(\alpha, \beta) + \cdots + (P^{R(P)-1}, P^{R(P)+1})(\alpha, \beta) \\
& + (P^{R(P)}, P^{r-R(P)})(\alpha, \beta) + \cdots + (P^{r-R(P)}, P^{R(P)})(\alpha, \beta) \\
& + (P^{R(P)+1}, P^{R(P)-1})(\alpha, \beta) + \cdots + (P^{2R(P)-1}, P)(\alpha, \beta) \\
= {} & \text{Deg}_{2R(P)}(\alpha, \beta) + (r - 2R(P))n.
\end{aligned}
$$

显然,

$$\text{Deg}_{2R(P)}(\alpha, \beta) = \cdots + (P^{R(P)}, P^{R(P)})(\alpha, \beta) + \cdots > n.$$

故当 $r \geqslant 2R(P) + 1$ 时, 总有 $\text{Deg}_r(\alpha, \beta) > (\Delta + 1)n \geqslant 2n$. $\qquad \square$

实际攻击中会有很多时间空间折中的办法, 考虑到生日攻击是最通用的时空折中办法, 我们可以做出如下假设: 记 $\alpha, \beta \in \mathbb{N}^n$ 为一个 r 轮 SPN 结构的输入和

输出, n 和 κ 分别为分组长度和密钥长度. 若 $\mathrm{Deg}_r(\alpha, \beta) > \min\{2\kappa, 2n\}$, 则利用 α 到 β 这个映射构造的中间相遇区分器是无效的.

有了上述假设, 我们可以得到如下结论:

定理 6.11 令 $\alpha, \beta \in \mathbb{N}^n$ 分别为一个 r 轮 SPN 结构的输入和输出, n 和 κ 分别为分组长度和密钥长度. 当 $\kappa = n$ 时, 该结构有效中间相遇攻击区分器的轮数最多为 $2\max\{R(P), R(P^{-1})\}$ 轮.

仅考虑选择明文攻击时, 该结构有效中间相遇攻击区分器的轮数最多为 $2R(P)$; 当考虑选择密文攻击时, 该结构有效中间相遇攻击区分器的轮数最多为 $2R(P^{-1})$. 两者结合起来就是上述定理的内容.

6.4 SPN 结构针对积分攻击的安全性分析

6.4.1 ARIA 算法积分区分器的构造

ARIA 算法设计者认为, ARIA 算法的积分区分器只有 2 轮. 本节我们讲述如何利用代数法和计数法构造 ARIA 算法 3 轮积分区分器. 在 ARIA 算法的设计中, 输入输出以及中间状态均看作 16 维 $\mathbb{F}_{2^8}$ 上的向量. 为方便起见, 本章仍将这些状态看作 4×4 的矩阵, 假设 16 维状态为 $(p_0, p_1, \cdots, p_{15})$, 则映射关系如下:

$$
\begin{bmatrix}
p_0 & p_4 & p_8 & p_{12} \\
p_1 & p_5 & p_9 & p_{13} \\
p_2 & p_6 & p_{10} & p_{14} \\
p_3 & p_7 & p_{11} & p_{15}
\end{bmatrix}.
$$

首先研究 ARIA 算法第 3 轮 S 盒变换层输出的性质:

例 6.5 (ARIA 算法 2.5 轮积分区分器) 令 $B = (B_0, B_1, \cdots, B_{15})$ 为 ARIA 算法的输入, 第 i 轮的轮密钥为 $k_i = (k_{i,0}, k_{i,1}, \cdots, k_{i,15})$, 第 i 轮的 S 盒变换层和线性扩散层的输出分别为 $Z_i = (Z_{i,0}, Z_{i,1}, \cdots, Z_{i,15})$ 和 $Y_i = (Y_{i,0}, Y_{i,1}, \cdots, Y_{i,15})$. 则当 B_0 遍历 $\mathbb{F}_{2^8}$ 且其余 B_i 均为常数时, $Z_{3,6}$, $Z_{3,9}$ 和 $Z_{3,15}$ 均为平衡字节.

证明 假设算法的输入为

$$
B = \begin{bmatrix}
x & C & C & C \\
C & C & C & C \\
C & C & C & C \\
C & C & C & C
\end{bmatrix},
$$

其中 C 所对应的字节位置均为常数 (不一定相等). 令 $y = S_1(x \oplus k_{1,0})$, 根据 ARIA 算法流程, 第一轮的输出可写成如下形式:

$$Y_1 = \begin{bmatrix} C & y \oplus \beta_4 & y \oplus \beta_8 & C \\ C & C & y \oplus \beta_9 & y \oplus \beta_{13} \\ C & y \oplus \beta_6 & C & y \oplus \beta_{14} \\ y \oplus \beta_3 & C & C & C \end{bmatrix}.$$

令 $\gamma_i = \beta_i \oplus k_{2,i}$, 则

$$Z_2 = \begin{bmatrix} C & S_1^{-1}(y \oplus \gamma_4) & S_1^{-1}(y \oplus \gamma_8) & C \\ C & C & S_2^{-1}(y \oplus \gamma_9) & S_2^{-1}(y \oplus \gamma_{13}) \\ C & S_1(y \oplus \gamma_6) & C & S_1(y \oplus \gamma_{14}) \\ S_2(y \oplus \gamma_3) & C & C & C \end{bmatrix},$$

因此,

$$\begin{cases} Y_{2,6} = S_2^{-1}(y \oplus \gamma_9) \oplus S_2^{-1}(y \oplus \gamma_{13}) \oplus C_1, \\ Y_{2,9} = S_1(y \oplus \gamma_6) \oplus S_1(y \oplus \gamma_{14}) \oplus C_2, \\ Y_{2,15} = S_1^{-1}(y \oplus \gamma_4) \oplus S_1^{-1}(y \oplus \gamma_8) \oplus C_3, \end{cases}$$

其中 C_i 均为常数.

下面仅给出 $Z_{3,6}$ 平衡性的证明, 其他情形类似. 若 $\gamma_9 = \gamma_{13}$, 则 $Y_{2,6} = C_1$; 若 $\gamma_9 \neq \gamma_{13}$, 则

$$S_2^{-1}(y \oplus \gamma_9) \oplus S_2^{-1}(y \oplus \gamma_{13}) \oplus C_1 = S_2^{-1}(y^* \oplus \gamma_9) \oplus S_2^{-1}(y^* \oplus \gamma_{13}) \oplus C_1,$$

其中 $y^* = y \oplus \gamma_9 \oplus \gamma_{13} \neq y$. 两种情形都表明, $Y_{2,6}$ 的每个值均出现偶数次, 因此 $Z_{3,6}$ 的每个值均出现偶数次. 这表明 $Z_{3,6}$ 是平衡字节. □

由于上面只考虑了 S 盒变换层的输出, 因此我们称之为 2.5 轮积分区分器. 为方便起见, 上述区分器简记为 $[0, (6, 9, 15)]$. 表 6.1 列出了所有可能的 $[a, (b, c, d)]$ 值, 即若 ARIA 算法的输入只有第 a 个字节活跃, 其余字节均为常数, 则 $Z_{3,b}$, $Z_{3,c}$ 和 $Z_{3,d}$ 为平衡字节.

表 6.1　ARIA 算法 2.5 轮积分区分器

遍历字节	平衡字节	遍历字节	平衡字节
0	6, 9, 15	8	1, 7, 14
1	7, 8, 14	9	0, 6, 15
2	4, 11, 13	10	3, 5, 12
3	5, 10, 12	11	2, 4, 13
4	2, 11, 13	12	3, 5, 10
5	3, 10, 12	13	2, 4, 11
6	0, 9, 15	14	1, 7, 8
7	1, 8, 14	15	0, 6, 9

下面我们给出 ARIA 算法 3 轮积分区分器的描述以及证明:

例 6.6 (ARIA 算法 3 轮积分区分器)　令 $B = (B_0, B_1, \cdots, B_{15})$ 为 ARIA 算法的输入, 第 i 轮的轮密钥为 $k_i = (k_{i,0}, k_{i,1}, \cdots, k_{i,15})$, 第 i 轮 S 盒层和扩散层的输出分别为 $Z_i = (Z_{i,0}, Z_{i,1}, \cdots, Z_{i,15})$ 和 $Y_i = (Y_{i,0}, Y_{i,1}, \cdots, Y_{i,15})$. 则当 (B_0, B_5, B_8) 遍历 $\mathbb{F}_{2^8}^3$ 且其余 B_i 均为常数时, $Y_{3,2}, Y_{3,5}, Y_{3,11}$ 和 $Y_{3,12}$ 均为平衡字节.

证明　因为

$$\begin{cases} Y_{3,2} = Z_{3,1} \oplus Z_{3,4} \oplus Z_{3,6} \oplus Z_{3,10} \oplus Z_{3,11} \oplus Z_{3,12} \oplus Z_{3,15}, \\ Y_{3,5} = Z_{3,1} \oplus Z_{3,3} \oplus Z_{3,4} \oplus Z_{3,9} \oplus Z_{3,10} \oplus Z_{3,14} \oplus Z_{3,15}, \\ Y_{3,11} = Z_{3,2} \oplus Z_{3,3} \oplus Z_{3,4} \oplus Z_{3,7} \oplus Z_{3,9} \oplus Z_{3,12} \oplus Z_{3,14}, \\ Y_{3,12} = Z_{3,1} \oplus Z_{3,2} \oplus Z_{3,6} \oplus Z_{3,7} \oplus Z_{3,9} \oplus Z_{3,11} \oplus Z_{3,12}, \end{cases}$$

从而根据表 6.1 可知如下三个 2.5 轮积分区分器:

$$[0, (6, 9, 15)], \quad [5, (3, 10, 12)], \quad [8, (1, 7, 14)],$$

因此当 (B_0, B_5, B_8) 遍历 $\mathbb{F}_{2^8}^3$ 时,

$$Z_{3,1}, Z_{3,3}, Z_{3,6}, Z_{3,7}, Z_{3,9}, Z_{3,10}, Z_{3,12}, Z_{3,14}, Z_{3,15}$$

这 9 个字节均为平衡字节. 下面我们检验 $Z_{3,2}, Z_{3,4}$ 和 $Z_{3,11}$ 的平衡性.

根据命题假设, 可设 ARIA 算法的输入为

$$B = \begin{bmatrix} x & C & z & C \\ C & y & C & C \\ C & C & C & C \\ C & C & C & C \end{bmatrix},$$

其中 C 表示相应位置为常数 (不一定相等). 令 $x^* = S_1(x \oplus k_{1,0})$, $y^* = S_2(y \oplus k_{1,5})$, $z^* = S_1(z \oplus k_{1,8})$. 则第一轮的输出可写作如下形式:

$$Y_1 = \begin{bmatrix} z^* \oplus C_0 & x^* \oplus y^* \oplus z^* \oplus C_4 & x^* \oplus C_8 & C \\ y^* \oplus z^* \oplus C_1 & C & x^* \oplus y^* \oplus C_9 & x^* \oplus z^* \oplus C_{13} \\ C & x^* \oplus C_6 & y^* \oplus z^* \oplus C_{10} & x^* \oplus y^* \oplus C_{14} \\ x^* \oplus y^* \oplus C_3 & z^* \oplus C_7 & C & y^* \oplus z^* \oplus C_{15} \end{bmatrix}.$$

令 $y^* \oplus z^* = m$, $\gamma_i = C_i \oplus k_{2,i}$, 则

$$Y_{2,2} = S_2^{-1}(m \oplus \gamma_1) \oplus S_1^{-1}(x^* \oplus m \oplus \gamma_4) \oplus S_1(x^* \oplus \gamma_6)$$
$$\oplus S_1(m \oplus \gamma_{10}) \oplus S_2(m \oplus \gamma_{15}) \oplus C^*,$$

因为使得等式 $y^* \oplus z^* = m$ 成立的二元数组 (y^*, z^*) 为 256 个, 所以 $Y_{2,2}$ 的每个值均出现 $256 \times N$ 次, 其中 N 为整数. 这就说明 $Z_{3,2}$ 是平衡字节.

另一方面,

$$Y_{2,4} = S_1^{-1}(z^* \oplus \gamma_0) \oplus S_1^{-1}(x^* \oplus \gamma_8) \oplus S_1(x^* \oplus y^* \oplus \gamma_{14})$$
$$\oplus S_2(y^* \oplus z^* \oplus \gamma_{15}) \oplus C.$$

令 $x^* \oplus y^* = m$, $z^* \oplus y^* = n$, 则

$$Y_{2,4} = S_1^{-1}(y^* \oplus (n \oplus \gamma_0)) \oplus S_1^{-1}(y^* \oplus (m \oplus \gamma_8))$$
$$\oplus S_1(m \oplus \gamma_{14}) \oplus S_2(n \oplus \gamma_{15}) \oplus C,$$

根据例 6.5 的证明可知, $Y_{2,4}$ 中的每个值均出现偶数次, 从而 $Z_{2,4}$ 是平衡字节.

最后, 令 $x^* \oplus y^* = m$, 则

$$Y_{2,11} = S_2(m \oplus \gamma_3) \oplus S_1^{-1}(m \oplus z^* \oplus \gamma_4) \oplus S_2(z^* \oplus \gamma_7)$$
$$\oplus S_2^{-1}(m \oplus \gamma_9) \oplus S_1(m \oplus \gamma_{14}) \oplus C,$$

考虑到能使得 $x^* \oplus y^* = m$ 的二元数组 (x^*, y^*) 均为 256 个, 因此 $Y_{2,11}$ 的每个值均出现 $256 \times N$ 次, 其中 N 为整数. 这说明 $Z_{3,11}$ 是平衡字节.

综上所述, $Z_{3,2}$, $Z_{3,4}$ 和 $Z_{3,11}$ 均为平衡字节, 同时考虑例 6.5 可知, $Y_{3,2}$, $Y_{3,5}$, $Y_{3,11}$ 和 $Y_{3,12}$ 均为平衡字节. □

ARIA 算法 3 轮积分区分器非常多, 此处不再赘述, 更详细的讨论见文献 [4]. 文献 [5] 进一步利用高阶积分的思想, 将 ARIA 算法 3 轮积分区分器扩展到了如下 4 轮, 有关技术细节参见相关文献.

例 6.7 (ARIA 算法 4 轮积分区分器 [5])　令 $B = (B_0, B_1, \cdots, B_{15})$ 为 ARIA 算法的输入, 第 i 轮的轮密钥为 $k_i = (k_{i,0}, k_{i,1}, \cdots, k_{i,15})$, 第 i 轮 S 盒变换层和线性扩散层的输出分别为 $Z_i = (Z_{i,0}, Z_{i,1}, \cdots, Z_{i,15})$ 和 $Y_i = (Y_{i,0}, Y_{i,1}, \cdots, Y_{i,15})$. 则当

$$(B_0, B_1, B_3, B_4, B_6, B_7, B_8, B_9, B_{10}, B_{13}, B_{14}, B_{15})$$

遍历 $\mathbb{F}_{2^8}^{12}$ 且 $(B_2, B_5, B_{11}, B_{12})$ 为常数时, $Y_{4,2}$, $Y_{4,5}$, $Y_{4,11}$ 和 $Y_{4,12}$ 均为平衡字节.

需要说明的是, 在构造上述 ARIA 算法积分区分器时, 直观上看, 我们并没有利用到 S 盒的细节. 实际上, 我们用到了 "部分字节上 S 盒相同" 这一事实. 因此, 尽管 ARIA 算法存在上述积分区分器, 但对于 ARIA 算法导出的密码结构, 上述区分器是否存在需要进一步论证.

6.4.2　零相关线性区分器与积分区分器之间的联系

实际上, 积分区分器和零相关线性区分器存在着密不可分的关系[8]:

引理 6.6　令 V 是 $\mathbb{F}_2^n$ 的子集, $V^\perp = \{x \in \mathbb{F}_2^n | a^T x = 0, a \in V\}$ 为 V 的对偶空间, $F : \mathbb{F}_2^n \to \mathbb{F}_2^n$ 是 $\mathbb{F}_2^n$ 上的函数. 对任意 $\lambda \in \mathbb{F}_2^n$, $T_\lambda : V^\perp \to \mathbb{F}_2^n$ 定义为 $T_\lambda(x) = F(x \oplus \lambda)$. 则对任意 $b \in \mathbb{F}_2^n$, 有

$$\sum_{a \in V} (-1)^{a^T \lambda} c_F(a \to b) = c_{b^T T_\lambda}.$$

证明
$$\sum_{a \in V} (-1)^{a^T \lambda} c_F(a \to b)$$

$$= \sum_{a \in V} (-1)^{a^T \lambda} \frac{1}{2^n} \sum_{x \in \mathbb{F}_2^n} (-1)^{a^T x \oplus b^T F(x)}$$

$$= \frac{1}{2^n} \sum_{x \in \mathbb{F}_2^n} (-1)^{b^T F(x)} \sum_{a \in V} (-1)^{a^T(\lambda \oplus x)}$$

$$= \frac{1}{2^n} \sum_{x \in \mathbb{F}_2^n} (-1)^{b^T F(x)} |V| \delta_{V^\perp}(\lambda \oplus x)$$

$$= \frac{1}{|V^\perp|} \sum_{y \in V^\perp} (-1)^{b^T T_\lambda(y)} = c_{b^T T_\lambda},$$

其中 $\delta_{V^\perp}(x) = \begin{cases} 1, & x \in V^\perp, \\ 0, & x \notin V^\perp. \end{cases}$　　　　　　　　　　□

根据引理 6.6, 可以得出如下结论:

推论 6.5 令 $F : \mathbb{F}_2^n \to \mathbb{F}_2^n$ 为 $\mathbb{F}_2^n$ 上的函数, $V \subset \mathbb{F}_2^n$ 的子集, $b \in \mathbb{F}_2^n \setminus \{0\}$. 若 $V \to b$ 是 F 的零相关线性壳, 则对任意 $\lambda \in \mathbb{F}_2^n$, $b \cdot F(x \oplus \lambda)$ 在 $V^\perp$ 上平衡.

需要强调的是, 推论 6.5 中的平衡实际上比第 4 章中讲的平衡更强: 此处平衡不仅求和为 0, 而且满足平衡布尔函数的定义, 即 0 和 1 的数目相等.

上述推论说明, 若零相关线性壳的输入构成子空间, 则一定可以从该零相关线性壳出发, 构造出一个积分区分器. 实际上, 子空间的条件可以去掉:

定理 6.12 由分组密码的任意非平凡零相关线性掩码一定可以构造出该算法的一个积分区分器.

证明 若 $V_1 \to V_2$ 是分组密码 E 的非平凡零相关线性壳, 则对任意

$$0 \neq a \in V_1, \quad 0 \neq b \in V_2,$$

$\{0, a\} \to b$ 也是 E 的非平凡零相关线性壳.

显然, $V = \{0, a\}$ 构成 $\mathbb{F}_2$ 的子空间. 根据推论 6.5, $b \cdot E(x)$ 在 $V^\perp$ 平衡, 由于

$$\#V^\perp = 2^{n-1} < 2^n,$$

故这是一个有效的积分区分器. $\qquad\square$

从定理 6.12 的证明可知, 假设 $0 \in V$ 是合理的. 从而,

(1) 若 V 是子空间, 则直接利用 $V \to b$ 可以构造积分区分器;

(2) 若 V 不是子空间, 则一定存在 $V_1 \subset V$ 使得 V_1 构成子空间, 利用 $V_1 \to b$ 可以构造积分区分器.

例 6.8 (5 轮 Feistel 结构积分区分器) 令 $0 \neq \alpha \in \mathbb{F}_2^m$. 例 4.7 证明了 $(0, \alpha) \to (0, \alpha)$ 是 5 轮 Feistel 结构 $\mathcal{F}^{(5)}$ 的零相关线性掩码. 则可得相应的积分区分器: 区分器的输入为集合 $\{(0, \alpha)\}^\perp$, 则 $[0, \alpha^{\mathrm{T}}]\mathcal{F}^{(5)}$ 平衡.

下面举一个具体的例子: 令 $\alpha = (0, 0, \cdots, 0, 1)$ 即只有最后 1 比特为 1, 其余均为 0. 此时,

$$\{(0, \alpha)\}^\perp = \{(x_0, x_1, \cdots, x_{2m-2}, 0) | x_i \in \mathbb{F}_2, i = 0, 1, \cdots, 2m - 2\}.$$

则密文输出的最后 1 比特平衡. 该积分区分器参见图 6.3.

注意到上述区分器是用经验判断法无法刻画的, 用代数方法或者计数器方法同样难以刻画. 由此可见, 利用零相关线性壳和积分之间的关系也是寻找积分区分器的有效手段. 需要指出的是, 日本学者 Todo 利用可分性质, 在 EUROCRYPT 2015 上同样给出了 Feistel 结构上述积分区分器[14].

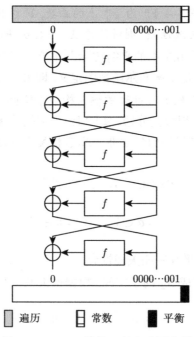

图 6.3　Feistel 结构 5 轮积分区分器

引理 6.7　令 V 为 $\mathbb{F}_2^n$ 的子集, $F: \mathbb{F}_2^n \to \mathbb{F}_2^n$, $T_\lambda: V^\perp \to \mathbb{F}_2^n$ 定义为 $T_\lambda(x) = F(x \oplus \lambda)$, 其中 $\lambda \in \mathbb{F}_2^n$. 则对任意 $b \in \mathbb{F}_2^n$, 有

$$\frac{1}{2^n} \sum_{\lambda \in \mathbb{F}_2^n} (-1)^{b^{\mathrm{T}} F(\lambda)} c_{b^{\mathrm{T}} T_\lambda} = \sum_{a \in V} c_F^2(a \to b).$$

证明

$$\sum_{a \in V} c_F^2(a \to b) = \sum_{a \in V} \frac{1}{2^n} \sum_{x \in \mathbb{F}_2^n} (-1)^{a^{\mathrm{T}} x \oplus b^{\mathrm{T}} F(x)} \frac{1}{2^n} \sum_{y \in \mathbb{F}_2^n} (-1)^{a^{\mathrm{T}} y \oplus b^{\mathrm{T}} F(y)}$$

$$= \frac{1}{2^{2n}} \sum_{x \in \mathbb{F}_2^n} \sum_{y \in \mathbb{F}_2^n} (-1)^{b^{\mathrm{T}} F(x) \oplus b^{\mathrm{T}} F(y)} \sum_{a \in V} (-1)^{a^{\mathrm{T}} x \oplus a^{\mathrm{T}} y}$$

$$= \frac{1}{2^{2n}} \sum_{x \in \mathbb{F}_2^n} \sum_{y \in \mathbb{F}_2^n} (-1)^{b^{\mathrm{T}} F(x) \oplus b^{\mathrm{T}} F(y)} |V| \delta_{V^\perp}(x \oplus y)$$

$$= \frac{|V|}{2^{2n}} \sum_{\lambda \in \mathbb{F}_2^n} \sum_{y \oplus \lambda \in V^\perp} (-1)^{b^{\mathrm{T}} F(\lambda) \oplus b^{\mathrm{T}} F(y)}$$

$$= \frac{|1|}{2^n |V^\perp|} \sum_{\lambda \in \mathbb{F}_2^n} (-1)^{b^{\mathrm{T}} F(\lambda)} \sum_{x \in V^\perp} (-1)^{b^{\mathrm{T}} F(x \oplus \lambda)}$$

$$= \frac{1}{2^n} \sum_{\lambda \in \mathbb{F}_2^n} (-1)^{b^{\mathrm{T}} F(\lambda)} c_{b^{\mathrm{T}} T_\lambda}. \qquad\qquad \square$$

根据上述定理, 当 $c_{b^{\mathrm{T}} T_\lambda} = 0$ 时, 我们可以得出相应的掩码相关性为 0. 注意到 $c_{b^{\mathrm{T}} T_\lambda} = 0$ 对应了一类特殊的平衡性质, 即布尔函数真值表中 0 和 1 的个数相同, 故对于一般的积分区分器, 并不能导出零相关线性壳[1].

当前, 密码学界已经开发了很多构造不可能差分区分器的自动工具. 由零相关线性分析和不可能差分分析的对偶性, 这些关于不可能差分的工具可以稍作修改用到零相关线性分析中, 根据零相关线性的轮数可以得到积分的轮数. 另外, 密码学界基于可分性质也已经开发了很多寻找积分区分器的自动化搜索工具, 这些工具在特定条件下能够找到算法最长积分区分器[13]. 根据本节的讨论, 确定密码算法最长积分区分器的轮数可以从一定程度上反映出密码算法针对零相关线性攻击的能力.

6.5 SPN 型动态结构的设计与分析

传统分组密码大都是静态密码算法, 即这些分组密码可以看作一簇受密钥控制的伪随机置换, 其加解密过程通常由密钥唯一确定. 随着新的应用场景不断出现, 静态密码逐渐不能满足当前安全需求. 例如, 全盘加密作为保护用户计算设备存储数据安全的重要手段, 需采用具有足够安全距离的随机置换来保证相同文件在不同扇区加密结果独立, 这就要求分组密码提供除密钥之外的安全参数; 此外, 认证加密算法可以同时保护数据的机密性和完整性, 避免了对数据分别进行加密和认证带来的性能损失. 当前基于分组密码构造的认证加密工作模式为了达到超越生日安全界, 通常需对不同明文块采用不同的加解密变换. 此类应用场景的出现对分组密码提出了多参数控制的设计要求, 学术界针对上述问题的前期解决方案是利用传统分组密码, 从工作模式层面通过对明密文和密钥进行额外调控来实现不同的加解密变换. 但是, 这种解决方案不但增加了工作模式设计的困难性, 同时还导致了加解密的效率损失. 因此, 研究动态分组算法, 即从分组密码设计的角度增加密码算法的输入参数显得尤为重要. 中国科学院郑建华院士等设计的 Z 算法是一种动态密码的实例, 该体制通过采用用户密钥与密码算法深度融合的设计思路来实现每个用户 "一人一密"[16], 在此基础上解决了利用静态密码进行身份认证容易遭受网络钓鱼、暴力破解、撞库等攻击的问题.

一般而言, 动态密码[3] 设计应考虑以下三个问题: 一是算法的安全性. 这无须多言, 无论在何种场景, 安全性应该是密码算法需要考虑的重要问题; 二是动态变换量要大. 动态密码的目标是让密码算法动起来, 如果变化量少, 其实用价值会大打折扣; 三是动态算法应具有良好的软硬件实现性能. 当动态参数固定时, 密码算法加解密通常容易实现; 但是在动态参数变化时, 如何将一个算法实例变化为另一个变化实例, 同时, 如何实现动态算法的解密是动态算法设计中需要考虑的问题. 尽管函数 $f_T(x) = x \oplus (x^2|(2T+1)) \mod 2^n$ 是可逆函数[15], 但在给定 T 的前提下, $f_T(x)$ 并没有显性的求逆公式.

作为动态分组密码的重要分支, 可调分组密码的概念由 Liskov 等在 CRYPTO 2002 上提出[6], 主要解决密钥更新频繁的问题. 和传统分组密码相比, 可调分组密码的输入除了明文和密钥外, 增加了调柄参数. 调柄是公开的, 提供灵活可变的功能, 即每更换一次调柄, 就更换一个分组密码算法. 因此, 可调分组密码可看作调柄控制下的伪随机置换簇. 在不同调柄控制下, 相同的明文在相同的密钥下生成的密文统计独立. Liskov 等证明了可调分组密码与分组密码的存在性等价, 即基于已知安全的分组密码算法可以构造可调分组密码算法, 这种设计方式下的调柄与密钥通常相互独立.

我们认为, 动态分组算法之 "动" 既要体现在算法组件动态可变, 也要体现迭代结构动态可变. 理由如下:

(1) 在基于混淆-扩散原则设计的密码算法中, 混淆层提供局部混淆, 扩散层提供全局扩散. 由于密码算法的线性组件决定了密码的结构, 因此, 相比较于混淆层引起的局部性质变换, 我们也应关注动态迭代结构所引起的全局性质变化.

(2) 密码算法抵抗结构密码分析的能力与算法非线性组件的选取几乎无关. 因此, 在考虑这类结构性攻击时, 无论算法的非线性组件是否发生改变, 密码算法的安全强度几乎不会发生变化. 从实际攻击层面而言, 当算法结构固定时, 学术界已经开发了效率较高的自动化分析工具, 比如采用混合整数线性规划 (MILP)、布尔可满足性理论 (SAT) 等自动化搜索方法搜索高概率差分特征、线性掩码; 采用 $\mathcal{U}$ 方法、UID 方法、线性化方法和 MILP 等方法搜索不可能差分. 若密码算法的结构发生改变, 特别是改变量很大的时候, 利用这些自动搜索工具评估算法安全性的计算代价将难以承受. 因此增加密码结构的可变数量, 从一定程度上增加了密码分析的难度.

(3) 密码结构的动态变化反映了数据的流向发生了改变, 在充分考虑密码算法抵抗已知攻击能力的基础上, 密码算法抵抗未知攻击的能力将会增强. 目前, 针对密码算法的分析方法大都对固定数据流向的模型有效. 考虑这类结构动态变化的算法, 有助于提出新的密码分析方法, 促进密码分析理论的发展, 从而能够对当前典型密码算法进行更为细致的安全性分析.

本节将对 SPN 结构中如何引入动态因素进行一些探讨.

定义 6.10 (D 变换) 令 $x, y, t \in \mathbb{F}_2^m$, 其中 t 为动态控制参数. 则由 t 控制的动态变换如下:

$$(x', y') = D_t(x, y): \begin{cases} (x_i', y_i') = (x_i, y_i), & \text{若 } t_i = 0, \\ (x_i', y_i') = (y_i, x_i), & \text{若 } t_i = 1. \end{cases}$$

换言之, 若 t 的第 i 个比特为 0, 则保持 x 和 y 的第 i 比特不变; 若 t 的第 i 个比特为 1, 则交换 x 和 y 的第 i 比特.

例 6.9 令 $x = (1011), y = (0100), t = (0110)$, 则

$$D_t(x, y) = (1101, 0010).$$

显然, 上述定义是逐比特定义的, 软件实现该变换相对比较麻烦. 但实际上, 我们可以通过字节运算实现该变换

性质 6.4 令 $x, y, t \in \mathbb{F}_2^m$, 其中 t 为动态控制参数. 则由 t 控制的如下动态变换与定义 6.10 等价:

$$(x', y') = D_t(x, y): \begin{cases} x' = x \oplus ((x \oplus y) \& t), \\ y' = y \oplus ((x \oplus y) \& t). \end{cases}$$

性质 6.4 参见图 6.4.

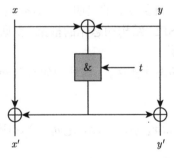

图 6.4 动态控制组件 D_t

我们以计算 x_i' 为例说明性质 6.4 的正确性, 一般性证明可直接类推. 首先有

$$x_i' = x_i \oplus ((x_i \oplus y_i) \& t_i) = ((t_i \oplus 1)x_i) \oplus (t_i \& y_i).$$

故当 $t_i = 0$ 时 $x_i' = x_i$; 当 $t_i = 1$ 时 $x_i' = y_i$.

另外, 对于任意 t, 均有 $D_t^2(x,y)=(x,y)$, 即 D_t 的逆变换就是 D_t 本身. 因此, 只要实现了 D_t 即可实现其逆.

有了上述 D_t 变换, 我们即可将现有的 SPN 结构动态化. 注意到上述定义并未限制 x 和 y 为字节或运算单元, 因此在动态化设计时可灵活处理. 比如我们可以将 D_t 作用在 b 比特 S 盒的输出上, 此时 D_t 根据 t 的值对 S 盒的高位和低位进行交换比特运算, 控制参数 t 的长度为 $b/2$; 我们也可以将 D_t 作用在两个 S 盒的输出上, 此时 D_t 根据 t 的值对两个 S 盒的输出进行交换比特运算, 控制参数 t 的长度为 b.

必须指出, 在算法中引入动态组件 D_t 后, 其安全性评估有可能会发生变化. 在不考虑 S 盒细节, 仅考虑活跃 S 盒数目时, D_t 作用在单个 S 盒上不会改变密码分析的结果; 在考虑 S 盒细节情况下, 相应密码分析结果有可能会改变. 当 D_t 作用在两个 S 盒上时, 活跃 S 盒数目有可能改变: D_t 可能将两个活跃 S 盒变成一个, 也有可能将一个活跃 S 盒变成两个, 这必须视 t 的值以及输入差分值而定.

另外必须说明的一点是, 对于某些特殊的 (x,y), 不同的 t 可能会得到相同的输出. 比如 x 和 y 均为全 1 向量, 则无论 t 为何值, 其输出仍然为全 1 向量. 因此, 在考虑动态算法不同实例时, 需对控制参数 t 提出特殊的要求, 即如何衡量不同参数控制下的不同算法实例的安全距离是值得研究的问题. 易知, 动态变换 D_t 具有如下基本性质:

性质 6.5   设 $x,y,t\in\mathbb{F}_2^n$. 则

$$\Pr\left(D_t(x,y)=(x,y)\right)=2^{-H_1(t)}.$$

上述性质表明, 动态控制参数 t 的汉明重量必须足够大, 否则 D_t 不起作用的概率较大. 下面给出一个 SPN 结构动态化的框架, 参见图 6.5, 设计具体实例时一些具体参数需要进一步细化.

例 6.10 (SPN 结构动态化实例)   该结构的输入和输出规模为 $2nb$ 比特. 设一轮结构的输入为

$$(x_0,y_0,x_1,y_1,\cdots,x_{n-1},y_{n-1})\in(\mathbb{F}_2^b)^{2n},$$

则该结构各个组件描述如下:

Step 1: 算法的 S 盒规模为 $2b\times 2b$, 即 S 盒是定义在 $\mathbb{F}_2^{2b}$ 上的置换, 作用在 (x_i,y_i) 上;

Step 2: 动态 D 变换作用在 (x_i,y_i) 上, $i=0,1,\cdots,n-1$;

Step 3.1: 线性扩散层 P_1 作用在 $(y_0,y_1,\cdots,y_{n-1})\in(\mathbb{F}_2^b)^n$ 上;

Step 3.2: 线性扩散层 P_2 作用在 $(x_0,x_1,\cdots,x_{n-1})\in(\mathbb{F}_2^b)^n$ 上.

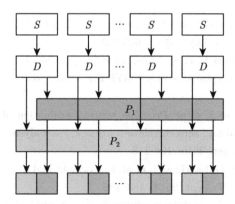

图 6.5 SPN 结构动态化实例

在实际设计动态算法时, $2b$ 比特的 S 盒也可由若干固定的 b 比特 S 盒动态生成. 利用结构分析方法, 我们可以给出该动态 SPN 结构全扩散轮数、不可能差分和零相关线性掩码最长轮数等.

实际设计密码算法还需考虑算法的轮数. 通过本章的分析可知, 对 SPN 结构密码而言, 其结构区分器的轮数一般不超过 2 倍的全扩散轮数. 在考虑密钥恢复攻击时, 区分器的首尾可分别再加 1 个全扩散轮数. 最后, 再添加 1 个全扩散轮数作为安全冗余. 综上, 对于一个密钥长度与分组长度相等的 SPN 结构密码, 其轮数可设置为 5 倍的全扩散轮数. 当然, 这仅仅是一个建议, 实际设计算法时还会考虑到其他一些因素.

参 考 文 献

[1] Bogdanov A, Leander G, Nyberg K, et al. Integral and multidimensional linear distinguishers with correlation zero[C]. ASIACRYPT 2012. LNCS, 7658, Springer, 2012: 244-261.

[2] Kwon D, Kim J, Park S, et al. New block cipher: ARIA[C]. ICISC 2003. LNCS, 2971, Springer, 2003: 432-445.

[3] Knudsen L, Leander G, Poschmann A, et al. PRINTcipher: A block cipher for IC-Printing[C]. CHES 2010. LNCS, 6225, Springer 2010: 16-32.

[4] Li P, Sun B, Li C. Integral cryptanalysis of ARIA[C]. Inscrypt 2009. LNCS, 6151, Springer, 2009: 1-14.

[5] Li Y, Wu W, Zhang L. Integral attacks on reduced-round ARIA block cipher[C]. ISPEC 2010. LNCS, 6047, Springer, 2010: 19-29.

[6] Liskov M, Rivest R, Wagner D. Tweakable block ciphers[C]. CRYPTO 2002. LNCS, 2442, Springer, 2002: 31-46.

[7]　Sun B, Liu M, Guo J, et al. New insights on AES-Like SPN ciphers[C]. CRYPTO 2016. LNCS, 9814, Springer, 2016: 605-624.

[8]　Sun B, Liu Z, Rijmen V, et al. Links among impossible differential, integral and zero correlation linear cryptanalysis[C]. CRYPTO 2015. LNCS, 9215, Springer, 2015: 95-115.

[9]　Sun B, Liu M, Guo J, et al. Provable security evaluation of structures against impossible differential and zero correlation linear cryptanalysis[C]. EUROCRYPT 2016. LNCS, 9665, Springer, 2016: 196-213.

[10]　Shishkin V, Dygin, D, Lavrikov, I, et al. Low-weight and hi-end: draft russian encryption standard[C]. CTCrypt, 2014: 183-188.

[11]　Shen X, Liu G, Sun B, et al. Impossible differentials of SPN ciphers[C]. Inscrypt 2016. LNCS, 10143, Springer, 2016: 47-63.

[12]　Sun B. Provable security evaluation of block ciphers against Demirci-Selcuk's meet-in-the-middle attack[J]. IEEE Transactions on Information Theory, 2021, 67(7): 4838-4844.

[13]　Todo Y, Morii M. Bit-based division property and application to simon family[C]. FSE 2016. LNCS, 9783, Springer, 2016: 357-377.

[14]　Todo Y. Structural evaluation by generalized integral property[C]. EUROCRYPT 2015. LNCS, 9056, Springer 2015: 287-314.

[15]　Klimov A, Shamir A. Cryptographic applications of T-Functions[C]. SAC 2003. LNCS, 3006, Springer, 2003: 248-261.

[16]　郑建华, 任盛, 靖青, 等. Z 密码算法设计方案 [J]. 密码学报, 2018, 5(6): 579-590.

第 7 章 Feistel 类密码结构的设计与分析

7.1 具有加解密一致性的密码结构统一描述

所谓加解密一致, 并非指加解密完全相同, 而是指密码的主要模块特别是非线性部分, 在加密运算和解密运算过程中是一致的. 具有加解密一致性的密码结构[3-6,10,11,14], 一般不需要额外计算轮函数等组件的逆变换, 在解密时通常仅需将密钥顺序倒置即可. 基于加解密一致的结构设计的密码算法, 在实现时加解密过程可以使用同一个电路, 从而极大地节省软硬件开销. 因此, 这类结构和算法的设计受到了密码学界的广泛关注. Feistel 结构和 Lai-Massey 结构就是最典型的两类具有加解密一致性的结构. 下面我们介绍 Feistel 结构的一种推广形式.

7.1.1 统一结构的数学模型

参照图 7.1, 我们将一轮 Feistel 结构进行如下拓展[4,7].

假设一个 n 分支的分组密码算法, 其输入为 $X = (x_0, x_1, \cdots, x_{n-1}) \in (\mathbb{F}_2^b)^n$. $A = [A_0, A_1, \cdots, A_{n-1}]$ 为 $\mathbb{F}_2^{t \times nb}$ 上的分块矩阵, 其中 $A_i \in \mathbb{F}_2^{t \times b}$, 将其按如下方式作用在 X 上:

$$g = AX = A_0 x_0 \oplus A_1 x_1 \oplus \cdots \oplus A_{n-1} x_{n-1}.$$

设 $B = [B_0, B_1, \cdots, B_{n-1}]$ 为 $\mathbb{F}_2^{t \times nb}$ 上的分块矩阵, 其中 $B_i \in \mathbb{F}_2^{t \times b}$, f 为 $\mathbb{F}_2^t$ 上的一个变换. 令

$$y_i = x_i \oplus B_i^{\mathrm{T}} f(g), \quad i = 0, 1, \cdots, n-1.$$

令 $Y = (y_0, y_1, \cdots, y_{n-1}) \in (\mathbb{F}_2^b)^n$, 根据分块矩阵的乘法规则, 上式可记为

$$Y = X \oplus B^{\mathrm{T}} f(g).$$

为简便起见, 我们记 $f_{A,B} : \mathbb{F}_2^{nb} \to \mathbb{F}_2^{nb}$:

$$Y = f_{A,B}(X) = X \oplus B^{\mathrm{T}} f(AX).$$

进一步, 我们有如下定义:

定义 7.1 (统一结构)　设 $f_{A,B}$ 定义如上, 记 $\mathbb{F}_2^t$ 上的全体变换构成的集合为 $\mathcal{B}_t$, 则称

$$\mathcal{F}_{A,B} = \{f_{A,B}|f \in \mathcal{B}_t\}$$

为统一结构.

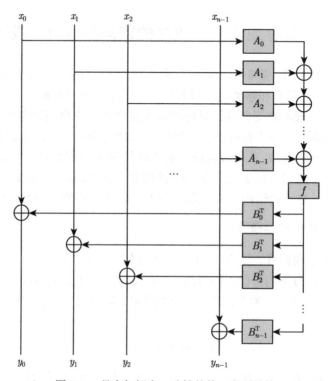

图 7.1　具有加解密一致性的统一密码结构

下面我们研究结构 $\mathcal{F}_{A,B}$ 可逆的充要条件, 即如何选取矩阵 A 和 B, 使结构 $\mathcal{F}_{A,B}$ 是可逆的. 根据密码结构的定义, 要求对任意的 f, 实例 $f_{A,B}$ 均可逆.

定理 7.1　结构 $\mathcal{F}_{A,B}$ 可逆的充分与必要条件是

$$AB^{\mathrm{T}} = A_0 B_0^{\mathrm{T}} \oplus A_1 B_1^{\mathrm{T}} \oplus \cdots \oplus A_{n-1} B_{n-1}^{\mathrm{T}} = O.$$

证明　**充分性**　记 $X = (x_0, x_1, \cdots, x_{n-1})$. 当 $A_0 B_0^{\mathrm{T}} \oplus A_1 B_1^{\mathrm{T}} \oplus \cdots \oplus A_{n-1} B_{n-1}^{\mathrm{T}} = O$ 时, 可以验证对任意 f 均有

$$f_{A,B} \circ f_{A,B}(X) = f_{A,B}(X) \oplus B^{\mathrm{T}} f(A f_{A,B}(X))$$

$$= X \oplus B^{\mathrm{T}} f(AX) \oplus B^{\mathrm{T}} f\left(A(X \oplus B^{\mathrm{T}} f(AX))\right)$$

$$= X \oplus B^{\mathrm{T}} f(AX) \oplus B^{\mathrm{T}} f\left(AX \oplus AB^{\mathrm{T}} f(AX)\right)$$

$$= X \oplus B^{\mathrm{T}} f(AX) \oplus B^{\mathrm{T}} f(AX)$$

$$= X,$$

即 $f_{A,B}$ 是可逆的. 因此, 结构 $\mathcal{F}_{A,B}$ 可逆.

必要性　利用反证法. 只需证明, 当 $A_0 B_0^{\mathrm{T}} \oplus A_1 B_1^{\mathrm{T}} \oplus \cdots \oplus A_{n-1} B_{n-1}^{\mathrm{T}} \neq O$ 时, 一定存在 $\mathbb{F}_2^t$ 上的某个置换 f 使得 $f_{A,B}$ 不可逆.

首先, 若 $AB^{\mathrm{T}} \neq O$, 则存在非零向量 $\beta \in \mathbb{F}_2^t$, 使得

$$AB^{\mathrm{T}} \beta \neq O.$$

给定向量 β 后, 我们可按下述方式构造一个 $\mathcal{F}_{A,B}$ 不可逆的实例. 令

$$\begin{cases} f(0) = 0, \\ f\left(AB^{\mathrm{T}}\beta\right) = \beta, \end{cases}$$

进而 $f_{A,B}(0, 0, \cdots, 0) = 0$, 且

$$f_{A,B}\left(B^{\mathrm{T}}\beta\right) = B^{\mathrm{T}}\beta \oplus B^{\mathrm{T}} f(AB^{\mathrm{T}}\beta) = 0.$$

由于 $AB^{\mathrm{T}}\beta \neq O$, 故 $B^{\mathrm{T}}\beta \neq 0$. 这说明, 0 至少有 0 和 $B^{\mathrm{T}}\beta$ 两个不同的原像. 因此 $f_{A,B}$ 不是双射, 矛盾. □

推论 7.1　当 $AB^{\mathrm{T}} = A_0 B_0^{\mathrm{T}} \oplus A_1 B_1^{\mathrm{T}} \oplus \cdots \oplus A_{n-1} B_{n-1}^{\mathrm{T}} = O$ 时,

$$\mathcal{F}_{A,B}^{-1} = \mathcal{F}_{A,B}.$$

注意到, 若矩阵 A 和 B 满足定理 7.1 中的条件 $AB^{\mathrm{T}} = O$, 则

$$\left(AB^{\mathrm{T}}\right)^{\mathrm{T}} = BA^{\mathrm{T}} = O,$$

即结构 $\mathcal{F}_{B,A}$ 也可逆.

定义 7.2 (对偶结构)　称结构 $\mathcal{F}_{B,A}$ 为结构 $\mathcal{F}_{A,B}$ 的对偶结构, 记作 $\mathcal{F}_{A,B}^{\perp} = \mathcal{F}_{B,A}$.

对偶结构 $\mathcal{F}_{A,B}^{\perp}$ 与原结构 $\mathcal{F}_{A,B}$ 的密码学性质将在后续章节进一步研究. 基于上述定理, 由于 $\mathcal{F}_{A,B}^{-1} = \mathcal{F}_{A,B}$, 故与 Feistel 结构输出交换类似, $\mathcal{F}_{A,B}$ 的输出也会增加一个分支置换操作将 $y_0, y_1, \cdots, y_{n-1}$ 进行置换, 记作 π. 记带有分支置换操作的 $\mathcal{F}_{A,B}$ 为 $\mathcal{F}_{A,B,\pi}$.

参见图 7.2, $\mathcal{F}_{A,B,\pi}$ 的对偶结构定义为 $\mathcal{F}_{A,B,\pi}^{\perp} = \mathcal{F}_{B,A,\pi}$.

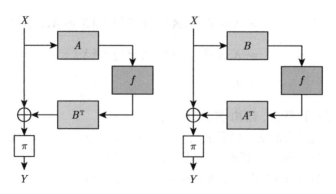

图 7.2   统一结构 $\mathcal{F}_{A,B,\pi}$ 和其对偶结构 $\mathcal{F}_{B,A,\pi}$

例 7.1 (Feistel 结构)   当 $n = 2$, $A_0 = B_1 = O$, $A_1 = B_0 = I_b$ 时, 该结构即为传统具有 2 分支的 Feistel 结构. 显然

$$A_0 B_0^{\mathrm{T}} \oplus A_1 B_1^{\mathrm{T}} = O.$$

易知, Feistel 结构的对偶结构仍然是 Feistel 结构, 其不同点在于一个是用左支改变右支, 另一个是用右支改变左支. 因此, 如果在输入和输出上分别加上一个左右交换的操作, 则两者完全相等.

例 7.2 (SM4 结构 $\mathcal{E}_{\mathrm{SM4}}$)   当 $n = 4$, $A_0 = O$, $A_1 = A_2 = A_3 = I_b$, $B_0 = I_b$, $B_1 = B_2 = B_3 = O$ 时, 有

$$A_0 B_0^{\mathrm{T}} \oplus A_1 B_1^{\mathrm{T}} \oplus A_2 B_2^{\mathrm{T}} \oplus A_3 B_3^{\mathrm{T}} = O.$$

此即 SM4 结构, 如图 2.5 所示.

例 7.3 (Mars 结构 $\mathcal{E}_{\mathrm{Mars}}$)   当 $n = 4$, $A_0 = I_b$, $A_1 = A_2 = A_3 = O$, $B_0 = O$, $B_1 = B_2 = B_3 = I_b$ 时, 仍有

$$A_0 B_0^{\mathrm{T}} \oplus A_1 B_1^{\mathrm{T}} \oplus A_2 B_2^{\mathrm{T}} \oplus A_3 B_3^{\mathrm{T}} = O.$$

此即 Mars 结构, 如图 2.6 所示.

根据定义可知, SM4 结构 $\mathcal{E}_{\mathrm{SM4}}$ 和 Mars 结构 $\mathcal{E}_{\mathrm{Mars}}$ 互为对偶结构.

综上可以发现, $\mathcal{F}_{A,B,\pi}$ 包含了现有大多加解密一致的密码结构, 故称之为统一结构. 需要特别指出的是, $AB^{\mathrm{T}} = O$ 是结构 $\mathcal{F}_{A,B}$ 可逆的充要条件. 但对某个具体实例而言, 该条件可以不满足, 即当 $AB^{\mathrm{T}} \neq O$ 时, 仍有可能构造出某个 f 使得 $f_{A,B}$ 是可逆的. 比如, 在两分支结构中, 令 f 为常数, 则对任意 A_0, A_1, B_0, B_1, 显然 $f_{A,B}$ 均可逆, 但定理 7.1 中的条件并不满足. 下面我们进一步给出一个非平凡反例:

例 7.4 如图 7.3 所示, 令 $A_0 = A_1 = I_b$, B_0 和 B_1 分别对应于左移 1 位和 2 位的矩阵. 定义

$$\begin{cases} y_0 = x_0 \oplus (x_0 \oplus x_1) \ll 1, \\ y_1 = x_1 \oplus (x_0 \oplus x_1) \ll 2, \end{cases}$$

即轮函数定义为单位映射. 尽管 $A_0 B_0^{\mathrm{T}} \oplus A_1 B_1^{\mathrm{T}} \neq O$, 但该变换是可逆变换.

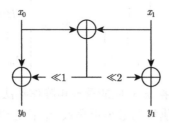

图 7.3 不满足定理 7.1 的可逆实例

证明 首先, 注意到左移变换 $w \ll 1$ 和 $w \ll 2$ 可分别写成 $B_0^{\mathrm{T}} w$ 和 $B_1^{\mathrm{T}} w$ 的形式, 其中 B_0^{T} 和 B_1^{T} 均为对角线上全为零的上三角矩阵. 故

$$\begin{cases} y_0 = I_b x_0 \oplus B_0^{\mathrm{T}} (x_0 \oplus x_1), \\ y_1 = I_b x_1 \oplus B_1^{\mathrm{T}} (x_0 \oplus x_1), \end{cases}$$

即

$$\begin{bmatrix} y_0 \\ y_1 \end{bmatrix} = \begin{bmatrix} I_b \oplus B_0^{\mathrm{T}} & B_0^{\mathrm{T}} \\ B_1^{\mathrm{T}} & I_b \oplus B_1^{\mathrm{T}} \end{bmatrix} \begin{bmatrix} x_0 \\ x_1 \end{bmatrix}.$$

将 $\begin{bmatrix} I_b \oplus B_0^{\mathrm{T}} & B_0^{\mathrm{T}} \\ B_1^{\mathrm{T}} & I_b \oplus B_1^{\mathrm{T}} \end{bmatrix}$ 第 2 列加到第 1 列, 得

$$\begin{bmatrix} I_b \oplus B_0^{\mathrm{T}} & B_0^{\mathrm{T}} \\ B_1^{\mathrm{T}} & I_b \oplus B_1^{\mathrm{T}} \end{bmatrix} \rightarrow \begin{bmatrix} I_b & B_0^{\mathrm{T}} \\ I_b & I_b \oplus B_1^{\mathrm{T}} \end{bmatrix},$$

再将 $\begin{bmatrix} I_b & B_0^{\mathrm{T}} \\ I_b & I_b \oplus B_1^{\mathrm{T}} \end{bmatrix}$ 第 1 行加到第 2 行上, 得

$$\begin{bmatrix} I_b & B_0^{\mathrm{T}} \\ I_b & I_b \oplus B_1^{\mathrm{T}} \end{bmatrix} \rightarrow \begin{bmatrix} I_b & B_0^{\mathrm{T}} \\ O & I_b \oplus B_0^{\mathrm{T}} \oplus B_1^{\mathrm{T}} \end{bmatrix}.$$

由于后者行列式为 1, 故 $\begin{bmatrix} I_b \oplus B_0^{\mathrm{T}} & B_0^{\mathrm{T}} \\ B_1^{\mathrm{T}} & I_b \oplus B_1^{\mathrm{T}} \end{bmatrix}$ 是可逆矩阵. 从而该例中的变换是可逆变换. □

7.1.2　统一结构针对差分/线性密码分析的参数设计与分析

设 $A, B \in \mathbb{F}_2^{t \times nb}$, π 为 $\{0, 1, \cdots, n-1\}$ 上的置换. 令

$$
\mathcal{A}_\pi^{(r)} = \begin{bmatrix} A \\ A\pi \\ \vdots \\ A\pi^{r-1} \end{bmatrix}, \quad \mathcal{B}_\pi^{(r)} = \begin{bmatrix} B \\ B\pi \\ \vdots \\ B\pi^{r-1} \end{bmatrix},
$$

其中 $A\pi$ 表示矩阵 A 与置换 π 对应的置换矩阵作乘法.

记 $\tau_{A,\pi}$ 为使 $\mathcal{A}_\pi^{(r)}$ 列满秩的最小正整数 r, 若这样的正整数 r 不存在, 则令 $\tau_{A,\pi} = +\infty$; 记 $\tau_{B,\pi}$ 为使 $\mathcal{B}_\pi^{(r)}$ 列满秩的最小正整数 r, 若这样的正整数 r 不存在, 则令 $\tau_{B,\pi} = +\infty$.

定理 7.2　在一个安全的结构 $\mathcal{F}_{A,B,\pi}$ 中, 必须有 $\tau_{A,\pi} < +\infty$, 否则无论 r 取何值, $\mathcal{F}_{A,B,\pi}^{(r)}$ 总存在概率为 1 的差分和相关性为 0 的线性掩码; 同样, 若 $\tau_{B,\pi} < +\infty$, 否则无论 r 取何值, $\mathcal{F}_{A,B,\pi}^{(r)}$ 总存在概率为 0 的差分和相关性为 1 的线性掩码.

证明　首先给出 $\tau_{A,\pi} < +\infty$ 情形下的证明. 若 $\tau_{A,\pi} = +\infty$, 根据定义, 对任意正整数 r, 以下方程组有非零解:

$$
\begin{bmatrix} A \\ A\pi \\ \vdots \\ A\pi^{r-1} \end{bmatrix} \Delta = 0.
$$

令 r 轮 $\mathcal{F}_{A,B,\pi}$ 的输入差分为 Δ, 由于

$$
A\Delta = 0,
$$

故第 1 轮 f 不活跃, 即 f 的输入差分为 0, 从而第 1 轮的输出差分为 $\pi\Delta$. 又因为

$$
A\pi\Delta = 0,
$$

故第 2 轮 f 不活跃, 即 f 的输入差分为 0, 从而第 2 轮的输出差分为 $\pi^2\Delta$.

一般地, 因为

$$
A\pi^{r-1}\Delta = 0,
$$

故第 r 轮 f 不活跃, 即 f 的输入差分为 0, 从而第 r 轮的输出差分为 $\pi^r\Delta$. 因此,

$$\Delta \to \pi\Delta \to \cdots \to \pi^r\Delta$$

是 $\mathcal{F}_{A,B,\pi}$ 的 r 轮概率为 1 的差分.

令 1 轮 $\mathcal{F}_{A,B,\pi}$ 的输入掩码为 Λ, 记 f 的输入掩码为 λ_1, 若要使相关性非零, 则输出掩码必为 $\pi\Lambda \oplus \pi A^{\mathrm{T}}\lambda_1$ 的形式. 一般地, 令 r 轮 $\mathcal{F}_{A,B,\pi}$ 的输入掩码为

$$\pi^{r-1}\Lambda \oplus \sum_{i=1}^{r-1} \pi^{r-i}A^{\mathrm{T}}\lambda_i,$$

则输出掩码必形如

$$\pi^r\Lambda \oplus \sum_{i=1}^{r} \pi^{r+1-i}A^{\mathrm{T}}\lambda_i,$$

其中 $\lambda_i(1 \leqslant i \leqslant r)$ 表示第 i 轮中 f 的输入掩码.

易知, $\sum_{i=1}^{r} \pi^{r+1-i}A^{\mathrm{T}}\lambda_i$ 一定在下列矩阵

$$\pi A^{\mathrm{T}}, \pi^2 A^{\mathrm{T}}, \cdots, \pi^i A^{\mathrm{T}}, \cdots$$

的所有列张成的子空间 V 中.

注意到

$$\left(\sum_{i=1}^{r+1} \pi^{r+1-i}A^{\mathrm{T}}\lambda_i\right)^{\mathrm{T}} = \sum_{i=1}^{r+1} \lambda_i^{\mathrm{T}} A \pi^{i-r-1},$$

因为 $\mathrm{rank}(\mathcal{A}_\pi^{(r)}) < nb$, 则有 $\dim(V) < nb$, 即 V 是 $\mathbb{F}_2^{nb}$ 的真子空间, 从而对任意 Λ, 总存在 $\Lambda^* \notin \pi^r\Lambda \oplus V$ 时, 使得 $\Lambda \to \Lambda^*$ 的相关性为 0.

其次, 给出 $\tau_{B,\pi} = +\infty$ 情形下的证明. 此时如下方程组一定存在非零解:

$$\begin{bmatrix} B \\ B\pi \\ \vdots \\ B\pi^{r-1} \end{bmatrix} \lambda = 0.$$

可以验证,

$$\lambda \to \pi\lambda \to \cdots \to \pi^r\lambda$$

是任意 r 轮相关性为 1 的线性掩码.

设输入差分为 Δ, 则第 r 轮的输出差分必可写成如下形式:

$$\Delta_r = \pi^r\Delta \oplus \sum_{i=1}^{r} \pi^{r+1-i} B^{\mathrm{T}} \delta_i,$$

其中 δ_i 为第 i 轮 f 的输出差分. 因此 $\sum_{i=1}^{r} \pi^{r+1-i} B^{\mathrm{T}} \delta_i$ 一定在下列矩阵

$$\pi B^{\mathrm{T}}, \pi^2 B^{\mathrm{T}}, \cdots, \pi^i B^{\mathrm{T}}, \cdots$$

的所有列张成的子空间 T 中.

由于 $\tau_{B,\pi} = +\infty$, 故对任意 r 总有 $\mathrm{rank}\left(\mathcal{B}_\pi^{(r)}\right) < bn$, 从而 $\dim T < nb$. 因此对任意 Δ 和 r, 总存在 $\Delta^* \notin \pi^r\Delta \oplus T$, 使得 $\Delta \to \Delta^*$ 是 r 轮 $\mathcal{F}_{A,B,\pi}$ 的概率为 0 的差分即不可能差分. $\qquad\square$

例 7.5 (Lai-Massey 结构)　没有正型置换 σ 的 Lai-Massey 结构并非一个安全的迭代结构. 理由如下: 假设第 1 轮输入差分为 (δ, δ), 则进入第一个轮函数 f 的差分为 0, 从而 f 的输出差分为 0. 因此, 第 1 轮的输出差分仍为 (δ, δ). 因此, $(\delta, \delta) \to (\delta, \delta)$ 是任意轮概率为 1 的差分, 从而该结构是不安全的.

我们也可以通过如下方式说明其不安全性.

利用统一结构的术语, 没有正型置换 σ 的 Lai-Massey 结构参数如下:

$$A_0 = A_1 = B_0 = B_1 = I_b.$$

因此, 无论 r 为何值, 总有 $\mathrm{rank}(\mathcal{A}_\pi^{(r)}) = b$, 这不满足定理 7.1 的要求.

记 $\mathrm{ord}(\pi)$ 为置换 π 的阶, 即满足 π^r 为单位矩阵的最小正整数 r. 注意到当 $r \geqslant \mathrm{ord}(\pi)$ 时,

$$\mathrm{rank}\left(\mathcal{A}_\pi^{(r)}\right) = \mathrm{rank}\left(\mathcal{A}_\pi^{(\mathrm{ord}(\pi))}\right),$$

从而根据定理 7.2, 有如下推论:

推论 7.2　若 $\mathcal{F}_{A,B,\pi}$ 是安全迭代结构, 则必有 $\tau_{A,\pi} \leqslant \mathrm{ord}(\pi)$, $\tau_{B,\pi} \leqslant \mathrm{ord}(\pi)$.

7.2　统一结构针对不可能差分的安全性分析

7.1 节介绍了统一结构 $\mathcal{F}_{A,B,\pi}$, 在不引起混淆的情况下, 本节 $\mathcal{F}_{A,B,\pi}$ 表示 r 轮统一结构的迭代结构.

7.2.1　统一结构的对偶结构

在 CRYPTO 2015 上, 我们首次提出了 SPN 结构和 Feistel 结构的对偶结构的概念[8]. SPN 结构的对偶结构在上一章已经进行了论述, 本节我们将 Feistel 结构的对偶结构推广至一般统一结构:

定理 7.3 记 $\mathcal{F}_{A,B,\pi}$ 的对偶结构为 $\mathcal{F}^\perp_{A,B,\pi} = \mathcal{F}_{B,A,\pi}$. 则 $\alpha \to \beta$ 是 $\mathcal{F}_{A,B,\pi}$ 的不可能差分, 当且仅当 $\alpha \to \beta$ 是 $\mathcal{F}^\perp_{A,B,\pi}$ 的零相关线性掩码.

证明 我们首先分析 $\mathcal{F}_{A,B,\pi}$ 和 $\mathcal{F}_{B,A,\pi}$ 的差分和线性掩码传播特性.

参考图 7.4(左)$\mathcal{F}_{A,B,\pi}$ 的差分传播路线图, A 的输入差分为 δ_i, 从而 A 的输出也就是 f 的输入差分为 $A\delta_i$, 记 f 的输出差分为 v_i, 则 B^T 的输出差分为 $B^\mathrm{T}v_i$. 从而 $\delta_{i+1} = \pi(\delta_i \oplus B^\mathrm{T}v_i)$.

下面研究 $\mathcal{F}_{B,A,\pi}$ 的线性掩码传播路径, 参考图 7.4 的右侧. 我们从输出掩码开始, 由于 π 的输入掩码为 $\delta_i \oplus B^\mathrm{T}v_i$, 即 A^T 的输出掩码为 $\delta_i \oplus B^\mathrm{T}v_i$, 故其输入掩码为

$$\left(A^\mathrm{T}\right)^\mathrm{T}\left(\delta_i \oplus B^\mathrm{T}v_i\right) = A\delta_i,$$

记 f 的输入掩码也即 B 的输出掩码为 v_i, 则 B 的输入掩码为 $B^\mathrm{T}v_i$.

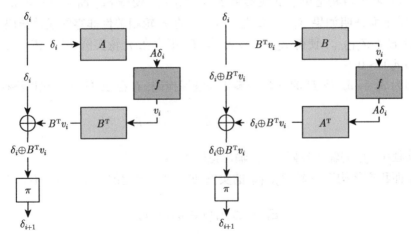

图 7.4　$\mathcal{F}_{A,B,\pi}$ 的差分传播 (左) 和 $\mathcal{F}_{B,A,\pi}$ 的线性掩码传播 (右)

(1) 下面证明如果 $\delta_0 \to \delta_r$ 是 $\mathcal{F}_{A,B,\pi}$ 的 r 轮差分, 即存在实例 $E \in \mathcal{F}_{A,B,\pi}$, 使得 $\delta_0 \to \delta_r$ 是 E 的 r 轮差分, 则存在 r 轮实例 $E' \in \mathcal{F}_{B,A,\pi}$, 使得 $c_{E'}(\delta_0 \to \delta_r) \neq 0$.

因为 $\delta_0 \to \delta_r$ 是 E 的 r 轮差分, 则对 E 而言, 存在如下的差分特征:

$$\delta_0 \to \cdots \to \delta_i \to \cdots \to \delta_r$$

在该特征中, f_i 的输入差分为 $A\delta_i$, 输出差分记为 v_i.

下面我们将构造 r 轮 $\mathcal{F}_{B,A,\pi}$ 的实例 E_r, 使得 $c_{E_r}(\delta_0 \to \delta_r) \neq 0$. 根据连接引理: 对 $(A\delta_i, v_i)$ 而言, 总存在一个 $L_i \in \mathbb{F}_2^{b \times b}$ 使得 $v_i = L_i^\mathrm{T} A\delta_i$. 因此, 若令 $f_i(x) = L_i x$, 则 $c_{f_i}(v_i \to A\delta_i) = 1$.

若 $r = 0$, 则令 $f_0(x) = L_0 x$, $E_0 \in \mathcal{F}_{B,A,\pi}$ 的轮函数为 f_0, 此时 E_0 所有运算都是 $\mathbb{F}_2^b$ 上的线性运算, 从而存在 $M_0 \in \mathbb{F}_2^{bn \times bn}$ 使得 $E_0(x) = M_0 x$. 故

$$c_{E_0}(\delta_0 \to \delta_1) = 1.$$

以此类推, 假设我们已经构造了 $r-1$ 轮实例 $E_{r-1}(x) = M_{r-1} x$, 其中 $M_{r-1} \in \mathbb{F}_2^{bn \times bn}$, 且满足

$$c_{E_{r-1}}(\delta_0 \to \delta_{r-1}) = 1.$$

令 $f_r(x) = L_r(x)$, 由于线性变换的复合还是线性变换, 故一定存在 $M_r \in \mathbb{F}_2^{bn \times bn}$, 使得 $E_r(x) = M_r x$, 从而,

$$c_{E_r}(\delta_0 \to \delta_r) = 1.$$

于是, 我们就构造出了 r 轮实例 $E_r \in \mathcal{F}_{B,A,\pi}$, 使得 $c_{E_r}(\delta_0 \to \delta_r) \neq 0$.

(2) 下面证明如果 $\delta_0 \to \delta_r$ 是 $\mathcal{F}_{A,B,\pi}$ 的 r 轮相关性非零的线性掩码, 即存在实例 $E \in \mathcal{F}_{A,B,\pi}$, 使得 $c_E(\delta_0 \to \delta_r) \neq 0$, 则存在 r 轮实例 $E' \in \mathcal{F}_{B,A,\pi}$, 使得 $p(\delta_0 \to \delta_r) > 0$.

因为 $\delta_0 \to \delta_r$ 是 E 的 r 轮非零相关线性掩码, 存在 E 的 r 轮线性路径:

$$\delta_0 \to \cdots \to \delta_i \to \cdots \to \delta_r$$

在该路径中, f_i 的输入掩码为 v_i, 输出掩码为 $A\delta_i$.

下面我们将构造 r 轮 $\mathcal{F}_{B,A,\pi}$ 的实例 E_r, 对于给定的初始值 x, 有

$$E_r(x) \oplus E_r(x \oplus \delta_0) = \delta_r.$$

根据连接引理: 对 $(v_i, A\delta_i)$ 和任意 x 而言, 总存在 f_i 使得

$$f_i(x) \oplus f_i(x \oplus A\delta_i) = v_i.$$

给定输入为 x_0 和 $x_0 \oplus \delta_0$. 当 $r = 0$ 时, 根据连接引理: 对 $(v_0, A\delta_0)$ 和任意 y_0 而言, 令

$$\begin{cases} f_0(A x_0) = y_0, \\ f_0(A x_0 \oplus A\delta_0) = y_0 \oplus v_0. \end{cases}$$

则采用 f_0 作为轮函数的 1 轮 $\mathcal{F}_{A,B,\pi}$ 实例 E_0 满足

$$E_0(x_0) \oplus E_0(x_0 \oplus \delta_0) = \delta_1.$$

以此类推, 假设我们已经构造出了 $r-1$ 轮实例 E_{r-1}, 满足

$$\begin{cases} E_{r-1}(x_0) = x_r, \\ E_{r-1}(x_0 \oplus \delta_0) = x_r \oplus \delta_r. \end{cases}$$

令

$$\begin{cases} f_r(Ax_r) = y_r, \\ f_r(Ax_r \oplus A\delta_r) = y_r \oplus v_r, \end{cases}$$

r 轮实例 E_r 的前 $r-1$ 轮定义为 E_{r-1}, 第 r 轮的轮函数定义为 f_r. 则

$$E_r(x_0) \oplus E_r(x_0 \oplus \delta_0) = \delta_{r+1}.$$

从而结论得证. □

根据 $\mathcal{F}_{A,B,\pi}$ 和 $\mathcal{F}_{B,A,\pi}$ 之间的对偶关系, 对结构 $\mathcal{F}_{A,B,\pi}$ 的零相关线性密码分析可以转化为对结构 $\mathcal{F}_{B,A,\pi}$ 的不可能差分分析. 文献 [1] 给出了类似的结果. 因此, 下面我们只给出统一结构针对不可能差分的安全性分析, 针对零相关线性密码分析的安全性分析不再赘述.

7.2.2 统一结构针对不可能差分密码分析的安全性分析

在实际设计密码算法时, 一般有 $t=b$, A_i 和 B_j 均为方阵, 轮函数 f 为双射等. 下面针对这一特殊情况, 我们给出 $\mathcal{F}_{A,B,\pi}$ 针对不可能差分分析的一个结果:

定理 7.4 设 $A_i, B_j \in \mathbb{F}_2^{b \times b}$, 即 $A, B \in \mathbb{F}_2^{b \times nb}$, 轮函数 f 为 $\mathbb{F}_2^b$ 上的双射, 且

$$\tau_{A,\pi} = \tau_{B,\pi} = \mathrm{ord}(\pi) = n.$$

则统一结构 $\mathcal{F}_{A,B,\pi}$ 存在 $3n-1$ 轮不可能差分.

证明 根据 $\tau_{A,\pi} = n$ 的定义, 线性方程组

$$\begin{bmatrix} A \\ A\pi \\ \vdots \\ A\pi^{n-2} \end{bmatrix} X = 0$$

一定有非零解, 不妨设 $X = \delta_0$ 为其中一个非零解.

令 $\mathcal{F}_{A,B,\pi}$ 的输入差分为 δ_0, 于是从第 1 轮到第 $n-1$ 轮的轮函数 f 的输入差分依次为 $A\delta_0, A\pi\delta_0, \cdots, A\pi^{n-2}\delta_0$. 注意到 $A\delta_0 = A\pi\delta_0 = \cdots = A\pi^{n-2}\delta_0 = 0$, 从而 f 相应的输出差分均为 0, 每轮输出差分为 $\delta_1 = \pi\delta_0$, $\delta_2 = \pi^2\delta_0$, $\cdots$, $\delta_{n-1} = \pi^{n-1}\delta_0$.

如图 7.5 所示, 下面证明 $\pi^{n-1}\delta_0 \to \pi^{n-2}\delta_0$ 是 $\mathcal{F}_{A,B,\pi}$ 的 $2n$ 轮不可能差分.

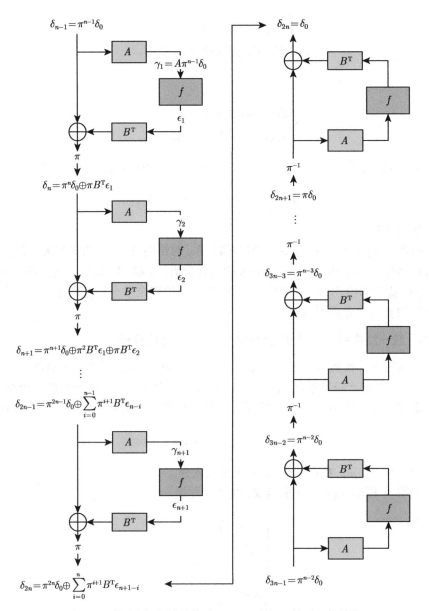

图 7.5　利用中间相错法构造 $\mathcal{F}_{A,B,\pi}$ 的 $2n$ 轮不可能差分

从加密方向看, 假设从第 n, $n+1$, $\cdots$, $2n$ 轮的轮函数 f 的输入差分分别为 γ_1, γ_2, $\cdots$, γ_{n+1}, 相应的输出差分为 ϵ_1, ϵ_2, $\cdots$, ϵ_{n+1}, 显然 $\gamma_1 = A\pi^{n-1}\delta_0 \neq 0$. 又因为 $\mathrm{ord}(\pi) = n$,

$$\pi^i B^{\mathrm{T}} = \left(B(\pi^i)^{\mathrm{T}}\right)^{\mathrm{T}} = \left(B(\pi^{\mathrm{T}})^i\right)^{\mathrm{T}} = (B\pi^{n-i})^{\mathrm{T}},$$

故第 $2n$ 轮的输出差分为

$$\delta_{2n} = \delta_0 \oplus \sum_{i=0}^{n} \pi^{i+1} B^{\mathrm{T}} \epsilon_{n+1-i} = \delta_0 \oplus \pi \sum_{i=0}^{n} (B\pi^{n-i})^{\mathrm{T}} \epsilon_{n+1-i}.$$

上式可写成

$$\delta_{2n} = \delta_0 \oplus \pi \left(\begin{bmatrix} B \\ B\pi \\ \vdots \\ B\pi^{n-1} \end{bmatrix}^{\mathrm{T}} \begin{bmatrix} \epsilon_1 \oplus \epsilon_{n+1} \\ \epsilon_2 \\ \vdots \\ \epsilon_n \end{bmatrix} \right).$$

下面从解密方向研究差分传播. 若第 $3n-1$ 轮输入差分为 $\delta_{3n-1} = \pi^{n-2}\delta_0$, 则其轮函数的输入差分为 $A\pi^{n-2}\delta_0 = 0$, 从而第 $3n-2$ 轮的输入差分为 $\delta_{3n-2} = \pi^{n-2}\delta_0$; 依次类推, 第 $3n-3, \cdots, 2n+1, 2n$ 轮的输入差分分别为

$$\pi^{n-3}\delta_0, \cdots, \pi\delta_0, \delta_0.$$

因此, 若 $\delta_0 \to \pi^{n-2}\delta_0$ 是一条可能的 $3n-1$ 轮差分, 则必有 $\delta_{2n} = \delta_0$, 即

$$\begin{bmatrix} B \\ B\pi \\ \vdots \\ B\pi^{n-1} \end{bmatrix}^{\mathrm{T}} \begin{bmatrix} \epsilon_1 \oplus \epsilon_{n+1} \\ \epsilon_2 \\ \vdots \\ \epsilon_n \end{bmatrix} = \left(\mathcal{B}_\pi^{(n)}\right)^{\mathrm{T}} \begin{bmatrix} \epsilon_1 \oplus \epsilon_{n+1} \\ \epsilon_2 \\ \vdots \\ \epsilon_n \end{bmatrix} = 0.$$

注意到 $\mathcal{B}_\pi^{(n)}$ 是一个 $nb \times nb$ 的方阵, 且 $\mathrm{rank}\left(\mathcal{B}_\pi^{(n)}\right) = nb$, 故有

$$\epsilon_1 \oplus \epsilon_{n+1} = \epsilon_2 = \cdots = \epsilon_n = 0.$$

考虑到 f 是双射, 且 ϵ_i 是 γ_i 对应的输出差分, 故有

$$\gamma_2 = \gamma_3 = \cdots = \gamma_n = 0.$$

另一方面, 计算可得

$$\begin{cases} \gamma_2 = A\delta_0 \oplus A\pi B^{\mathrm{T}}\epsilon_1 = A\pi B^{\mathrm{T}}\epsilon_1, \\ \gamma_3 = A\pi\delta_0 \oplus A\pi^2 B^{\mathrm{T}}\epsilon_2 = A\pi^2 B^{\mathrm{T}}\epsilon_2, \\ \quad\vdots \\ \gamma_n = A\pi^{n-2}\delta_0 \oplus A\pi^{n-1}B^{\mathrm{T}}\epsilon_1 = A\pi^{n-1}B^{\mathrm{T}}\epsilon_1. \end{cases} \tag{7.1}$$

由于 $AB^{\mathrm{T}} = O$, 故有

$$AB^{\mathrm{T}}\epsilon_1 = 0. \tag{7.2}$$

综合 (7.1) 式和 (7.2) 式, 如下等式成立:

$$\begin{bmatrix} A \\ A\pi \\ \vdots \\ A\pi^{n-1} \end{bmatrix} B^{\mathrm{T}}\epsilon_1 = \mathcal{A}_\pi^{(n)} B^{\mathrm{T}}\epsilon_1 = 0.$$

由于 $\mathcal{A}_\pi^{(n)}$ 是列满秩的方阵, 故 $B^{\mathrm{T}}\epsilon_1 = 0$. 注意到 B 是 $b \times nb$ 的矩阵, 且 $\mathcal{B}_\pi^{(n)}$ 列满秩, 故必有 $\mathrm{rank}(B) = b$, 从而 $\epsilon_1 = 0$.

由于 $\epsilon_1 = 0$ 是双射 f 的输出差分, 故其输入差分 $\gamma_1 = 0$, 这与 $\gamma_1 = A\pi^{n-1}\delta_0 \neq 0$ 矛盾. 因此, $\delta_0 \to \pi^{-2}\delta_0$ 是 $(3n-1)$ 轮 $\mathcal{F}_{A,B,\pi}$ 的不可能差分. $\quad\square$

定理 7.4 揭示了在特定条件下, 统一结构 $\mathcal{F}_{A,B,\pi}$ 针对不可能差分攻击具有相似的结论. 同时, 定理 7.4 的证明是构造性的, 即对于任意这样一个结构, 我们不仅知道 $(3n-1)$ 轮不可能差分存在, 而且知道如何求得这些不可能差分.

例 7.6 (Feistel 结构 5 轮不可能差分)　在 Feistel 结构中, $A = [0, I_b]$, π 交换左右支, 故 $\mathrm{ord}(\pi) = 2$. 令 $A\delta = 0$, 得 $\delta = (\alpha, 0)$, 故 $\delta \to \delta$ 是轮函数为双射的 Feistel 结构 5 轮不可能差分. 分析结果与例 4.5 一致.

例 7.7 (SM4 结构 11 轮不可能差分)　在 SM4 结构中, $A = [0, I_b, I_b, I_b]$, π 为左循环移 1 位, 其阶为 4. 从而

$$\mathcal{A}_\pi^{(3)} = \begin{bmatrix} 0 & I_b & I_b & I_b \\ I_b & 0 & I_b & I_b \\ I_b & I_b & 0 & I_b \end{bmatrix}.$$

解方程 $\mathcal{A}_\pi^{(3)}\delta = 0$ 得

$$\delta = (\alpha, \alpha, \alpha, 0),$$

从而

$$(\alpha, \alpha, \alpha, 0) \to (\alpha, 0, \alpha, \alpha)$$

是 SM4 结构的 $3 \times 4 - 1 = 11$ 轮不可能差分. 读者可参照图 7.6, 利用中间相错法直接证明该不可能差分[2].

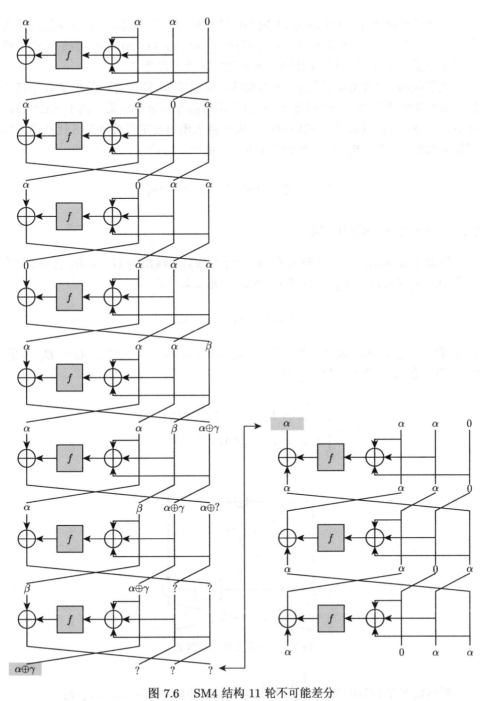

图 7.6 SM4 结构 11 轮不可能差分

上述例子给出了 SM4 结构 11 轮不可能差分. 但是, 并未给出 SM4 结构是否存在 12 轮甚至比 12 轮更长的不可能差分. 在 CRYPTO 2024 上, 我们给出了统一结构最长不可能差分刻画的模型, 感兴趣的读者可参考 [7].

我们强调, 本节考虑的是 SM4 结构的不可能差分, 即是将轮函数 f 看作任意置换即结构粒度为 32 比特前提下, 得出的不可能差分分析结果. 由于 SM4 算法中 S 盒为 8 比特置换, 因此我们也可以从 S 盒规模出发定义粒度为 8 比特的细化了轮函数的 SM4 结构, 这个模型将在下一章进一步讨论.

7.3　新的迭代结构实例

7.3.1　2 分支统一结构实例

假设 2 分支迭代结构的输入为 $(L_i, R_i) \in (\mathbb{F}_2^b)^2$, 输出为 $(L_{i+1}, R_{i+1}) \in (\mathbb{F}_2^b)^2$, 矩阵 $A_0, A_1, B_0, B_1 \in \mathbb{F}_2^{b \times b}$, 则 $\mathcal{F}_{A,B}$ 可逆的充要条件为

$$A_0 B_0^{\mathrm{T}} \oplus A_1 B_1^{\mathrm{T}} = O.$$

从实现的角度看, 为了减少实现代价, 不妨令 $A_1 = B_0 = I_b$, 则有 $A_0 = B_1$. 如图 7.7 所示, 令 $A \in \mathbb{F}_2^{b \times b}$, 则有 $\mathcal{E}_A$ 定义如下:

$$\mathcal{E}_A : \begin{cases} L_{i+1} = R_i \oplus A f(A L_i \oplus R_i), \\ R_{i+1} = L_i \oplus f(A L_i \oplus R_i). \end{cases}$$

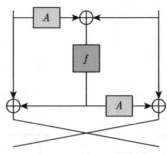

图 7.7　两分支迭代结构 $\mathcal{E}_A$

根据定理 7.1可知, 矩阵 $\begin{bmatrix} A & I_b \\ I_b & A \end{bmatrix}$ 应为满秩矩阵, 从而有如下定理:

定理 7.5　迭代结构 $\mathcal{E}_A$ 安全的必要条件是 $A \oplus I_b$ 是可逆矩阵.

证明 假设 $A \oplus I_b$ 不可逆, 则存在 $0 \neq \alpha \in \mathbb{F}_2^b$ 使得 $(A \oplus I_b)\alpha = 0$, 即 $A\alpha = \alpha$. 假设 $\mathcal{E}_A$ 的输入差分为 (α, α), 则 f 的输入差分为 0, 从而 $\mathcal{E}_A$ 的输出差分为 (α, α). 以此类推, 对于任意轮数 r, $\mathcal{E}_A^{(r)}$ 的输出差分均为 (α, α). 此即说明 $\mathcal{E}_A$ 不是一个安全的迭代结构. □

$A = I_b$ 即对应了不带正型置换的 Lai-Massey 结构, 根据上述定理可知, 直接使用 $A = I_b$ 的结构是不安全的. 需要特别说明的是, 上述定理只是要求 $A \oplus I_b$ 可逆, 至于 A 是否可逆, 则并不做要求.

例 7.8 参考图 7.8, 令 A 为左移 i 位对应的矩阵, 其中 $i \neq 0$. 因为左移 i 位对应的矩阵为对角线全 0 的上三角矩阵, 从而 $A \oplus I_b$ 对应的矩阵为对角线全 1 的上三角矩阵, 故其行列式为 1, 从而 $A \oplus I_b$ 可逆.

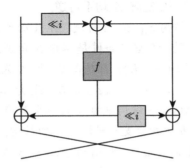

图 7.8 基于移位的两分支迭代结构实例

进一步, 我们可以证明该结构连续两轮至少有一个轮函数 f 差分活跃. 事实上, 假设该结构输入差分为 (δ_0, δ_1), 若进入第 1 轮 f 的差分为零, 则有

$$\delta_0 \ll i = \delta_1.$$

从而第 1 轮的输出差分为 (δ_1, δ_0). 若进入第 2 轮 f 的差分为零, 则有

$$\delta_1 \ll i = \delta_0.$$

根据上面两式有

$$\delta_0 \ll i = (\delta_1 \ll i) \ll i = \delta_1 \ll (2i) = \delta_1,$$

从而 $\delta_0 = \delta_1 = 0$.

实际上, 只要 $A \oplus I_b$ 可逆, 则连续两轮 $\mathcal{E}_A$ 中至少存在一个差分活跃轮函数. 读者可自行证明该结论.

下面考虑由循环移位构成的变换.

首先, 我们分析将例 7.8 中的移位运算改为循环移位所得结构的安全性. 此时分析过程与分析没有正型置换 σ 的 Lai-Massey 结构类似: 假设算法的输入差

分为 $(1_b, 1_b)$, 即分量全为 1 的字符串, 则任意轮的输出差分均为 $(1_b, 1_b)$, 从而这个方案是不安全的.

例 7.9　令 A 为 $A(x) = \sum_{i=1}^{2t}(x \lll l_i)$ 对应的矩阵, 其中 l_i 为 $0, 1, \cdots, b-1$, $i = 1, 2, \cdots, 2t$. 则 $(A \oplus I_b)(x) = x \oplus \sum_{i=1}^{2t}(x \lll l_i)$. 由于 $\sum_{i=1}^{s}(x \lll l_i)$ 可逆的充要条件是 s 为奇数[18], 故 $A \oplus I_b$ 满秩.

比如可以令

$$A(x) = (x \lll 1) \oplus (x \lll 3),$$

则 $A \oplus I_b$ 满秩. 注意到与上例移位操作一样, 此时 $A(x)$ 并非一个双射, 因为对应于全 0 和全 1 的输入, $A(x)$ 的输出均是全 0.

易知, 以上构造的实例中, 矩阵 A 均不可逆.

定理 7.6　对于安全结构 $\mathcal{E}_A$, 若 A 可逆, 则 A 必为正型置换.

证明　结构 $\mathcal{E}_A$ 安全的一个必要条件是 $A \oplus I_b$ 可逆, 从而当 A 可逆时, A 与 $A \oplus I_b$ 均可逆, 从而 Ax 和 $(A \oplus I_b)x$ 都是置换, 即 A 为正型置换.　　　□

关于正型置换的构造可以参见 [9, 12, 13, 15–17], 这里我们仅给出如下两例:

例 7.10　因为 Lai-Massey 结构中的 σ 为正型置换, 故可令 $\mathcal{E}_A$ 中的 $A = \sigma$.

例 7.11　赋予每个 b 比特分支有限域 $\mathbb{F}_{2^b}$ 的结构, $1 \neq \mathbf{a} \in \mathbb{F}_{2^b}$. 令 A 为有限域上的数乘运算, 即 $A(x) = \mathbf{a}x$. 则 $A(x) \oplus x = (\mathbf{a} \oplus 1)x$, 由于 $\mathbf{a} \oplus 1 \neq 0$, 故 $A \oplus I_b$ 满秩.

根据定理 7.4, 令 $[A, I_b]\delta = 0$, 则有如下关于 $\mathcal{E}_A$ 不可能差分的性质:

定理 7.7　令 $\delta_0 \neq 0$, 则 $(\delta_0, A\delta_0) \to (\delta_0, A\delta_0)$ 为 $\mathcal{E}_A$ 的 5 轮不可能差分, 其中 $\mathcal{E}_A$ 的轮函数为双射.

7.3.2　4 分支统一结构实例

例 7.12 (4 分支统一结构实例)　参见图 7.9. 赋予每个 b 比特分支有限域 $\mathbb{F}_{2^b}$ 的结构. 令 $(x_0, x_1, x_2, x_3) \in \mathbb{F}_{2^b}^4$, $(y_0, y_1, y_2, y_3) \in \mathbb{F}_{2^b}^4$. 定义 $\mathcal{E}$ 如下:

$$\mathcal{E}: \begin{cases} y_0 = x_1 \oplus f(2x_0 \oplus 3x_1 \oplus x_2 \oplus x_3), \\ y_1 = x_2 \oplus 2f(2x_0 \oplus 3x_1 \oplus x_2 \oplus x_3), \\ y_2 = x_3 \oplus 3f(2x_0 \oplus 3x_1 \oplus x_2 \oplus x_3), \\ y_3 = x_0 \oplus f(2x_0 \oplus 3x_1 \oplus x_2 \oplus x_3). \end{cases}$$

在该例中, $A = [2, 3, 1, 1]$, $B = [1^{\mathrm{T}}, 1^{\mathrm{T}}, 2^{\mathrm{T}}, 3^{\mathrm{T}}]$, 满足 $AB^{\mathrm{T}} = O$ 的条件. 这里需要解释一下, 1, 2 和 3 均对应于 $b \times b$ 的二元矩阵, 由于除了 1 对应于对称矩阵外, 2 和 3 对应的都不是对称矩阵, 故 $2^{\mathrm{T}} \neq 2$, $3^{\mathrm{T}} \neq 3$. 另外, 我们可以验证 $A_\pi^{(4)}$

满秩. 同样在该例中, 将 B 替换为 $[1^{\mathrm{T}}, 1^{\mathrm{T}}, 1^{\mathrm{T}}, 0^{\mathrm{T}}]$ 后仍然有 $AB^{\mathrm{T}} = O$, 且 $\mathcal{A}_{\pi}^{(4)}$ 满秩.

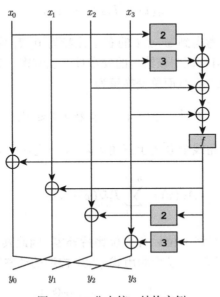

图 7.9　4 分支统一结构实例

这说明, 在统一结构的设计中, 给定 A 的情况下, B 的选择并不唯一, 我们可以根据设计要求灵活选取.

本章我们给出了具有加解密一致性的统一结构, 同时给出了若干动态迭代结构实例, 从而丰富了现有迭代密码结构实例. 实际上, 不同参数统一结构之间依然存在一定的 "等价性". 比如从仿射等价角度看, SM4 结构和 Mars 结构就具有等价性. 有关这部分的讨论参见 [7].

7.4　Feistel 类结构的动态化设计与分析

7.4.1　Feistel 类结构的一般动态化方法

7.3 节构造了若干统一结构的实例, 本节研究其动态化设计方法. 若将本节构造的动态结构实例化, 则有可能得到与上节不同的结构实例.

例 7.13　在例 7.8 中, 我们给出了基于移位的密码结构设计. 我们记移位参数为 i, 即 $A_i(x) = x \lll i$ 对应的算法实例为 E_i, 则动态算法集为 $\{E_1, E_2, \cdots, E_b\}$.

对于给定的参数 $i \in \{1, 2, \cdots, b-1\}$, 例 7.8 已经说明了该结构的安全性; 由于该结构具有加解密一致的优点, 因此该动态结构具有良好的软硬件实现性能.

结构的变化量为 $b-1$, 故变化量少是该例的一个缺点. 为克服这个缺点, 可以通过如下函数增加其变化量:

$$A_i(x) = T_i \& (x \ll i),$$

其中 T_i 是一个常数. 考虑到 $x \ll i$ 的右 i 比特为 0, T_i 实际起作用的只有左边 $b-i$ 比特. 读者可以自行证明该结构的安全性、加解密一致性等. 此时, A_i 对应的动态结构变化量为 2^{b-i}, 从而总变换量为

$$2^{b-1} + 2^{b-2} + \cdots + 2^1 + 1 \approx 2^b.$$

一般而言, 一个对角线全 0 的上三角矩阵 A 一定对应某个如下形式的变换:

$$A_T(x) = \sum_{i=1}^{b-1} T_i \& (x \ll i), \tag{7.3}$$

虽然 $T_i \in \mathbb{F}_2^b$, 但由于左移 i 位后右 i 位比特补零, 因此其实际有效比特为 $b-i$ 位. 令 $T = T_1 \| T_2 \| \cdots \| T_{b-1}$, 从而利用式 (7.3) 构造的动态结构变化量为

$$2^b \times 2^{b-1} \times \cdots \times 2 = 2^{b(b+1)/2}.$$

例 7.14　令 $A_{T_1,T_2} = T_1 \& (x \ll 1) \oplus T_2 \& (x \ll 2)$, 则 $A_{T_1,T_2} \oplus I_b$ 满秩; 由于 $T_1 \ll 1$ 与 T_1 的最右 1 比特无关, $T_2 \ll 2$ 与 T_2 最右 2 比特无关, 故 A_{T_1,T_2} 的有效变化量为 $2^{(b-1)+(b-2)} = 2^{2b-3}$.

7.4.2　FishingRod 结构的设计

上面给出的动态结构基于如下事实: 每轮结构均相同, 从而只需考虑一轮动态变化即可. 下面给出利用若干不同轮复合成一个大轮的情形, 从而可以得到更多动态结构实例, 我们称之为 FishingRod 结构[①]. 然后介绍采用此迭代结构的一个算法实例. 在例 7.8 中, 令 A 为对角矩阵:

$$A = \begin{bmatrix} t_0 & 0 & \cdots & 0 & 0 \\ 0 & t_1 & \cdots & 0 & 0 \\ \vdots & \vdots & & \vdots & \vdots \\ 0 & 0 & \cdots & t_{b-2} & 0 \\ 0 & 0 & \cdots & 0 & t_{b-1} \end{bmatrix}_{b \times b},$$

---

① 我们将本节提出的密码结构称为 "FishingRod 结构", 主要是用来纪念远古年代姜太公用钓鱼竿进行信息保密传输的历史.

其中 $t_i \in \mathbb{F}_2$. 则有

$$A(x_0, x_1, \cdots, x_{b-1}) = (t_0 x_0, t_1 x_1, \cdots, t_{b-1} x_{b-1}),$$

令 $T = t_0 t_1 \cdots t_{b-1}$, 则有即 $Ax = T \& x$. 且可以验证, $\mathcal{E}_A$ 加解密一致. 但是

$$\mathrm{rank}(A \oplus I_b) = \#\{t_i \neq 1 | i = 0, 1, \cdots, b-1\}.$$

因此, 除非 A 为零矩阵, 否则单纯迭代 $\mathcal{E}_A$ 是不安全的.

参考图 7.10, 令 $\mathcal{E} = \mathcal{E}_{A \oplus I_b} \circ \mathcal{E}_A$. 则 $\mathcal{E}$ 具有如下性质:

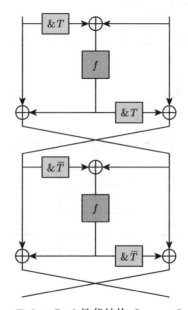

图 7.10 FishingRod 迭代结构 $\mathcal{E}_{A \oplus I_b} \circ \mathcal{E}_A$ 示意图

定理 7.8 对于任意输入差分, 1 轮 $\mathcal{E} = \mathcal{E}_{A \oplus I_b} \circ \mathcal{E}_A$ 中至少有一个 f 差分活跃.

证明 假设输入差分为 $(\delta_0, \delta_1) \neq 0$. 若 $A\delta_0 \oplus \delta_1 \neq 0$, 则第一个 f 差分活跃, 命题得证; 当 $A\delta_0 \oplus \delta_1 = 0$ 时, 第一轮的输出差分为 (δ_1, δ_0). 若 $(A \oplus I_b)\delta_1 \oplus \delta_0 = 0$, 则有

$$\delta_0 = (A \oplus I_b)\delta_1 = (A \oplus I_b)A\delta_0 = 0,$$

从而有 $\delta_1 = 0$. 矛盾! 因此, 1 轮 $\mathcal{E} = \mathcal{E}_{A \oplus I_b} \circ \mathcal{E}_A$ 中至少有一个 f 差分活跃. □

7.4.3 J 算法描述

为了测试 FishingRod 结构的安全性, 同时也为了密码算法设计多样化, 我们设计了 J 算法作为 2022 年全国高校密码数学挑战赛的赛题.

　　J 算法的分组长度为 32 比特, 密钥长度 κ 为 64 比特. 对于明文 $X = (L_0, R_0) \in (\mathbb{F}_2^{16})^2$, 参考图 7.11, J 算法的加密流程如下:

$$
\begin{cases}
T_{i,1} = (RK_{i-1} \& L_{i-1}) \oplus R_{i-1} \oplus (\texttt{i-1}), \\
T_{i,2} = S(T_{i,1}), \\
T_{i,3} = P(T_{i,2}), \\
L_i = R_{i-1} \oplus (RK_{i-1} \& T_{i,3}), \\
R_i = L_{i-1} \oplus T_{i,3},
\end{cases}
$$

其中, RK_{i-1} 是轮密钥, $i = 1, 2, \cdots, r$, r 是迭代轮数, $\texttt{i-1}$ 代表 $i - 1$ 的 2 进制表示.

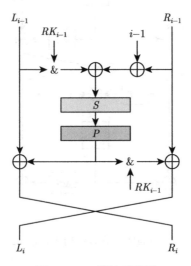

图 7.11　J 算法示意图

　　算法采用了 SPN 型轮函数. 算法的 S 盒变换 $\mathbb{F}_2^{16} \to \mathbb{F}_2^{16}$ 定义为

$$
S(x) = (x \ll 2) \& (x \ll 1) \oplus x,
$$

算法的 P 置换 $\mathbb{F}_2^{16} \to \mathbb{F}_2^{16}$ 定义为

$$
P(y) = (y \lll 3) \oplus (y \lll 9) \oplus (y \lll 14),
$$

其中 $\ll$ 和 $\lll$ 分别表示 16 比特字的左移和循环左移.

　　令 64 比特的种子密钥 $K = k_{63} k_{62} \cdots k_0$,

$$\begin{cases} K_3 = k_{63}k_{62}\cdots k_{48}, \\ K_2 = k_{47}k_{46}\cdots k_{32}, \\ K_1 = k_{31}k_{30}\cdots k_{16}, \\ K_0 = k_{15}k_{14}\cdots k_0. \end{cases}$$

令 $K_{j+4} = \overline{K_j} \oplus j$, 则 $RK_{2j} = K_j, RK_{2j+1} = \overline{K_j}$.

竞赛的主要内容是对 J 算法进行单密钥模型下的安全性分析: 在个人电脑上实际恢复密钥轮数越多则积分越多. 关于该竞赛题, 有如下说明:

(1) 为了确保参赛者能够在个人电脑上运行攻击程序并将实际密钥计算出来, 我们选择了相对比较小的分组规模和密钥规模;

(2) J 算法的设计目标是吸引全国密码数学爱好者的关注并参与竞赛, 我们设计了比较简单的轮函数, 并且未定义算法的轮数, 目的是提升赛题的区分度;

(3) 算法并未考虑相关密钥攻击的模型;

(4) 由于算法轮密钥以逻辑与的方式参与到轮函数中, 故传统基于计算差分路径概率的差分分析方法对 J 算法无效, 我们需要研究针对 J 算法的差分攻击理论与方法;

(5) 竞赛结果表明, FishingRod 迭代结构可以用来设计密码算法, 但是由于其与众不同的密码学特点, 其轮函数的设计、密钥扩展算法的设计等均需有新的理论和技术来支撑.

最后需要指出的是, 在设计动态密码算法时, 除了安全性、变化量、可实现性外, 往往还需要考虑不同算法实例之间的安全关联. 本书并未讨论这些问题, 相关内容需要我们继续深入研究.

参 考 文 献

[1] Blondeau C, Bogdanov A, Wang M. On the (In)equivalence of impossible differential and zero-correlation distinguishers for Feistel- and skipjack-type ciphers[C]. ACNS 2014. LNCS, 8479, Springer, 2014: 271-288.

[2] Cheng L, Sun B, Li C. Revised cryptanalysis for SMS4[J]. Sci. China Inf. Sci., 2017, 60(12): 122101.

[3] Hoang V, Rogaway P. On generalized Feistel networks[C]. CRYPTO 2010. LNCS, 6223, Springer, 2010: 613-630.

[4] Liu J, Sun B, Liu G, et al. New wine old bottles: Feistel structure revised[J]. IEEE Transactions on Information Theory, 2023, 69(3): 2000-2008.

[5] Moriai S, Vaudenay S. On the pseudorandomness of top-level schemes of block ciphers[C]. ASIACRYPT 2000. LNCS, 1976, Springer, 2000: 289-302.

[6]　Nyberg K. Generalized Feistel networks[C]. ASIACRYPT 1996. LNCS, 1163, Springer, 1996: 91-104.

[7]　Sun B, Xiang Z, Dai Z, et al. Feistel-like structures revisited: Classification and cryptanalysis[C]. CRYPTO 2024. LNCS, 14923, Springer, 2024: 275-304.

[8]　Sun B, Liu Z, Rijmen V, et al. Links among impossible differential, integral and zero correlation linear cryptanalysis[C]. CRYPTO 2015. LNCS, 9215, Springer, 2015: 95-115.

[9]　Sun B, Li K, Guo J, et al. New constructions of complete permutations[J]. IEEE Transactions on Information Theory, 2021, 67(11): 7561-7567.

[10]　Schneier B, Kelsey J. Unbalanced Feistel networks and block cipher design[C]. FSE 1996. LNCS, 1039, 121-144, Springer, 1996: 121-144.

[11]　Shibutani K. On the diffusion of generalized Feistel structures regarding differential and linear cryptanalysis[C]. SAC 2010. LNCS, 6544, Springer, 2010: 211-228.

[12]　Tu Z, Zeng X, Hu L. Several classes of complete permutation polynomials[J]. Finite Fields and Their Applications, 2014, (25): 182-193.

[13]　Vishwakarma C, Singh R. Some results on complete permutation polynomials and mutually orthogonal Latin squares[J]. Finite Fields and Their Applications, 2024, (93): 102320.

[14]　Vaudenay S. On the Lai-Massey scheme[C]. ASIACRYPT 1999. LNCS, 1716, Springer, 1999: 8-19.

[15]　Wu G, Li N, Helleseth T, et al. More classes of complete permutation polynomials over $\mathbb{F}_q$[EB/OL]. CoRR, abs/1312.4716, 2013.

[16]　Wu G, Li N, Helleseth T, et al. Some classes of monomial complete permutation polynomials over finite fields of characteristic two[J]. Finite Fields and Their Applications, 2014, (28): 148-165.

[17]　Xu X, Li C, Zeng X, et al. Constructions of complete permutation polynomials[J]. Designs, Codes and Cryptography, 2018, (86): 2869-2892.

[18]　Zhang W, Wu W, Feng D, et al. Some new observations on the SMS4 block cipher in the Chinese WAPI standard[C]. ISPEC 2009. LNCS, 5451, Springer, 2009: 324-335.

第 8 章　Feistel-SPN 型密码结构设计与分析

8.1　Feistel-SPN 结构及其对偶结构

密码结构的定义指出, 密码结构是密码算法非线性部分动起来后形成的密码算法的集合[9]. 如前文所述, 这里讲的是非线性部分会因为实际算法设计和分析中的粒度而有所不同. 比如, 如果讨论分支为 64 比特的 Feistel 结构时, 轮函数可以从 $\mathbb{F}_2^{64}$ 上的函数中任意取, 此时粒度即为 64 比特; 但如果考虑轮函数为 SPN 结构的 Feistel 结构, 比如 Camellia 算法[1] 采用的结构, 此时该结构中包括 8 个并置的 8 比特 S 盒, 相应结构定义的粒度为 8 比特. 因此, 密码结构设计与分析的粒度与非线性层的规模有关.

由于 SPN 结构具有较好的扩散性和实现性, 分析其密码学性质也相对容易, 因此在很多 Feistel 结构或者广义 Feistel 结构中得到了广泛的应用. 本章的研究对象为具有 SPN 型轮函数的 Feistel 类结构, 称之为 Feistel-SPN 结构. 采用这种结构的密码算法包括 Camellia 算法[1]、SM4 算法等[15].

在介绍相关内容前, 首先给出 SPN 型轮函数 Feistel 结构的定义及其相关性质[9].

定义 8.1　记 SPN 型轮函数 Feistel 结构为 $\mathcal{F}_{SP}$, 其中 P 为 SPN 型轮函数的置换层. 则如图 8.1(右) 所示的结构 $\mathcal{F}_{PTS}$ 称为 $\mathcal{F}_{SP}$ 的对偶结构.

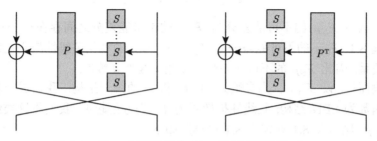

图 8.1　Feistel-SPN 结构 $\mathcal{F}_{SP}$ 及其对偶结构 $\mathcal{F}_{PTS}$

根据定义可知, 在 $\mathcal{F}_{SP}$ 的轮函数中, 首先是 S 盒层, 然后是 P 置换层; 而在其对偶结构 $\mathcal{F}_{PTS}$ 的轮函数中, 首先作用的是置换层 P^{T}, 然后再是 S 盒层. 对于

给定的 S 层 S, 记输入为 (L_0, R_0), 则一轮 $\mathcal{F}_{SP}$ 的输出为

$$
\begin{cases}
L_1 = R_0, \\
R_1 = L_0 \oplus P \circ S(R_0).
\end{cases}
$$

一轮 $\mathcal{F}_{P^{\mathrm{T}}S}$ 的输出为

$$
\begin{cases}
L_1 = R_0, \\
R_1 = L_0 \oplus S \circ P^{\mathrm{T}}(R_0).
\end{cases}
$$

在上下文明确的前提下, 迭代轮数通常省略不写.

定理 8.1　令 $\mathcal{F}_{SP}$ 为一个轮函数为 SPN 型的 Feistel 结构, 则 $\alpha \to \beta$ 是结构 $\mathcal{F}_{SP}$ 的不可能差分, 当且仅当 $\alpha \to \beta$ 是其对偶结构 $\mathcal{F}_{P^{\mathrm{T}}S}$ 的零相关线性壳.

该定理的证明与定理 6.2 的证明类似, 故我们略去其证明, 详情参见 [9].

在实际分析密码结构抗不可能差分分析与零相关线性分析的安全性时, 我们更多关注同一个密码结构的不可能差分与零相关线性壳之间的关系. 对于 Feistel-SPN 结构, 有如下性质.

性质 8.1　令 $\mathcal{F}_{SP}$ 为一个轮函数为 SPN 型的 Feistel 结构, 其扩散层 P 可逆, 且满足 $P = P^{\mathrm{T}}$, 则 $\mathcal{F}_{SP}$ 的不可能差分与零相关线性壳等价, 即 $\mathcal{F}_{SP}$ 抗不可能差分分析与零相关线性分析的安全性是相同的.

证明　只需注意到, 当 P 可逆时, 对 $\mathcal{F}_{SP}$ 中的任意实例 F_{SP}, 以及 $\mathcal{F}_{PS}$ 中的相应实例 F_{PS}, 总有

$$
F_{PS} = \begin{bmatrix} P & O \\ O & P \end{bmatrix} F_{SP} \begin{bmatrix} P^{-1} & O \\ O & P^{-1} \end{bmatrix}
$$

恒成立. 从而 $\mathcal{F}_{SP}$ 的不可能差分与 $\mathcal{F}_{PS}$ 的不可能差分之间存在一一对应关系. 根据定理 8.1, $\mathcal{F}_{SP}$ 的不可能差分与 $\mathcal{F}_{P^{\mathrm{T}}S} = \mathcal{F}_{PS}$ 的零相关线性掩码之间存在一一对应关系. 因此 $\mathcal{F}_{SP}$ 的不可能差分与零相关线性壳等价. □

一般而言, 设 $\mathcal{F}_{A,B,\pi}$ 为参数为 A, B 和 π 的统一结构. 我们进一步设该结构的轮函数为 SPN 结构, 且线性扩散层为 P, 为方便起见, 我们将这类结构记作 $\mathcal{F}_{A,B,\pi-SP}$. 则定义 8.1 和定理 8.1 可推广如下:

定义 8.2　记 SPN 型轮函数统一结构为 $\mathcal{F}_{A,B,\pi-SP}$, 其中 P 为 SPN 型轮函数的置换层. 则其对偶结构定义为 $\mathcal{F}_{B,A,\pi-P^{\mathrm{T}}S}$.

根据定义可知, $\mathcal{F}_{A,B,\pi-SP}$ 的对偶结构先是将 $\mathcal{F}_{A,B,\pi}$ 对偶到 $\mathcal{F}_{B,A,\pi}$, 然后将轮函数从 SP 变为 $P^{\mathrm{T}}S$ 即可.

定理 8.2 令 $\mathcal{F}_{A,B,\pi-SP}$ 为轮函数是 SPN 型的统一结构, 则 $\alpha \to \beta$ 是 $\mathcal{F}_{A,B,\pi-SP}$ 的不可能差分, 当且仅当 $\alpha \to \beta$ 是其对偶结构 $\mathcal{F}_{B,A,\pi-P^{\mathrm{T}}S}$ 的零相关线性掩码.

该定理的证明与定理 6.2 的证明类似.

设轮函数 f 是 $\mathbb{F}_2^b$ 上的置换, 对任意 $\alpha \in \mathbb{F}_2^b$, 定义

$$\mathcal{D}_f(\alpha) = \{\beta \in \mathbb{F}_2^b | \Pr(\alpha \xrightarrow{f} \beta) \neq 0\}.$$

显然, $\mathcal{D}_f(\alpha)$ 即当 f 的输入差分为 α 时, 所有可能输出差分的集合, 故 $\mathcal{D}_f(\alpha)$ 也可通过下式等价定义:

$$\mathcal{D}_f(\alpha) = \{\beta \in \mathbb{F}_2^b | \beta = f(x \oplus \alpha) \oplus f(x), x \in \mathbb{F}_2^b\}.$$

根据该定义可知 $\Pr(\alpha \xrightarrow{f} \beta) \neq 0$ 当且仅当 $\beta \in \mathcal{D}_f(\alpha)$. 由于 f 是一个置换, 故对 f 而言, 零输入差分传播至零输出差分, 非零输入差分传播至非零输出差分. 从而有如下引理.

引理 8.1 假设 f 是置换, 则 $0 \in \mathcal{D}_f(\alpha)$ 当且仅当 $\alpha = 0$.

有时候为方便起见, 我们也采用如下符号. 对于 $\mathbb{F}_{2^b}$ 上的非线性双射 S, 我们将集合 $\{S(X) \oplus S(X \oplus \delta) | X \in \mathbb{F}_{2^b}\}$ 表示为 $S(\delta)$, 其含义即为当 S 的输入差分为 δ 时, 其所有可能的输出差分集合; 对于由 n 个 S 盒并置的 S 层 $S_0, S_1, \cdots, S_{n-1}$ 以及输入差分 $\Delta = (\delta_0, \delta_1, \cdots, \delta_{n-1})$, 记 $\mathcal{S}(\Delta) = (S_0(\delta_0), S_1(\delta_1), \cdots, S_{n-1}(\delta_{n-1}))$.

在截断差分分析中, 往往只考虑某个位置是不是有差分, 而不考虑差分的具体值, 而 χ-函数恰好可以刻画这一点. 对于 $\Delta \in \mathbb{F}_{2^b}^m$, $\chi_i(\Delta) = 1$ 的含义是位置 i 的差分非零. 对于集合 $D \subseteq \mathbb{F}_{2^b}^m$, $\chi(D)$ 定义为集合 $\{\chi(x) | x \in D\}$.

我们约定如下符号. $E_i \in \mathbb{F}_2^m$ 表示第 i 个分量为 1, 其余分量为 0 的 m 维单位向量. e_i 为使得 $\chi(e_i) = E_i$ 成立的任意向量:

$$e_i \in \{X \in \mathbb{F}_{2^b}^m | \chi(X) = E_i\}.$$

性质 8.2 设 $\mathcal{S}$ 为 n 个 b 比特双射 S 盒的并置, $P \in \mathbb{F}_2^{n \times n}$ 为基于字节设计的扩散矩阵. 则:

(1) 对于任意差分 $\Delta \in \mathbb{F}_{2^b}^n$,

$$\chi(\mathcal{S}(\Delta)) = \chi(\Delta).$$

(2) 令 $P = [p_0, p_1, \cdots, p_{n-1}]$, 其中 p_j 为 P 的第 j 列. 则

$$\chi(P \circ \mathcal{S}(e_j)) = \chi(P(e_j)) = p_j.$$

(3) 令 $X = (x_0, x_1, \cdots, x_{n-1})$, $Y = (y_0, y_1, \cdots, y_{n-1})$. 若 $x_i = 0$, 则

$$\chi_i(X \oplus Y) = \chi_i(Y).$$

根据上面的概念与性质, 下面我们分别给出 SPN 型轮函数的 Feistel 结构存在 6/7/8 轮不可能差分的充分条件, 以及 SPN 型轮函数的 SM4 结构和 SPN 型轮函数的 Mars 结构 $3n$ 轮不可能差分与零相关线性壳的存在性.

8.2　Feistel-SPN 结构的不可能差分分析

在本节中, 利用中间相错法, 通过分析轮函数中线性变换的性质, 我们给出具有 SPN 型轮函数的 Feistel 结构存在 6/7/8 轮不可能差分的充分条件[11,12]. 为了有效使用中间相错法, 我们关注形式为 $(e_i, 0) \to (e_j, 0)$ 的不可能差分.

为简便起见, 约定以下符号:

设 (α_0, β_0) 为第 1 轮的输入差分, (α_r, β_r) 为第 r 轮的输出差分, 用 Y_r 和 Z_r 分别表示第 r 轮 S 盒层和 P 置换层的输出值, 相应的差分分别记为 ΔY_r 和 ΔZ_r. 由于二元矩阵 $P \in \mathbb{F}_2^{n \times n}$ 的情形比较具有代表性, 本节我们将主要研究这类情形, 其余情形可作类似推广. 进一步, 我们记

$$P = [p_{i,j}]_{0 \leqslant i,j \leqslant n-1} = [p_0, p_1, \cdots, p_{n-1}],$$

$$P^{-1} = [q_{i,j}]_{0 \leqslant i,j \leqslant n-1} = [q_0, q_1, \cdots, q_{n-1}],$$

其中 p_i 和 q_i 分别为 P 和 P^{-1} 的第 i 列.

8.2.1　Feistel-SPN 结构的 6 轮不可能差分

根据密码结构的定义, 在 Feistel-SPN 结构中, 不同位置上的 S 盒是独立的. 因此, 不同轮不同位置上的 S 盒是不同的. 但为了表达方便, 无论是在正文表述还是在示意图中, 我们都只用了一个 S 来表示这些 S 盒.

定理 8.3　设 Feistel-SPN 结构 $\mathcal{F}_{SP}$ 轮函数的线性变换为 $P \in \mathbb{F}_2^{n \times n}$, 令

$$P \oplus P^{-1} = [\gamma_0, \gamma_1, \cdots, \gamma_{n-1}],$$

其中 γ_i 是 $P \oplus P^{-1}$ 的第 i 列. 如果存在 i, $0 \leqslant i \leqslant n-1$, 使得 $H_1(\gamma_i) \geqslant 2$, 则对任意 j, $0 \leqslant j \leqslant n-1$, $(e_i, 0) \to (e_j, 0)$ 是 $\mathcal{F}_{SP}$ 的 6 轮不可能差分.

证明　证明过程参考图 8.2. 从加密方向看, 如果输入差分为

$$(\alpha_0, \beta_0) = (e_i, 0),$$

则第 1 轮和第 2 轮的输出差分分别为

$$(\alpha_1, \beta_1) = (0, e_i),$$
$$(\alpha_2, \beta_2) = (e_i, P\mathcal{D}_\mathcal{S}(e_i)).$$

相应地, 在第 3 轮中

$$\Delta Y_3 = \mathcal{D}_{\mathcal{S} \circ P \circ \mathcal{S}}(e_i),$$
$$\Delta Z_3 = P\mathcal{D}_{\mathcal{S} \circ P \circ \mathcal{S}}(e_i).$$

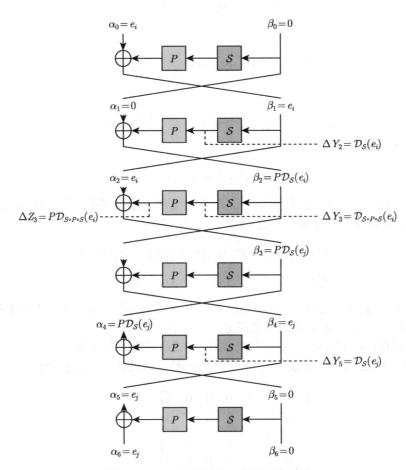

图 8.2　Feistel-SPN 的 6 轮不可能差分

从解密方向看, 根据性质 8.2 (3) 条可知, 第 6 轮的输出差分为

$$(\alpha_6, \beta_6) = (e_j, 0),$$

则第 5 轮和第 4 轮的输出差分分别为

$$(\alpha_5, \beta_5) = (e_j, 0),$$
$$(\alpha_4, \beta_4) = (P\mathcal{D}_{\mathcal{S}}(e_j), e_j).$$

根据 Feistel 的结构特征, 有

$$\alpha_4 = \beta_3 = \Delta Z_3 \oplus \alpha_2,$$

于是, 下列方程必有解:

$$P\mathcal{D}_{\mathcal{S}}(e_j) = P\mathcal{D}_{\mathcal{S} \circ P \circ \mathcal{S}}(e_i) \oplus e_i,$$

两边作用 P^{-1}, 则

$$\mathcal{D}_{\mathcal{S}}(e_j) = \mathcal{D}_{\mathcal{S} \circ P \circ \mathcal{S}}(e_i) \oplus P^{-1}(e_i),$$

从而

$$\chi\left(\mathcal{D}_{\mathcal{S}}(e_j)\right) = \chi\left(\mathcal{D}_{\mathcal{S} \circ P \circ \mathcal{S}}(e_i) \oplus P^{-1}(e_i)\right).$$

根据性质 8.2, 有

$$\chi(\mathcal{D}_{\mathcal{S}}(e_j)) = \chi(e_j).$$

若 $w(p_i \oplus q_i) \geqslant 2$, 即 p_i 和 q_i 至少在 2 个位置上不同, 不妨设 $p_{t_1,i} = 0$, $q_{t_1,i} = 1$ 并且 $p_{t_2,i} = 1$, $q_{t_2,i} = 0$, 这里 $t_1 \neq t_2$, 进而

$$\chi_{t_1}(\mathcal{D}_{\mathcal{S} \circ P \circ \mathcal{S}}(e_i) \oplus P^{-1}(e_i)) = \chi_{t_1}(P^{-1}(e_i)) = 1,$$
$$\chi_{t_2}(\mathcal{D}_{\mathcal{S} \circ P \circ \mathcal{S}}(e_i) \oplus P^{-1}(e_i)) = \chi_{t_2}(\mathcal{D}_{\mathcal{S} \circ P \circ \mathcal{S}}(e_i)) = 1,$$

这意味着 $w(\chi(\mathcal{D}_{\mathcal{S} \circ P \circ \mathcal{S}}(e_i) \oplus P^{-1}(e_i)) \geqslant 2$, 与 $\chi(\mathcal{D}_{\mathcal{S}}(e_j))$ 汉明重量为 1 相矛盾! 从而 $(e_i, 0) \to (e_j, 0)$ 是 6 轮不可能差分. □

下面我们以 Camellia 算法为例, 给出上述命题的一个应用.

例 8.1 (Camellia 算法的 6 轮不可能差分)　通过计算, 我们得到

$$P \oplus P^{-1} = \begin{bmatrix} 1 & 1 & 0 & 0 & 0 & 0 & 0 & 0 \\ 0 & 1 & 1 & 0 & 0 & 0 & 0 & 0 \\ 0 & 0 & 1 & 1 & 0 & 0 & 0 & 0 \\ 1 & 0 & 0 & 1 & 0 & 0 & 0 & 0 \\ 0 & 0 & 0 & 0 & 1 & 1 & 0 & 0 \\ 0 & 0 & 0 & 0 & 0 & 1 & 1 & 0 \\ 0 & 0 & 0 & 0 & 0 & 0 & 1 & 1 \\ 0 & 0 & 0 & 0 & 1 & 0 & 0 & 1 \end{bmatrix} = [\gamma_0, \gamma_1, \cdots, \gamma_7].$$

对于任意的 $0 \leqslant i \leqslant 7$, $w(\gamma_i) = 2$, 根据性质 8.3 可知, 对任意的 $0 \leqslant i, j \leqslant 7$, $(e_i, 0) \to (e_j, 0)$ 是不带 FL/FL^{-1} 层 Camellia 算法的 6 轮不可能差分.

8.2.2 Feistel-SPN 结构的 7 轮不可能差分

Feistel-SPN 结构 7 轮不可能差分分析方法与 8.2.1 节类似. 我们得到了下列结果.

定理 8.4 设 Feistel-SPN 结构 $\mathcal{F}_{SP}$ 轮函数的线性变换为 $P \in \mathbb{F}_2^{n \times n}$, 若存在三元组 (i, j, k), 使得集合 $\{p_{k,i}, p_{k,j}, q_{k,i}, q_{k,j}\}$ 与集合 $\{1, 0, 0, 0\}$ 相等, 则 $(e_i, 0) \to (e_j, 0)$ 是该结构的一条 7 轮不可能差分.

证明 令第 1 轮输入差分和第 7 轮输出差分分别为 $(\alpha_0, \beta_0) = (e_i, 0)$, $(\alpha_7, \beta_7) = (e_j, 0)$. 如图 8.3 所示, 从加密方向考虑差分 (α_0, β_0) 的传播, 可得

$$(\alpha_1, \beta_1) = (0, e_i),$$
$$(\alpha_2, \beta_2) = (e_i, P\mathcal{D}_S(e_i)),$$
$$\Delta Z_3 = P\mathcal{D}_{S \circ P \circ S}(e_i).$$

从解密方向考虑差分 (α_7, β_7) 的传播, 可得

$$(\alpha_6, \beta_6) = (e_j, 0),$$
$$(\alpha_5, \beta_5) = (P\mathcal{D}_S(e_j), e_j),$$
$$\Delta Z_5 = P\mathcal{D}_{S \circ P \circ S}(e_j).$$

因为

$$\alpha_2 \oplus \Delta Z_3 = \beta_3 = \alpha_4 = \beta_5 \oplus \Delta Z_5,$$

所以

$$e_i \oplus P\mathcal{D}_{S \circ P \circ S}(e_i) = e_j \oplus P\mathcal{D}_{S \circ P \circ S}(e_j),$$

由上式可得

$$P^{-1}(e_i) \oplus P^{-1}(e_j) = \mathcal{D}_{S \circ P \circ S}(e_i) \oplus \mathcal{D}_{S \circ P \circ S}(e_j).$$

根据性质 8.2, 以下等式成立:

$$\begin{cases} q_i = \chi(P^{-1}(e_i)), \\ q_j = \chi(P^{-1}(e_j)), \\ p_i = \chi(\mathcal{D}_{S \circ P \circ S}(e_i)), \\ p_j = \chi(\mathcal{D}_{S \circ P \circ S}(e_j)). \end{cases}$$

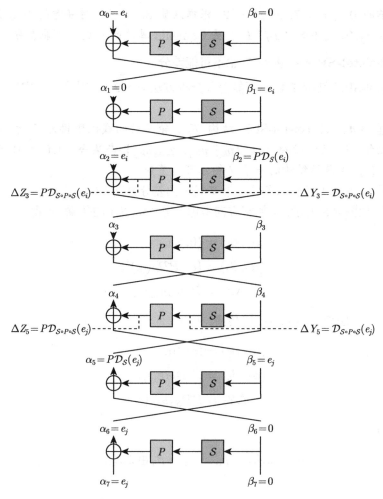

图 8.3　Feistel-SPN 的 7 轮不可能差分

根据假设, 不妨设 $p_{t,i} = 1$, $q_{t,i} = p_{t,j} = p_{t,j} = 0$, 则

$$\chi_t(P^{-1}(e_i) \oplus P^{-1}(e_j)) = 1,$$

并且

$$\chi_t\left(\mathcal{D}_{\mathcal{S} \circ P \circ \mathcal{S}}(e_i) \oplus \mathcal{D}_{\mathcal{S} \circ P \circ \mathcal{S}}(e_j)\right) = 0,$$

相互矛盾, 于是命题得证.　　　　　　　　　　　　　　　　　　　　　□

　　我们仍以 Camellia 算法为例来说明如何应用上述命题构造密码结构与 S 盒无关的不可能差分.

例 8.2 (Camellia 算法的 7 轮不可能差分)   由 Camellia 算法的定义, 我们可以通过 P 计算出 P^{-1}, $P = [p_{i,j}]_{0 \leqslant i,j \leqslant 7}$ 和 $P^{-1} = [q_{i,j}]_{0 \leqslant i,j \leqslant 7}$ 如下所示:

$$
P = \begin{bmatrix}
\underline{1} & 0 & 1 & 1 & \underline{0} & 1 & 1 & 1 \\
1 & 1 & 0 & 1 & 1 & 0 & 1 & 1 \\
1 & 1 & 1 & 0 & 1 & 1 & 0 & 1 \\
0 & 1 & 1 & 1 & 1 & 1 & 1 & 0 \\
1 & 1 & 0 & 0 & 0 & 1 & 1 & 1 \\
0 & 1 & 1 & 0 & 1 & 0 & 1 & 1 \\
0 & \underline{0} & 1 & 1 & 1 & 1 & \underline{0} & 1 \\
1 & 0 & 0 & 1 & 1 & 1 & 1 & 0
\end{bmatrix}, \quad
P^{-1} = \begin{bmatrix}
\underline{0} & 1 & 1 & 1 & \underline{0} & 1 & 1 & 1 \\
1 & 0 & 1 & 1 & 1 & 0 & 1 & 1 \\
1 & 1 & 0 & 1 & 1 & 1 & 0 & 1 \\
1 & 1 & 1 & 0 & 1 & 1 & 1 & 0 \\
1 & 1 & 0 & 0 & 1 & 0 & 1 & 1 \\
0 & 1 & 1 & 0 & 1 & 1 & 0 & 1 \\
0 & \underline{0} & 1 & 1 & 1 & 1 & \underline{1} & 0 \\
1 & 0 & 0 & 1 & 0 & 1 & 1 & 1
\end{bmatrix}.
$$

由以上矩阵可知, $p_{0,0} = 1$, $p_{0,4} = q_{0,0} = q_{0,4} = 0$, 因此 $(e_0, 0) \to (e_4, 0)$ 是不带 FL/FL^{-1} 层 Camellia 算法的 7 轮不可能差分; 同理, 由于 $q_{6,6} = 1$, $p_{6,1} = p_{6,6} = q_{6,1} = 0$, $(e_1, 0) \to (e_6, 0)$ 也是不带 FL/FL^{-1} 层 Camellia 算法的 7 轮不可能差分. 上述分析与文献 [10] 的结果是一致的.

8.2.3 Feistel-SPN 结构的 8 轮不可能差分

设第 1 轮输入差分和第 8 轮输出差分分别为 $(\alpha_0, \beta_0) = (e_i, 0)$, $(\alpha_8, \beta_8) = (e_j, 0)$. 参考图 8.4, 从加密方向进行迭代, 可以得到如下中间值.

$$
\begin{aligned}
(\alpha_1, \beta_1) &= (0, e_i), \\
(\alpha_2, \beta_2) &= (e_i, P\mathcal{D}_\mathcal{S}(e_i)), \\
(\alpha_3, \beta_3) &= (P\mathcal{D}_\mathcal{S}(e_i), e_i \oplus P\mathcal{D}_{\mathcal{S} \circ P \circ \mathcal{S}}(e_i)), \\
\Delta Z_4 &= P\mathcal{D}_\mathcal{S}(e_i \oplus \mathcal{D}_{P \circ \mathcal{S} \circ P \circ \mathcal{S}}(e_i)),
\end{aligned}
$$

从解密方向进行迭代, 可以得到

$$
\begin{aligned}
(\alpha_7, \beta_7) &= (e_j, 0), \\
(\alpha_6, \beta_6) &= (P\mathcal{D}_\mathcal{S}(e_j), e_j), \\
(\alpha_5, \beta_5) &= (e_j \oplus P\mathcal{D}_{\mathcal{S} \circ P \circ \mathcal{S}}(e_j), P\mathcal{D}_\mathcal{S}(e_j)).
\end{aligned}
$$

根据 Feistel 结构的流程可知下式成立:

$$
\alpha_3 \oplus \Delta Z_4 = \beta_4 = \alpha_5,
$$

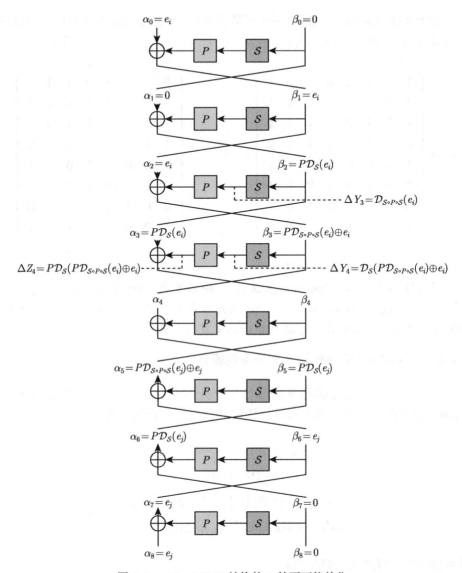

图 8.4　Feistel-SPN 结构的 8 轮不可能差分

也就是以下方程成立:

$$PD_{\mathcal{S}}(e_i) \oplus PD_{\mathcal{S}}(e_i \oplus \mathcal{D}_{P \circ \mathcal{S} \circ P \circ \mathcal{S}}(e_i)) = e_j \oplus PD_{\mathcal{S} \circ P \circ \mathcal{S}}(e_j),$$

上述方程两边用 P^{-1} 作用并进一步整理可得

$$\mathcal{D}_{\mathcal{S}}(e_i \oplus \mathcal{D}_{P \circ \mathcal{S} \circ P \circ \mathcal{S}}(e_i)) = P^{-1}(e_j) \oplus \mathcal{D}_{\mathcal{S} \circ P \circ \mathcal{S}}(e_j) \oplus \mathcal{D}_{\mathcal{S}}(e_i).$$

定义 $U_{i,j} = \{t|p_{t,j} = q_{t,j} = 0, t \neq i\}$, 则对任意 $t \in U_{i,j}$,

$$
\begin{cases}
\chi_t(\mathcal{S}(e_i)) = \chi_t(e_i) = 0, \\
\chi_t(\mathcal{D}_{\mathcal{S} \circ P \circ \mathcal{S}}(e_j)) = \chi_t(\mathcal{D}_{P \circ \mathcal{S}}(e_j)) = \chi_t(P\mathcal{D}_{\mathcal{S}}(e_j)) = p_{t,j} = 0, \\
\chi_t(P^{-1}(e_j)) = q_{t,j} = 0.
\end{cases}
$$

从而

$$
\chi_t\left(P^{-1}(e_j) \oplus \mathcal{D}_{\mathcal{S} \circ P \circ \mathcal{S}}(e_j) \oplus \mathcal{D}_{\mathcal{S}}(e_i)\right) = 0,
$$

这表明

$$
\chi_t(e_i \oplus \mathcal{D}_{P \circ \mathcal{S} \circ P \circ \mathcal{S}}(e_i)) = 0.
$$

于是, 我们可以得到下列结果:

定理 8.5 设 Feistel-SPN 结构 $\mathcal{F}_{SP}$ 的线性层为 $P \in \mathbb{F}_2^{n \times n}$. 对任意 i 和 j, 定义

$$
\begin{aligned}
U_{i,j} &= \{t|p_{t,j} = q_{t,j} = 0, t \neq i\} = \{t_0, t_1, \cdots, t_{u-1}\}, \\
V_i &= \{r|p_{r,i} = 1\} = \{r_0, r_1, \cdots, r_{v-1}\},
\end{aligned}
$$

并且

$$
M_{i,j} = [p_{t_a, r_b}]_{u \times v} = [m_0, m_1, \cdots, m_{v-1}].
$$

如果 $U_{i,j} \neq \varnothing$, $V_i \neq \varnothing$, 且存在整数 $s, 0 \leqslant s \leqslant v - 1$, 使得

$$
\mathrm{rank}\{m_0, m_1, \cdots, m_{v-1}\} = \mathrm{rank}\{\{m_0, m_1, \cdots, m_{v-1}\} \setminus \{m_s\}\} + 1,
$$

则 $(e_i, 0) \to (e_j, 0)$ 是 $\mathcal{F}_{SP}$ 的一条 8 轮不可能差分.

证明 令 $\eta = e_i \oplus \mathcal{D}_{P \circ \mathcal{S} \circ P \circ \mathcal{S}}(e_i)$, $\lambda = (\lambda_0, \lambda_1, \cdots, \lambda_{n-1}) = \mathcal{D}_{\mathcal{S} \circ P \circ \mathcal{S}}(e_i)$. 则

$$
\chi_t(\lambda) = \begin{cases}
1, & \text{如果 } t \in V_i, \\
0, & \text{如果 } t \notin V_i.
\end{cases}
$$

于是 $\chi_t(\lambda) \neq 0$ 当且仅当 $\lambda_t \neq 0$. 进而

$$
\eta = e_i \oplus [p_{r_0}, p_{r_1}, \cdots, p_{r_{v-1}}](\lambda_{r_0}, \lambda_{r_1}, \cdots, \lambda_{r_{v-1}}),
$$

其中 $r_0 < r_1 < \cdots < r_{v-1}$, $r_k \in V_i (0 \leqslant k \leqslant v - 1)$.

由 $U_{i,j}$ 的定义可知, 若 $t \in U_{i,j}$, 则 $\chi_t(\eta) = 0$. 于是

$$
\begin{bmatrix}
p_{t_0,r_0} & \cdots & p_{t_0,r_{v-1}} \\
\vdots & & \vdots \\
p_{t_{u-1},r_0} & \cdots & p_{t_{u-1},r_{v-1}}
\end{bmatrix}
\begin{bmatrix}
\lambda_{r_0} \\
\vdots \\
\lambda_{r_{v-1}}
\end{bmatrix}
\triangleq M_{i,j}\tilde{\lambda} =
\begin{bmatrix}
0 \\
\vdots \\
0
\end{bmatrix},
$$

其中 $t_k \in U_{i,j}$, $r_k \in V_i$, 并且 $\lambda_{r_k} \neq 0$.

上述方程可以被描述为

$$[m_0, \cdots, m_{s-1}, m_{s+1}, \cdots, m_{v-1}](\lambda_0, \cdots, \lambda_{v-1}) = \lambda_s m_s,$$

因为

$$\mathrm{rank}\{m_0, m_1, \cdots, m_{v-1}\} = \mathrm{rank}\{\{m_0, m_1, \cdots, m_{v-1}\} \setminus \{m_s\}\} + 1,$$

故 m_s 不能写成 $m_0, \cdots, m_{s-1}, m_{s+1}, \cdots, m_{v-1}$ 的线性组合. 从而, 上述方程有解则必有 $\lambda_s = 0$. 这与 λ 的定义相矛盾. 于是命题得证. □

当前不带 FL/FL^{-1} 层 Camellia 算法最长不可能差分是 8 轮. 我们利用定理 8.5 来寻找 Camellia 算法的 8 轮不可能差分, 结果与文献 [13] 是一致的.

例 8.3 (Camellia 算法的 8 轮不可能差分)　由 Camellia 的线性变换可知

$$
P = \begin{bmatrix}
1 & 0 & 1 & 1 & 0 & 1 & 1 & 1 \\
1 & 1 & 0 & 1 & 1 & 0 & 1 & 1 \\
1 & 1 & 1 & 0 & 1 & 1 & 0 & 1 \\
0 & 1 & 1 & 1 & 1 & 1 & 1 & 0 \\
1 & 1 & 0 & 0 & 0 & 1 & 1 & 1 \\
0 & 1 & 1 & 0 & 1 & 0 & 1 & 1 \\
0 & \underline{0} & \underline{1} & \underline{1} & \underline{1} & \underline{1} & 0 & 1 \\
1 & \underline{0} & \underline{0} & \underline{1} & \underline{1} & \underline{1} & 1 & 0
\end{bmatrix}, \quad
P^{-1} = \begin{bmatrix}
0 & 1 & 1 & 1 & 0 & 1 & 1 & 1 \\
1 & 0 & 1 & 1 & 1 & 0 & 1 & 1 \\
1 & 1 & 0 & 1 & 1 & 1 & 0 & 1 \\
1 & 1 & 1 & 0 & 1 & 1 & 1 & 0 \\
1 & 1 & 0 & 0 & 1 & 0 & 1 & 1 \\
0 & 1 & 1 & 0 & 1 & 1 & 0 & 1 \\
0 & \underline{0} & 1 & 1 & 1 & 1 & 1 & 0 \\
1 & \underline{0} & 0 & 1 & 0 & 1 & 1 & 1
\end{bmatrix}.
$$

由于 $p_{6,1} = q_{6,1} = 0$, $p_{7,1} = q_{7,1} = 0$,

$$U_{1,1} = \{6, 7\}.$$

由于 $p_{1,1} = p_{2,1} = p_{3,1} = p_{4,1} = p_{5,1} = 1$, 我们有

$$V_2 = \{1, 2, 3, 4, 5\},$$

于是可以得到 P 的子矩阵 $M_{1,1}$:

$$M_{1,1} = \begin{bmatrix} 0 & 1 & 1 & 1 & 1 \\ 0 & 0 & 1 & 1 & 1 \end{bmatrix}.$$

令 $m_1 = \begin{bmatrix} 1 \\ 0 \end{bmatrix}$, 则

$$2 = \mathrm{rank}(M_{1,1}) = \mathrm{rank}(M_{1,1} \setminus \{m_1\}) + 1,$$

我们得到 $(e_1, 0) \to (e_1, 0)$ 是不带 FL/FL^{-1} 层 Camellia 算法的 8 轮不可能差分.

保持 Camellia 算法的其他部件不变, 只将其线性变换改变, 可以使上述 8 轮不可能差分不存在. 比如:

$$P_1 = \begin{bmatrix} 1 & 1 & 0 & 1 & 1 & 0 & 1 & 1 \\ 1 & 1 & 1 & 0 & 1 & 1 & 0 & 1 \\ 0 & 1 & 1 & 1 & 1 & 1 & 1 & 0 \\ 1 & 0 & 1 & 1 & 0 & 1 & 1 & 1 \\ 1 & 1 & 0 & 0 & 0 & 1 & 1 & 1 \\ 0 & 1 & 1 & 0 & 1 & 0 & 1 & 1 \\ 0 & 0 & 1 & 1 & 1 & 1 & 0 & 1 \\ 1 & 0 & 0 & 1 & 1 & 1 & 1 & 0 \end{bmatrix}, \quad P_2 = \begin{bmatrix} 1 & 1 & 1 & 0 & 1 & 1 & 0 & 1 \\ 1 & 1 & 0 & 1 & 1 & 0 & 1 & 1 \\ 0 & 1 & 1 & 1 & 1 & 1 & 1 & 0 \\ 1 & 0 & 1 & 1 & 0 & 1 & 1 & 1 \\ 1 & 1 & 0 & 0 & 0 & 1 & 1 & 1 \\ 0 & 1 & 1 & 0 & 1 & 0 & 1 & 1 \\ 0 & 0 & 1 & 1 & 1 & 1 & 0 & 1 \\ 1 & 0 & 0 & 1 & 1 & 1 & 1 & 0 \end{bmatrix}.$$

上述矩阵的分支数和 Camellia 算法扩散层分支数相同, 均为 5, 但对应算法不存在上述 8 轮不可能差分. 当然, 这并不意味着将 Camellia 算法中的矩阵换成上述 P_1 或 P_2 就一定变得更好, 因为我们需要综合考虑其他因素, 比如抗其他攻击以及算法实现性能等.

在很多算法中, $n = 4$ 或 $n = 8$, 并且 $|U_{i,j}| = u \leqslant 2$. 根据定理 8.5, $u = 1$ 和 $u = 2$ 的情况可以被进一步刻画.

推论 8.1 $U_{i,j}$ 和 V_i 如定理 8.5 中所定义, 并且

$$M_{i,j} = [p_{t_a, r_b}]_{u \times v} = \begin{bmatrix} l_0 \\ \vdots \\ l_{u-1} \end{bmatrix}.$$

(1) 当 $u = 1$ 时, 若 $w(l_0) = 1$, 则 $(e_i, 0) \to (e_j, 0)$ 是 $\mathcal{F}_{SP}$ 的 8 轮不可能差分;

(2) 当 $u = 2$ 时, 若 $w(l_0 \oplus l_1) = 1$, 则 $(e_i, 0) \to (e_j, 0)$ 是 $\mathcal{F}_{SP}$ 的 8 轮不可能差分.

证明　(1) 在 l_0 中, 令 1 所在的位置为 m_s, 则其余元素均为 0, 即得证;

(2) 令 $(0,1)$ 或 $(1,0)$ 在 $\begin{bmatrix} l_1 \\ l_2 \end{bmatrix}$ 的列为 m_s, 即可得证.　　　　□

根据对偶结构理论, 上述关于不可能差分的结论均可平移至零相关线性掩码. 本节不再赘述.

8.3　SM4-SPN 结构和类 SM4-SPN 结构的安全性分析

例 7.7 已经给出了 SM4 结构的 11 轮不可能差分, 本节我们进一步讨论轮函数采用 SPN 结构设计的 SM4 结构的安全性. 首先给出向量支撑集的定义.

定义 8.3 (向量的支撑集)　假设 $x = (x_0, x_1, \cdots, x_{n-1}) \in (\mathbb{F}_2^b)^n$, 则

$$\mathrm{supp}(x) = \{i | x_i \neq 0, i = 0, 1, \cdots, n-1\}$$

称为 x 的支撑集.

显然, 向量 X 的支撑集即是分量不为 0 的位置的集合, 因此, $H_b(X) = \#\mathrm{supp}(X)$.

8.3.1　SM4-SPN 结构的不可能差分和零相关线性掩码

吕继强在 ICICS 2007 (International Conference on Information and Communications Security 2007) 上给出了 SM4 算法如下 12 轮不可能差分区分器[7]:

性质 8.3 (SM4 算法 12 轮不可能差分)　对集合 $\{0, 1, \cdots, 15\}$ 的任意非空子集 Λ, 设 e_Λ 是一个 32 比特字且除了 Λ 中的位置为 1, 其他位置均为 0, 那么

$$(e_\Lambda, e_\Lambda, e_\Lambda, 0) \to (0, e_\Lambda, e_\Lambda, e_\Lambda)$$

是 SM4 算法的 12 轮不可能差分.

下面简单介绍构造该不可能差分的思路: 设输入差分为 $(\alpha, \alpha, \alpha, 0)$, 其中 $\alpha \in (\mathbb{F}_2^8)^4$ 为非零差分, 根据轮函数差分传播规律, 第 6 轮的输出差分属于某个集合 $D_\alpha^{(e)}$. 另一方面, 从解密方向看, 若第 12 轮的输出差分为 $(0, \alpha, \alpha, \alpha)$, 则第 6 轮的输出差分必然在另外某个集合 $D_\alpha^{(d)}$ 中. 遍历搜索可能的差分值 α 满足 $D_\alpha^{(e)} \cap D_\alpha^{(d)} = \varnothing$, 则 $(\alpha, \alpha, \alpha, 0) \to (0, \alpha, \alpha, \alpha)$ 是 12 轮 SM4 算法的不可能差分区分器. 但由于计算资源的问题, 文献 [7] 只能对部分具体特殊形式的 α 进行搜索.

同样利用中间相错的思路, 结合轮函数的线性性质, 我们在 CRYPTO 2015 上基于搜索技术构造了如下 12 轮 SM4 算法的零相关线性区分器[5,9]:

性质 8.4 (SM4 算法 12 轮零相关线性掩码)　设

$$V = \{v \in (\mathbb{F}_2^8)^4 | H_8(P^\mathrm{T} v) = 1\},$$

其中 P^{T} 表示轮函数线性变换矩阵的转置. 对任意 $\alpha \in V$,

$$(0,0,0,\alpha) \to (\alpha,0,0,0)$$

是 SM4 算法的 12 轮零相关线性壳.

虽然上述不可能差分和零相关线性掩码在构造时充分考虑了 S 盒的细节, 但实际上它们是跟 S 盒细节无关的! 下面我们主要证明 SM4 算法已知的 12 轮不可能差分和 12 轮零相关线性掩码均与 S 盒无关, 即这些区分器也是 SM4 算法导出的密码结构 $\mathcal{E}^{\mathrm{SM4}}$ 的不可能差分和零相关线性掩码.

定理 8.6　吕继强在 ICICS 2007 上给出的关于 12 轮 SM4 算法不可能差分区分器 (性质 8.3) 均与 S 盒无关.

证明　如图 8.5 所示. 证明主要采用中间相错的方法, 因此需要从加解密两个方向分别按差分传播性质加解密 6 轮, 证明在中间匹配时存在矛盾, 从而构造不可能差分区分器.

设 SM4 算法的输入差分为 $(\alpha,\alpha,\alpha,0)$, $0 \neq \alpha \in (\mathbb{F}_2^8)^4$. 那么对应的第 1, 2 和 3 轮的输出差分分别为 $(\alpha,\alpha,0,\alpha)$, $(\alpha,0,\alpha,\alpha)$ 和 $(0,\alpha,\alpha,\alpha)$. 接下来第 4 轮和第 5 轮的输出差分分别为 $(\alpha,\alpha,\alpha,a_1)$ 和 $(\alpha,\alpha,a_1,\alpha \oplus a_2)$, 其中 $a_1 \in \mathcal{D}_F(\alpha)$ 和 $a_2 \in \mathcal{D}_F(a_1)$. 则进一步中间第 6 轮的输出差分为

$$(\alpha, a_1, \alpha \oplus a_2, \alpha \oplus a_3),$$

其中 $a_3 \in \mathcal{D}_F(a_1 \oplus a_2)$.

类似地, 设第 12 轮的输出差分为 $(0,\alpha,\alpha,\alpha)$, 则按解密方向可得第 8 轮和第 7 轮的输出差分分别为 $(b_1,\alpha,\alpha,\alpha)$ 和 $(\alpha \oplus b_2, b_1, \alpha, \alpha)$, 其中 $b_1 \in \mathcal{D}_F(\alpha)$ 和 $b_2 \in \mathcal{D}_F(b_1)$. 最后中间对应第 6 轮的输出差分为

$$(\alpha \oplus b_3, \alpha \oplus b_2, b_1, \alpha),$$

其中 $b_3 \in \mathcal{D}_F(b_1 \oplus b_2)$. 则利用中间相遇联立可得方程组

$$\begin{cases} \alpha = \alpha \oplus b_3, \\ a_1 = \alpha \oplus b_2, \\ \alpha \oplus a_2 = b_1, \\ \alpha \oplus a_3 = \alpha, \end{cases}$$

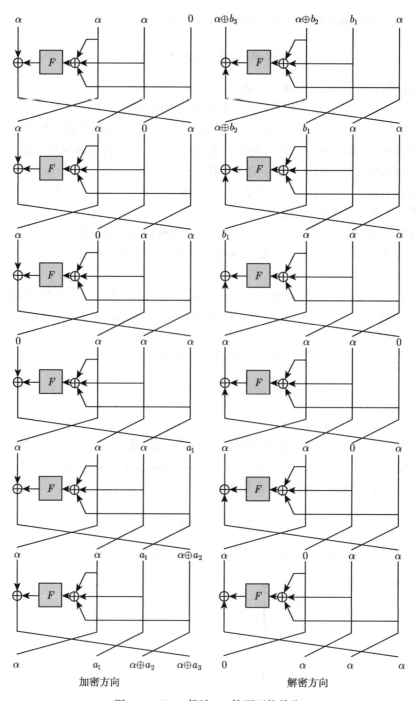

图 8.5　SM4 算法 12 轮不可能差分

化简上式可得

$$
\begin{cases}
a_3 = b_3 = 0, \\
a_1 \oplus b_2 = \alpha, \\
a_2 \oplus b_1 = \alpha.
\end{cases}
$$

由于 $a_3 \in \mathcal{D}_{P \circ \mathcal{S}}(a_1 \oplus a_2)$ 和 $b_3 \in \mathcal{D}_{P \circ \mathcal{S}}(b_1 \oplus b_2)$, 可推得 $a_1 \oplus a_2 = 0$ 和 $b_1 \oplus b_2 = 0$. 因此方程组化简为

$$
\begin{cases}
a_1 \oplus b_1 = \alpha, \\
a_1 \in \mathcal{D}_{P \circ \mathcal{S}}(\alpha), \\
b_1 \in \mathcal{D}_{P \circ \mathcal{S}}(\alpha), \\
a_1 = a_2 \in \mathcal{D}_{P \circ \mathcal{S}}(a_1), \\
b_1 = b_2 \in \mathcal{D}_{P \circ \mathcal{S}}(b_1).
\end{cases}
\tag{8.1}
$$

根据上面的推导, 如果 $(\alpha, \alpha, \alpha, 0) \to (0, \alpha, \alpha, \alpha)$ 是 SM4 算法 12 轮可能的差分, 则存在 a_1 和 b_1 满足方程组 (8.1). 考虑 $a_1 \in \mathcal{D}_{P \circ \mathcal{S}}(\alpha)$ 和 $b_1 \in \mathcal{D}_{P \circ \mathcal{S}}(\alpha)$, 可得

$$
\begin{cases}
P^{-1}(a_1) \in \mathcal{D}_{\mathcal{S}}(\alpha), \\
P^{-1}(b_1) \in \mathcal{D}_{\mathcal{S}}(\alpha),
\end{cases}
$$

则 $\mathrm{supp}(P^{-1}(a_1)) = \mathrm{supp}(P^{-1}(b_1)) = \mathrm{supp}(\alpha)$.

注意到由 $a_1 \oplus b_1 = \alpha$, 可得 $P^{-1}(a_1) \oplus P^{-1}(b_1) = P^{-1}(\alpha)$, 则

$$
\mathrm{supp}(P^{-1}(\alpha)) = \mathrm{supp}(P^{-1}(a_1) \oplus P^{-1}(b_1)) \subseteq \mathrm{supp}(\alpha).
\tag{8.2}
$$

结合上式, 进一步考虑 ICICS 2007 会议提出的 α 可推得

$$
\#\mathrm{supp}(P^{-1}(\alpha)) \leqslant \#\mathrm{supp}(\alpha) = \#\mathrm{supp}((0, 0, *, *)) \leqslant 2,
$$

其中 $*$ 是 $\mathbb{F}_2^8$ 上的任意非零值.

然而对任意 $\alpha \neq 0$, 由于 P 差分分支数为 5, 故

$$
H_8(\alpha) + H_8(P^{-1}(\alpha)) = \#\mathrm{supp}(\alpha) + \#\mathrm{supp}(P^{-1}(\alpha)) \geqslant 5,
$$

这与前面

$$
\#\mathrm{supp}(\alpha) + \#\mathrm{supp}(P^{-1}(\alpha)) \leqslant 4
$$

矛盾, 即 ICICS 2007 会议给出的 α 不满足式 (8.2), 因此对应的

$$(\alpha, \alpha, \alpha, 0) \to (0, \alpha, \alpha, \alpha)$$

是 12 轮 SM4 算法的不可能差分区分器.　　　　　　　　　　　　　　□

回顾证明过程, 其主要利用线性层 P 的差分分支数, 与 S 盒细节无关. 结合结构的概念, 以及定理 8.6 的证明有如下推论:

推论 8.2　如果 $\alpha \in \mathbb{F}_{2^8}^4$, 且 α 满足 $\mathrm{supp}(P^{-1}(\alpha)) \not\subseteq \mathrm{supp}(\alpha)$, 即 $\mathrm{supp}(P^{-1}(\alpha))$ 不是 $\mathrm{supp}(\alpha)$ 的子集, 则

$$(\alpha, \alpha, \alpha, 0) \to (0, \alpha, \alpha, \alpha)$$

是 SM4 算法与 S 盒无关的 12 轮不可能差分区分器.

类似地定义线性传播的集合. 轮函数 f 是 $\mathbb{F}_2^{32}$ 上的置换, 则对任意 $\alpha \in \mathbb{F}_2^{32}$ 有

$$\mathcal{V}_f(\alpha) = \{\beta \in \mathbb{F}_2^{32} | c_f(\beta \to \alpha) \neq 0\}.$$

根据定义可得设 $\beta \in \mathbb{F}_2^{32}$, $c_f(\beta \to \alpha) \neq 0$ 当且仅当 $\beta \in \mathcal{V}_f(\alpha)$. 又由于 f 是一个置换, 则有如下引理.

引理 8.2　设 f 是一个置换, 则 $0 \in \mathcal{V}_f(\alpha)$ 当且仅当 $\alpha = 0$.

因此, 引理 8.2 表明对于轮函数 F, 非零输入掩码一定能推出非零输出掩码. 类似于定理 8.6 的思路, 则可证明下面定理:

定理 8.7　CRYPTO 2015 上孙兵等给出的 12 轮 SM4 算法零相关线性区分器 (性质 8.7) 和 S 盒无关.

证明　与定理 8.6 的证明思路相似. 如图 8.6 所示, 分别考虑从加解密两个方向考虑掩码传播. 设 SM4 算法的输入掩码为 $(0, 0, 0, \alpha)$, 其中 $\alpha \in \mathbb{F}_2^{32}$. 按照掩码传播规律, 第 6 轮的输出掩码为

$$(a_1 \oplus a_2 \oplus a_3, \alpha \oplus a_2 \oplus a_3, a_1 \oplus a_3, a_1 \oplus a_2),$$

其中 $a_1 \in \mathcal{V}_F(\alpha)$, $a_2 \in \mathcal{V}_F(a_1)$ 和 $a_3 \in \mathcal{V}_F(a_1 \oplus a_2)$.

从解密方向推导, 设第 12 轮输出掩码为 $(\alpha, 0, 0, 0)$, 类似地, 可得到第 6 轮的输出掩码

$$(b_1 \oplus b_2, b_1 \oplus b_3, \alpha \oplus b_2 \oplus b_3, b_1 \oplus b_2 \oplus b_3),$$

其中 $b_1 \in \mathcal{V}_F(\alpha)$, $b_2 \in \mathcal{V}_F(b_1)$ 和 $b_3 \in \mathcal{V}_F(b_1 \oplus b_2)$.

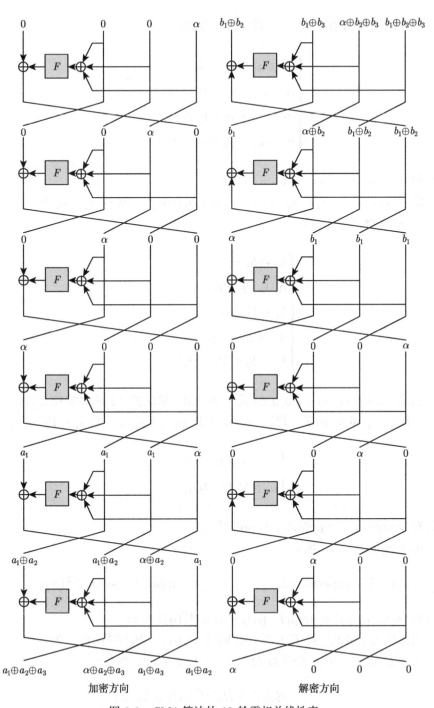

图 8.6　SM4 算法的 12 轮零相关线性壳

同样利用中间相遇思路, 可联立得到方程组

$$
\begin{cases}
a_1 \oplus a_2 \oplus a_3 = b_1 \oplus b_2, \\
\alpha \oplus a_2 \oplus a_3 = b_1 \oplus b_3, \\
a_1 \oplus a_3 = \alpha \oplus b_2 \oplus b_3, \\
a_1 \oplus a_2 = b_1 \oplus b_2 \oplus b_3,
\end{cases}
$$

推导得 $a_3 = b_3 = 0$ 和 $a_1 \oplus b_2 = a_2 \oplus b_1 = \alpha$.

结合 $a_3 \in \mathcal{V}_{P \circ \mathcal{S}}(a_1 \oplus a_2)$ 和 $b_3 \in \mathcal{V}_{P \circ \mathcal{S}}(b_1 \oplus b_2)$, 则可得 $a_1 \oplus a_2$ 和 $b_1 \oplus b_2$ 均为 0, 方程组进一步化简有

$$
\begin{cases}
a_1 \oplus b_1 = \alpha, \\
a_1 \in \mathcal{V}_{P \circ \mathcal{S}}(\alpha), \\
b_1 \in \mathcal{V}_{P \circ \mathcal{S}}(\alpha), \\
a_1 = a_2 \in \mathcal{V}_{P \circ \mathcal{S}}(a_1), \\
b_1 = b_2 \in \mathcal{V}_{P \circ \mathcal{S}}(b_1).
\end{cases}
\tag{8.3}
$$

如果 $(0, 0, 0, \alpha) \to (\alpha, 0, 0, 0)$ 是一条 SM4 算法的 12 轮非零相关线性壳, 那么存在掩码 a_1 和 b_1 满足方程组 (8.3). 根据 $a_1 \in \mathcal{V}_{P \circ \mathcal{S}}(\alpha)$ 和 $b_1 \in \mathcal{V}_{P \circ \mathcal{S}}(\alpha)$, 则有

$$
\begin{cases}
a_1 \in \mathcal{V}_{\mathcal{S}}(P^{\mathrm{T}}(\alpha)), \\
b_1 \in \mathcal{V}_{\mathcal{S}}(P^{\mathrm{T}}(\alpha)),
\end{cases}
$$

因此有 $\mathrm{supp}(a_1) = \mathrm{supp}(b_1) = \mathrm{supp}(P^{\mathrm{T}}(\alpha))$.

由于 $a_1 \oplus b_1 = \alpha$, 所以

$$
\mathrm{supp}(\alpha) = \mathrm{supp}(a_1 \oplus b_1) \subseteq \mathrm{supp}(a_1) \cup \mathrm{supp}(b_1) = \mathrm{supp}(P^{\mathrm{T}}(\alpha)).
\tag{8.4}
$$

推论得 $\#\mathrm{supp}(\alpha) \leqslant \#\mathrm{supp}(P^{\mathrm{T}}(\alpha)) = H_1(P^{\mathrm{T}}(\alpha)) = 1$.

因此当 $\alpha \neq 0$ 时, 若 $H_8(\alpha) = 1$, 则有 $H_8(\alpha) + H_8(P^{\mathrm{T}}(\alpha)) = 2$.

另一方面, P 的线性分支数为 5, 故对任意 $\alpha \neq 0$, 都有

$$
H_8(\alpha) + H_8(P^{\mathrm{T}}(\alpha)) \geqslant 5,
$$

这与之前矛盾.

因此当 $H_8(P^{\mathrm{T}}(\alpha)) = 1$ 时, 方程组 (8.3) 无解等价于

$$(0, 0, 0, \alpha) \to (\alpha, 0, 0, 0)$$

是 SM4 算法的 12 轮的零相关线性区分器.　　　　　　　　　　　□

相似地, 根据前面的证明过程, 由方程组 (8.4) 无解的条件, 也能将定理 8.7 做如下推广:

推论 8.3　如果 $\alpha \in \mathbb{F}_{2^8}^4$ 满足 $\mathrm{supp}(\alpha) \not\subseteq \mathrm{supp}(P^{\mathrm{T}}(\alpha))$, 则

$$(0, 0, 0, \alpha) \to (\alpha, 0, 0, 0)$$

是 SM4 算法与 S 盒无关的 12 轮零相关线性区分器.

8.3.2　类 SM4-SPN 结构的不可能差分和零相关线性掩码

SM4 算法采用 4 分支广义 Feistel 结构, 下面我们考虑 $n \geqslant 4$ 分支情形, 称该结构为类 SM4 结构[3], 具体定义如下:

如图 8.7 所示, 设 $(x_0, x_1, \cdots, x_{n-1})$ 和 $(y_0, y_1, \cdots, y_{n-1})$ 分别表示一轮加密的输入和输出, 则单轮加密的数学表达式如下:

$$\begin{cases} y_i = x_{i+1}, \\ y_{n-1} = x_0 \oplus f(x_1 \oplus x_2 \oplus \cdots \oplus x_{n-1}), \end{cases}$$

其中 $0 \leqslant i \leqslant n - 2$, f 为轮函数.

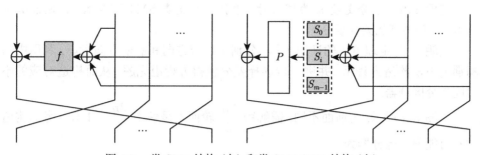

图 8.7　类 SM4 结构 (左) 和类 SM4-SPN 结构 (右)

记 n 分支轮函数为 SPN 型类 SM4 结构为类 SM4-SPN 结构, 即轮函数可表示为 $f = P \circ \mathcal{S}$, f 由一层非线性组件 ($\mathcal{S}$) 和线性组件 (P) 构成. 考虑一般情况, 非线性层 ($\mathcal{S}$) 由 m (> 1) 个 t 比特 S 盒并置. 设 $x = (x_0, x_1, \cdots, x_{m-1})$ 为轮函数 F 的输入, 其中 $x_j \in \mathbb{F}_2^t$ ($0 \leqslant j \leqslant m - 1$). 则 $\mathcal{S}(x)$ 的表达式为

$$z = \mathcal{S}(x) \triangleq (S_0(x_0), S_1(x_1), \cdots, S_{m-1}(x_{m-1})) \in (\mathbb{F}_2^t)^m.$$

接着 z 通过线性置换 $P : \mathbb{F}_2^{mt} \to \mathbb{F}_2^{mt}$, 则 Pz 是对应轮函数 f 的输出. 本节考虑类 SM4 结构时, 主要考虑轮函数是置换的情况, 即非线性层 $\mathcal{S}$ 和线性层 P 均是双射情形.

作为统一结构的一个实例, 类 SM4 结构的参数如下:

$$
\begin{cases}
A = [0, I, I, \cdots, I], \\
B = [I, 0, 0, \cdots, 0].
\end{cases}
$$

首先考虑一种平凡情况. 当 n 为奇数时, 对任意 r,

$$
\mathcal{A}_\pi^{(r)} x = 0
$$

总有非零解, 比如 $(\alpha, \alpha, \cdots, \alpha)$ 即是该方程的一个解, 故此时该结构存在任意轮概率为 1 的截断差分, 从而这不是一个安全结构. 基于此, 在后面的讨论中, 我们只考虑分支数 n 为偶数的情形. 首先, 根据定理 7.4 可知

定理 8.8　设分支数 n 为偶数, 对于 n 分支类 SM4 结构, 总存在形如

$$
(\alpha, \alpha, \cdots, \alpha, 0) \to (0, \alpha, \alpha, \cdots, \alpha)
$$

的 $3n - 1$ 轮不可能差分区分器, 其中 $0 \neq \alpha \in \mathbb{F}_{2^b}^m$.

与 SM4 算法不可能差分比 SM4 结构不可能差分长 1 轮类似, 类 SM4-Feistel 结构有如下性质:

定理 8.9　当分支数 n 为偶数时, 对于 n 分支类 SM4-SPN 结构, 总能够构造 $3n$ 轮的不可能差分区分器.

证明　与定理 8.8 的证明类似, 分别从加密方向和解密方向考虑, 利用中间相遇的方法构造方程组, 并进一步选择差分使得方程组无解, 从而构造对应的不可能差分区分器.

如图 8.8 所示, 与前面不同, 需解密 $\dfrac{3n}{2}$ 轮而不是解密 $\dfrac{3n}{2} - 1$ 轮. 考虑构造的不可能差分区分器为

$$
(\alpha, \alpha, \cdots, \alpha, 0) \to (0, \alpha, \alpha, \cdots, \alpha),
$$

其中 $\alpha \in (\mathbb{F}_2^t)^m$.

设第 1 轮输入差分为 $(\alpha, \alpha, \cdots, \alpha, 0)$, 则第 1 轮的输出差分为 $(\alpha, \alpha, \cdots, \alpha, 0, \alpha)$. 根据差分传播性质, 递推可推导得第 $n - 1$ 轮的输出差分为 $(0, \alpha, \alpha, \cdots, \alpha)$.

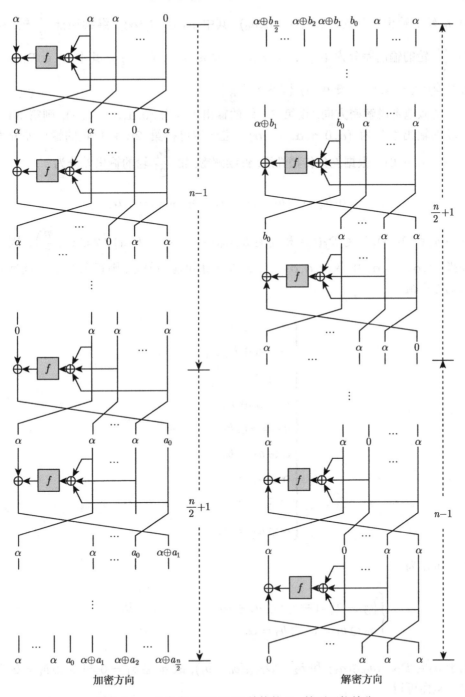

图 8.8　n 分支类 SM4-SPN 结构的 $3n$ 轮不可能差分

第 n 轮的输出差分为 $(\alpha, \alpha, \cdots, \alpha, a_0)$, 其中 $a_0 \in \mathcal{D}_f(\alpha)$. 继续递推 $\dfrac{n}{2}$ 轮, 则

第 $\dfrac{3n}{2}$ 轮的输出差分为 $(\alpha, \alpha, \cdots, \alpha, a_0, \alpha \oplus a_1, \cdots, \alpha \oplus a_{\frac{n}{2}})$, 其中 $a_1 \in \mathcal{D}_f(a_0)$,

$a_i \in \mathcal{D}_f(a_0 \oplus a_1 \oplus \cdots \oplus a_{i-1})$ $\left(2 \leqslant i \leqslant \dfrac{n}{2}\right)$.

　　类似地考虑解密方向, 设第 $3n$ 轮的输出差分为 $(0, \alpha, \alpha, \cdots, \alpha)$, 则第 $3n -$
1 轮的输出差分为 $(\alpha, 0, \alpha, \alpha, \cdots, \alpha)$. 进一步可得第 $2n + 1$ 轮的输出差分为
$(\alpha, \alpha, \cdots, \alpha, 0)$. 根据差分传播性质, 继续解密, 第 $\dfrac{3n}{2}$ 轮的输出差分为

$$(\alpha \oplus b_{\frac{n}{2}}, \alpha \oplus b_{\frac{n}{2}-1}, \cdots, \alpha \oplus b_1, b_0, \alpha, \cdots, \alpha),$$

其中 $b_0 \in \mathcal{D}_f(\alpha)$, $b_1 \in \mathcal{D}_f(b_0)$ 和 $b_i \in \mathcal{D}_f(b_0 \oplus b_1 \oplus \cdots \oplus b_{i-1})$ $\left(2 \leqslant i \leqslant \dfrac{n}{2}\right)$. 因此
如果 $(\alpha, \alpha, \cdots, \alpha, 0) \to (0, \alpha, \alpha, \cdots, \alpha)$ 是一条可能的差分, 则存在差分 α 满足下
面的方程组:

$$\begin{cases} \alpha = \alpha \oplus b_{\frac{n}{2}}, \\ \alpha = \alpha \oplus b_{\frac{n}{2}-1}, \\ \quad \vdots \\ \alpha = \alpha \oplus b_2, \\ a_0 = \alpha \oplus b_1, \\ \alpha \oplus a_1 = b_0, \\ \alpha \oplus a_2 = \alpha, \\ \quad \vdots \\ \alpha \oplus a_{\frac{n}{2}} = \alpha, \end{cases}$$

上式可化为

$$\begin{cases} b_{\frac{n}{2}} = b_{\frac{n}{2}-1} = \cdots = b_2 = a_2 = \cdots = a_{\frac{n}{2}} = 0, \\ a_0 \oplus b_1 = a_1 \oplus b_0 = \alpha. \end{cases}$$

由于 $a_2 \in \mathcal{D}_{P \circ \mathcal{S}}(a_0 \oplus a_1)$ 和 $b_2 \in \mathcal{D}_{P \circ \mathcal{S}}(b_0 \oplus b_1)$, 故 $a_0 \oplus a_1 = 0$ 和 $b_0 \oplus b_1 = 0$ 成
立. 从而可得

$$\begin{cases} a_0 \oplus b_0 = \alpha, \\ a_0 \in \mathcal{D}_{P \circ S}(\alpha), \\ b_0 \in \mathcal{D}_{P \circ S}(\alpha), \\ a_0 = a_1 \in \mathcal{D}_{P \circ S}(a_0), \\ b_0 = b_1 \in \mathcal{D}_{P \circ S}(b_0). \end{cases} \tag{8.5}$$

根据 a_0 和 b_0 的定义, $a_0 \in \mathcal{D}_{P \circ S}(\alpha)$ 和 $b_0 \in \mathcal{D}_{P \circ S}(\alpha)$, 则可推得

$$\begin{cases} P^{-1}(a_0) \in \mathcal{D}_S(\alpha), \\ P^{-1}(b_0) \in \mathcal{D}_S(\alpha). \end{cases}$$

因此

$$\mathrm{supp}(P^{-1}(a_0)) = \mathrm{supp}(P^{-1}(b_0)) = \mathrm{supp}(\alpha).$$

另外, 注意到方程组 (8.5) 有 $a_0 \oplus b_0 = \alpha$, 则易得 $P^{-1}(a_0) \oplus P^{-1}(b_0) = P^{-1}(\alpha)$. 那么

$$\mathrm{supp}(P^{-1}(\alpha)) = \mathrm{supp}(P^{-1}(a_0) \oplus P^{-1}(b_0)) \subseteq \mathrm{supp}(\alpha).$$

根据上面的推理过程, 如果 $\mathrm{supp}(P^{-1}(\alpha)) \not\subseteq \mathrm{supp}(\alpha)$, 那么方程组 (8.5) 无解, 则等价于

$$(\alpha, \alpha, \cdots, \alpha, 0) \to (0, \alpha, \alpha, \cdots, \alpha)$$

是 n 分支类 SM4-SPN 结构的 $3n$ 轮不可能差分. 由于只要求轮函数为 SPN 型, 并没有具体形式的线性置换 P, 所以下面按照 P 是否存在 α 满足上式分两种情况讨论, 但最后都能证明这两种情况均存在 $3n$ 轮类 SM4-SPN 结构的不可能差分区分器.

情形 1: 若存在 $\alpha^* \in (\mathbb{F}_2^t)^m$, 使得 $\mathrm{supp}(P^{-1}(\alpha^*)) \not\subseteq \mathrm{supp}(\alpha^*)$, 则 α^* 使得方程组 (8.5) 无解, 从而

$$(\alpha^*, \alpha^*, \cdots, \alpha^*, 0) \to (0, \alpha^*, \alpha^*, \cdots, \alpha^*)$$

是 n 分支类 SM4-SPN 结构的 $3n$ 轮不可能差分.

情形 2: 若不存在 $\alpha \in (\mathbb{F}_2^t)^m$ 满足 $\mathrm{supp}(P^{-1}(\alpha)) \not\subseteq \mathrm{supp}(\alpha)$, 从而对任意 $\alpha \in (\mathbb{F}_2^t)^m$ 均有 $\mathrm{supp}(P^{-1}(\alpha)) \subseteq \mathrm{supp}(\alpha)$. 故 $\mathrm{supp}(\alpha) = \{0\}$ 当且仅当 $\mathrm{supp}(P^{-1}(\alpha)) = \{0\}$. 所以能够构造概率为 1 的截断差分传播. 如图 8.9 所示, $T \to T$ 是一条差分概率为 1 的截断差分, 其中

$$T = \{(\alpha_0, \alpha_1, \cdots, \alpha_{n-1}) | \mathrm{supp}(\alpha_i) = \{0\}, 0 \leqslant i \leqslant n-1\}.$$

显然, 容易构造任意轮数的不可能差分区分器, 例如, 设 $\alpha^* = (1, \underbrace{0, 0, \cdots, 0}_{m-1})$ 和

$\beta^* = (0, 1, \underbrace{0, 0, \cdots, 0}_{m-2})$. 因此, 对应地有

$$(\alpha^*, \alpha^*, \cdots, \alpha^*) \to (\beta^*, \beta^*, \cdots, \beta^*)$$

是 $3n$ 轮类 SM4-SPN 结构的不可能差分区分器.

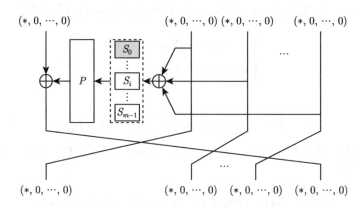

图 8.9　类 SM4-SPN 结构迭代 1 轮截断差分

根据上述两种情形, n 分支类 SM4-SPN 结构总存在 $3n$ 轮的不可能差分区分器. □

注 8.1　回顾定理 8.9 的证明过程, 由于情形 2 总存在概率为 1 的迭代差分, 所以此情形下的线性变换 P 在实际密码设计中并不会使用. 在实际中只需要考虑情形 1, 即考虑存在 $\alpha^* \in (\mathbb{F}_2^t)^m$, 使得 $\mathrm{supp}(P^{-1}(\alpha^*)) \not\subseteq \mathrm{supp}(\alpha^*)$ 的线性变换 P, 此时

$$(\alpha^*, \alpha^*, \cdots, \alpha^*, 0) \to (0, \alpha^*, \alpha^*, \cdots, \alpha^*)$$

是 n 分支类 SM4-SPN 结构的 $3n$ 轮不可能差分区分器.

根据定理 8.7 的证明思路, 同样能够得到 n 分支类 SM4 结构和类 SM4-SPN 结构的零相关线性区分器的如下结果:

定理 8.10　设 n 为偶数, 对于 n 分支类 SM4 结构, 如果 $0 \neq \alpha \in (\mathbb{F}_2^t)^m$, 则

$$(0, \cdots, 0, \alpha) \to (\alpha, 0, \cdots, 0)$$

是 $3n-1$ 轮类 SM4 结构的零相关线性区分器. 进一步, 对 n 分支类 SM4-SPN 结构, 如果 $\mathrm{supp}(\alpha) \not\subseteq \mathrm{supp}(P^\mathrm{T}(\alpha))$, 则

$$(0, \cdots, 0, \alpha) \to (\alpha, 0, \cdots, 0)$$

是 $3n$ 轮类 SM4-SPN 结构的零相关线性区分器.

8.4 类 Mars 结构及类 Mars-SPN 结构的安全性分析

本节主要利用类 SM4 结构和类 Mars 结构区分器之间的对偶性, 研究 n 分支类 Mars 结构和类 Mars-SPN 结构的区分器相关性质. 下面我们首先介绍 n 分支类 Mars 结构的基本概念.

分组密码 Mars 算法是由美国 IBM 公司设计, 并入选 AES 竞赛最后获胜的五个候选算法之一 [2]. 在 2000 年亚洲密码学会议上, Moriai 等推广了原有 Mars 算法的结构, 提出类 Mars 结构, 并研究其加密系统的随机性 [8]. 其定义如下:

设 $(x_0, x_1, \cdots, x_{n-1})$ 和 $(y_0, y_1, \cdots, y_{n-1})$ 分别表示单轮加密的输入和输出状态, 则单轮加密表达式如下

$$\begin{cases} y_i = f(x_0) \oplus x_{i+1}, \\ y_{n-1} = x_0, \end{cases}$$

其中 $0 \leqslant i \leqslant n - 2$, f 是轮函数.

特别地, 如果轮函数 f 是 SPN 型, 则称为轮函数为 SPN 型的 n 分支类 Mars 结构, 记为类 Mars-SPN 结构. 轮函数 $f = P \circ \mathcal{S}$, 即轮函数 f 由非线性组件 $\mathcal{S}$ 和线性组件 P 构成. 通常情况下, 非线性层 $\mathcal{S}$ 由 m (> 1) 个 t 比特 S 盒并置. 设 $x = (x_0, x_1, \cdots, x_{m-1})$ 为轮函数 f 的输入, 其中 $x_j \in \mathbb{F}_2^t$ $(0 \leqslant j \leqslant m - 1)$. 则

$$z = \mathcal{S}(x) \triangleq (S_0(x_0), S_1(x_1), \cdots, S_{m-1}(x_{m-1})) \in (\mathbb{F}_2^t)^m.$$

接着 z 通过线性层 $P : \mathbb{F}_2^{mt} \to \mathbb{F}_2^{mt}$, 则 Pz 是轮函数 f 的输出. 类似地考虑类 Mars 结构时, 主要考虑轮函数为双射的 SPN 型, 即非线性层 $\mathcal{S}$ 和线性层 P 都是双射.

类 Mars 结构也是统一结构的一个实例, 其参数如下:

$$\begin{cases} A = [I, 0, 0, \cdots, 0], \\ B = [0, I, I, \cdots, I]. \end{cases}$$

容易验证, 类 Mars 结构与类 SM4 结构互为对偶结构. 类 SM4 结构相似, 当 n 为奇数时, n 分支类 Mars 结构也是不安全的, 因此我们只研究 n 为偶数的情形.

对于 n 分支类 Mars 结构, 我们有如下结论 [3,4,14]:

推论 8.4   当分支数 n 为偶数, n 分支类 Mars 结构有如下结果:

(1) 当 $0 \neq \alpha \in (\mathbb{F}_2^t)^m$, 则有

$$(0, \cdots, 0, \alpha) \to (\alpha, 0, \cdots, 0)$$

是 n 分支类 Mars 结构的 $3n - 1$ 轮不可能差分区分器.

(2) 当 $0 \neq \alpha \in (\mathbb{F}_2^t)^m$, 则有

$$(\alpha, \alpha, \cdots, \alpha, 0) \to (0, \alpha, \alpha, \cdots, \alpha)$$

是 n 分支类 Mars 结构的 $3n - 1$ 轮零相关线性区分器.

上述定理可以利用定理 7.4 直接给出证明, 也可通过类 Mars 结构与类 SM4 结构之间的对偶性给出, 此处不再赘述. 对于类 Mars-SPN 结构, 利用分析类 SM4-SPN 结构的技术, 可得如下定理:

定理 8.11   当分支数 n 为偶数时, n 分支类 Mars-SPN 结构总存在 $3n$ 轮不可能差分和零相关线性掩码.

该定理也可通过类似于性质 8.1 的方法, 将 n 分支类 Mars-SPN 结构转化为 n 分支类 SM4-SPN 结构, 从而直接利用类 SM4-SPN 结构的结论. 主要思路如下:

首先, 根据定义 8.1, 类 Mars-SPN 结构的对偶结构是一个类 SM4-SPN 结构, 但需要注意, 在这个类 SM4-SPN 结构中, 其轮函数是先通过 P^T, 然后通过 S 盒层, 可参见图 8.10.

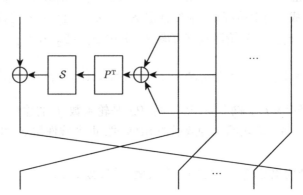

图 8.10   类 SM4-SPN 结构 (轮函数为 $P^T S$ 型)

由于我们考虑的轮函数是双射, 因此, 采用文献 [6] 的技术, 上述类 SM4-SPN 结构可转化为标准的类 SM4-SPN 结构, 参见图 8.11. 因此, 类 Mars-SPN 结构的不可能差分可转化为对类 SM4-SPN 结构的零相关线性掩码, 类 Mars-SPN 结构的零相关线性掩码可转化为对类 SM4-SPN 结构的不可能差分. 从而关于类 SM4-SPN 结构的很多结论可以类推到 Mars-SPN 结构中.

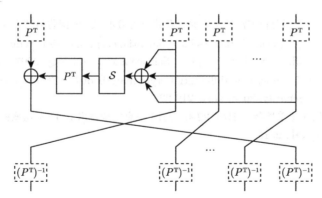

图 8.11　类 SM4-SPN 结构 (轮函数为 $P^{\mathrm{T}}S$ 型) 的等价流程图

参 考 文 献

[1]　Aoki K, Ichikawa T, Kanda M, et al. Camellia: A 128-bit block cipher suitable for multiple platforms - design and analysis[C]. SAC 2000. LNCS, 2012, Springer, 2000: 39-56.

[2]　Burwick C, Coppersmith D, D'Avignon E, et al. MARS - a candidate cipher for AES[C]. The First AES candidate conference. National Institute of Standards and Technology, 1998.

[3]　成磊. 分组密码结构的安全性分析 [D]. 长沙: 国防科技大学, 2017.

[4]　Cheng L, Li C. Revisiting impossible differentials of MARS-like structures[J]. IET Information Security, 2017, 11(5): 273-276.

[5]　Cheng L, Sun B, Li C. Revised cryptanalysis for SMS4[J]. Science China Information Sciences, 2017, (60): 122101.

[6]　Duo L, Li C, Feng K. New Observation on camellia[C]. SAC 2005. LNCS, 3897, Springer, 2005: 51-64.

[7]　Lu J. Attacking reduced-round versions of the SMS4 block cipher in the Chinese WAPI standard[C]. ICICS 2007. LNCS, 4861, Springer, 2007: 306-318.

[8]　Moriai S, Vaudenay S. On the pseudorandomness of top-level schemes of block ciphers[C]. ASIACRYPT 2000. LNCS, 1976, Springer, 2000: 289-302.

[9]　Sun B, Liu Z, Rijmen V, et al. Links among impossible differential, integral and zero correlation linear cryptanalysis[C]. CRYPTO 2015. LNCS, 9215, Springer, 2015: 95-115.

[10]　Sugita M, Kobara K, Imai H. Security of reduced version of the block cipher camellia against truncated and impossible differential cryptanalysis[C]. ASIACRYPT 2001. LNCS, 2248, Springer, 2001: 193-207.

[11]　Wei Y, Li P, Sun B, et al. Impossible differential cryptanalysis on Feistel ciphers with SP and SPS round functions[C]. ACNS 2010. LNCS, 6123, Springer, 2010: 105-122.

[12]　魏悦川. 分组密码分析方法的基本原理及其应用 [D]. 长沙: 国防科技大学, 2012.

[13]　Wu W, Zhang W, Feng D. Impossible differential cryptanalysis of reduced-round ARIA and camellia[J]. Journal of Computer Science and Technology, 2007, 22(3): 449-456.

[14]　Xue W, Lai X. Impossible differential cryptanalysis of MARS-like structures[J]. IET Information Security, 2014, 9(4): 219-222.

[15]　国家标准化管理委员会. GB/T 32907-2016 信息安全技术 SM4 分组密码算法 [S]. 北京: 中国质检出版社, 2016.

"密码理论与技术丛书"已出版书目

(按出版时间排序)

1. 安全认证协议——基础理论与方法 2023.8 冯登国 等 著
2. 椭圆曲线离散对数问题 2023.9 张方国 著
3. 云计算安全 (第二版) 2023.9 陈晓峰 马建峰 李 晖 李 进 著
4. 标识密码学 2023.11 程朝辉 著
5. 非线性序列 2024.1 戚文峰 田 甜 徐 洪 郑群雄 著
6. 安全多方计算 2024.3 徐秋亮 蒋 瀚 王 皓 赵 川 魏晓超 著
7. 区块链密码学基础 2024.6 伍前红 朱 焱 秦 波 张宗洋 编著
8. 密码函数 2024.10 张卫国 著
9. 属性基加密 2025.6 陈 洁 巩俊卿 张 凯 著
10. 公钥加密的设计方法 2025.6 陈 宇 秦宝东 著
11. 分组密码迭代结构的设计与分析 2025.6 孙 兵 李 超 刘国强 著